高等职业教育"十四五"新形态一体化教材

有机化学

(含实验)

王 萍 主编　　赵志才 副主编

程俊山 主审

化学工业出版社

·北京·

内 容 简 介

本教材在贯彻《国家职业教育改革实施方案》基本精神的基础上，创新内容与形式，融入课程思政案例，增加微课、视频资源（采用二维码形式），使教材更加实用。

全书共有十一章，主要内容有烃、烃的含氧衍生物、立体异构及有机化学实验等内容。

本书含理论、实验与习题，注重深入浅出讲解知识点，特色鲜明，可读性强。

本教材主要读者为高职高专院校化工类、制药类专业的学生，也可供相关专业的成人教育、中职教育、职业培训使用。

图书在版编目（CIP）数据

有机化学：含实验/王萍主编．—北京：化学工业出版社，2022.10
 ISBN 978-7-122-42124-1

Ⅰ.①有…　Ⅱ.①王…　Ⅲ.①有机化学　Ⅳ.①O62

中国版本图书馆 CIP 数据核字（2022）第 164437 号

责任编辑：蔡洪伟　　　　　　　　　　文字编辑：丁　宁　陈小滔
责任校对：王　静　　　　　　　　　　装帧设计：关　飞

出版发行：化学工业出版社（北京市东城区青年湖南街 13 号　邮政编码 100011）
印　　刷：北京云浩印刷有限责任公司
装　　订：三河市振勇印装有限公司
787mm×1092mm　1/16　印张 16½　彩插 1　字数 394 千字　2023 年 3 月北京第 1 版第 1 次印刷

购书咨询：010-64518888　　　　　　　售后服务：010-64518899
网　　址：http://www.cip.com.cn

凡购买本书，如有缺损质量问题，本社销售中心负责调换。

定　　价：48.00 元　　　　　　　　　　　　　　　　　　版权所有　违者必究

前言

本教材深入贯彻《国家职业教育改革实施方案》和《职业教育提质培优行动计划（2020—2023年）》，围绕立德树人的根本任务，深化职业教育"三教"改革，落实职业教育信息化2.0建设行动，充分发挥教材在提高人才培养质量中的基础性作用。本教材遵循教育部颁布的《高等职业学校专业教学标准》，以增强对化工类、制药类高职高专学生的实用性。

本教材在编写中力图体现以下特色。

1. 创新内容形式，紧跟时代步伐

有机化学属于基础学科，也是经典学科。为了让现在的高职学生喜欢看教材，喜欢上有机化学课，本教材做了新的尝试。内容上，进一步删繁就简，紧密联系当今生产与生活，达到学以致用的目的；形式上，每章开篇的"课前导学"与"课前测验"，中间的"思考和练习"以及章节后的"思维导图"与"课后习题"可助力教师实现翻转课堂教学，也为学生自我检测提供素材。每章都设计有"学习卡片"，引入新材料、新科技，通过介绍前沿知识，拓宽学生视野，紧跟时代步伐，增强教材实用性。

2. 融入课程思政，落实立德树人

精心锤炼与挖掘有机化学思政元素，每章均编写了丰富的"思政案例"。通过科学家的故事、历史和现代的事件、生活中的现象，传承和发展中国文化等案例，引导学生深入思考，掌握事物发展规律，厚植家国情怀，将思想引领和知识提升有机融合。

3. 制作视频资源，打造新型教材

根据课程内容需要将相关视频、微课、动画等资源转化成二维码的形式，使枯燥的理论生动形象，使有趣的实验现象及操作直观明了，教材更加立体化、动态化、情景化。将教材打造成新形态一体化教材。

4. 注重实验项目化，推动课堂革命

实验部分打破基础化学传统实验编写体例，采用项目化实验教学编写方法，增加实验项目案例引入及实验报告单，为实现理实一体化教学提供示范性模板。还引入了高职技能大赛化学实验室技术赛项中的有机合成模块，结合现代职业教育理念，体现"知识够用，理实一体，职业素养"的思想，融入"健康、安全、环保"（即HSE）的职业理论，旨在引领化学实验教学，推动"以赛促教，以赛促学，学赛结合"的教学模式与课堂革命。

本书由王萍主编并统一修改定稿。第一章至第三章、第五章、第八章至第十一章由河北化工医药职业技术学院王萍编写，第六章、第七章由河北化工医药职业技术学院赵志才编写。为使教材内容更好地反映职业岗位能力标准，对接企业用人需求，特聘请石药集团中奇

制药技术（石家庄）有限公司的高级工程师白敏编写本书第四章；特聘请华北制药集团河北华民药业有限公司的正高级工程师程俊山担任本书的主审。

以上两位企业人士认真撰写和审阅教材，带来企业真实案例，对书稿提出了宝贵的意见，在此表示衷心的感谢。

本书的微课、视频、动画由河北化工医药职业技术学院的王萍、高雅男、赵志才、杨学林老师制作。

河北化工医药职业技术学院的刘军老师审阅部分书稿并提出了宝贵意见；高雅男老师做了部分绘图工作，在此谨对他们致以诚挚的感谢。

本书在编写时参考了大量的相关专著与文献资料，在此向作者一并表示衷心感谢。

限于编者水平有限，书中难免有疏漏或不尽人意之处，恳请广大师生与读者批评指正。

编者

2022 年 10 月

目录

第一章 走进有机化学

学习目标 /1
课前导学 /1
课前测验 /1
第一节 有机化学与有机化合物 /2
　一、有机化学与有机化合物的含义 /2
　二、有机化学与我们的联系 /3
　三、有机化合物的天然来源 /3
第二节 有机化合物的特点 /5
　一、有机化合物的结构特点 /6
　二、有机化合物的性质特点 /7
　三、共价键的断裂方式和有机反应类型 /8
第三节 有机化合物的分类 /9
　一、按元素组成分类 /9
　二、按碳架分类 /9
　三、按官能团分类 /10
第四节 有机化学的学习方法 /11
本章小结 /11
课后习题 /12

第二章 烷烃

学习目标 /13
课前导学 /13
课前测验 /13
第一节 烷烃的结构和同分异构现象 /14
　一、烷烃的结构 /14
　二、烷烃的通式和同分异构现象 /16
　思考和练习 /18
第二节 烷烃的命名 /18
　一、习惯命名法 /18
　二、碳、氢原子类型 /19
　三、烷基 /20
　四、系统命名法 /20
　思考和练习 /22
第三节 烷烃的物理性质 /23
　一、状态 /23
　二、沸点 /23
　三、熔点 /24
　四、相对密度 /25
　五、溶解性 /25
　思考和练习 /26
第四节 烷烃的化学性质 /26
　一、烷烃的稳定性 /26
　二、氧化反应 /26
　三、卤代反应 /27
　思考和练习 /29
第五节 重要的烷烃 /29
　一、甲烷 /29
　二、烷烃混合物 /30
　三、生物体中的烷烃 /31
本章小结 /32
课后习题 /32

第三章　不饱和烃

学习目标　/34
课前导学　/34
课前测验　/34

第一节　烯烃　/35
　一、烯烃的结构和构造异构现象　/35
　二、烯烃的命名　/37
　三、烯烃的物理性质　/38
　四、烯烃的化学性质　/39
　五、重要的烯烃　/45
　思考和练习　/46

第二节　共轭二烯烃　/46
　一、二烯烃的分类、结构与命名　/46
　二、共轭二烯烃的化学性质　/48
　三、重要的共轭二烯烃　/49
　思考和练习　/50

第三节　炔烃　/50
　一、炔烃的结构和同分异构现象　/50
　二、炔烃的命名　/51
　三、炔烃的物理性质　/52
　四、炔烃的化学性质　/52
　五、重要的炔烃　/54
　思考和练习　/55

本章小结　/55
课后习题　/56

第四章　脂环烃

学习目标　/58
课前导学　/58
课前测验　/58

第一节　脂环烃的分类、异构、结构与命名　/59
　一、脂环烃的分类　/59
　二、脂环烃的通式与构造异构　/59
　三、环烷烃的结构　/60
　四、脂环烃的命名　/61
　思考和练习　/63

第二节　环烷烃的物理性质　/63

第三节　环烷烃的化学性质　/64
　一、取代反应　/64
　二、加成反应　/64
　三、氧化反应　/65
　思考和练习　/66

第四节　重要的化合物　/66
　一、环己烷　/66
　二、生物体内的脂环烃及其衍生物　/66

本章小结　/67
课后习题　/67

第五章　芳香烃

学习目标　/69
课前导学　/69
课前测验　/69

第一节　苯的结构　/70
　一、凯库勒构造式　/70
　二、闭合共轭体系　/71
　思考和练习　/71

第二节　单环芳烃的分类、异构与命名　/72
　一、单环芳烃的分类　/72
　二、单环芳烃的同分异构　/72
　三、单环芳烃的命名　/73
　四、芳烃衍生物的命名　/74
　思考和练习　/76

第三节　单环芳烃的物理性质　/76

第四节　单环芳烃的化学性质　/76
　一、苯环上的亲电取代反应　/76
　二、苯同系物侧链上的取代反应　/79
　三、氧化反应　/79
　思考和练习　/80

第五节　苯环上亲电取代反应的定位

规律及应用 /80
　　一、定位基的含义 /80
　　二、定位基的分类 /80
　　三、定位规律 /81
　　四、定位规律的应用 /83
　　思考和练习 /84
第六节　重要的芳香烃 /85
　　一、苯 /85

　　二、甲苯 /86
　　三、二甲苯 /86
　　四、苯乙烯 /86
第七节　稠环芳烃 /87
　　一、萘 /87
　　二、蒽和菲 /88
本章小结 /89
课后习题 /89

第六章　立体异构

学习目标 /92
课前导学 /92
课前测验 /92
第一节　构象异构 /93
　　一、乙烷的构象异构 /93
　　二、正丁烷的构象异构 /94
　　三、环己烷的构象异构 /94
　　思考和练习 /96
第二节　顺反异构 /96
　　一、顺反异构现象 /96

　　二、顺反异构体的命名 /97
　　思考和练习 /99
第三节　对映异构 /99
　　一、物质的旋光性 /99
　　二、物质的旋光性与分子结构的关系 /101
　　三、含一个手性碳原子化合物的
　　　　对映异构 /102
　　思考和练习 /105
本章小结 /106
课后习题 /106

第七章　卤代烃

学习目标 /108
课前导学 /108
课前测验 /108
第一节　卤代烃的分类、异构和命名 /109
　　一、卤代烃的分类 /109
　　二、卤代烃的同分异构 /109
　　三、卤代烃的命名 /110
　　思考和练习 /110
第二节　卤代烃的物理性质 /111
　　一、状态 /111
　　二、沸点 /111
　　三、密度 /111
　　四、溶解性 /111
　　五、毒性 /111
第三节　卤代烃的化学性质 /112
　　一、取代反应 /112
　　二、消除反应 /114

　　三、与金属镁反应 /114
　　思考和练习 /116
第四节　卤代烯烃和卤代芳烃 /116
　　一、卤代烯烃和卤代芳烃的分类 /116
　　二、不同结构的卤代烯烃和卤代芳烃
　　　　反应活性的差异 /117
　　思考和练习 /117
第五节　重要的卤代烃 /118
　　一、氯代甲烷 /118
　　二、氯乙烯和聚氯乙烯 /118
　　三、四氟乙烯和聚四氟乙烯 /118
　　四、氯苯 /118
　　五、氯化苄 /119
　　六、氟利昂 /119
本章小结 /119
课后习题 /120

第八章 醇、酚、醚

学习目标 /122
课前导学 /122
课前测验 /122

第一节 醇 /123
　一、醇的结构、分类与命名 /123
　二、醇的物理性质 /124
　三、醇的化学性质 /127
　四、重要的醇 /131
　思考和练习 /133

第二节 酚 /133
　一、酚的结构、分类与命名 /133

　二、酚的物理性质 /134
　三、酚的化学性质 /135
　四、重要的酚 /138
　思考和练习 /139

第三节 醚 /139
　一、醚的结构、分类与命名 /139
　二、醚的物理性质 /140
　三、醚的化学性质 /141
　四、重要的醚 /142

本章小结 /144
课后习题 /144

第九章 醛和酮

学习目标 /147
课前导学 /147
课前测验 /147

第一节 醛和酮的结构、分类与命名 /148
　一、醛和酮的结构 /148
　二、醛和酮的分类 /148
　三、醛和酮的命名 /149
　思考和练习 /150

第二节 醛和酮的物理性质 /150
　一、状态 /150
　二、沸点 /150
　三、溶解性 /151
　四、相对密度 /151

　五、闪点 /151

第三节 醛和酮的化学性质 /152
　一、羰基的加成反应 /152
　二、α-氢原子的反应 /156
　三、氧化-还原反应 /158
　思考和练习 /161

第四节 重要的醛和酮 /162
　一、甲醛 /162
　二、丙酮 /162
　三、乙醛 /162
　四、自然界中常见醛和酮 /163

本章小结 /164
课后习题 /164

第十章 羧酸及其衍生物

学习目标 /166
课前导学 /166
课前测验 /166

第一节 羧酸 /167
　一、羧酸的结构、分类与命名 /167
　二、羧酸的物理性质 /169
　三、羧酸的化学性质 /170
　四、重要的羧酸 /175
　思考和练习 /178

第二节 羧酸衍生物 /178
　一、羧酸衍生物的结构、分类与命名 /178
　二、羧酸衍生物的物理性质 /180
　三、羧酸衍生物的化学性质 /181
　四、重要的羧酸衍生物 /184
　思考和练习 /186

第三节 油脂和蜡 /187
　一、油脂 /187
　二、蜡 /190

第四节　肥皂和合成洗涤剂　/190
　　　　一、肥皂　/190
　　　　二、合成洗涤剂　/191
　　第五节　碳酸衍生物　/191
　　　　一、尿素　/191
　　　　二、碳酸二甲酯　/192
　　本章小结　/193
　　课后习题　/193

第十一章　有机化学实验

学习目标　/195
课前导学　/195
课前测验　/195

第一节　有机化学实验的准备工作　/196
　　一、有机化学实验学习方法　/196
　　二、有机化学实验室规则　/197
　　三、有机化学实验室安全守则　/197
　　四、实验室中一般事故的应急处理　/198
　　五、常用玻璃仪器和器具　/199
　　六、绿色有机化学实验的方法　/202

第二节　有机化合物的鉴定　/203
　　一、烃的性质与官能团鉴定　/204
　　二、醇、酚、醚的性质与官能团鉴定　/206
　　三、醛、酮的性质与官能团鉴定　/208
　　四、羧酸及其衍生物的性质与官能团鉴定　/210

第三节　有机化合物物理常数的测定　/211
　　实验项目一　熔点的测定　/212
　　实验项目二　沸点的测定　/215

第四节　有机化合物的分离提纯　/217
　　一、蒸馏和分馏　/217
　　实验项目三　乙醇沸点的测定及蒸馏法分离乙醇-水混合物　/219
　　实验项目四　分馏法分离乙醇和水的混合物　/222
　　二、水蒸气蒸馏　/224
　　实验项目五　八角茴香的水蒸气蒸馏　/225
　　三、萃取和洗涤　/227
　　四、重结晶　/229
　　五、干燥　/231

第五节　有机化合物的制备与提取　/232
　　一、确定合理的制备路线　/232
　　二、选择适宜的反应装置　/232
　　实验项目六　阿司匹林的制备　/234
　　实验项目七　乙酸异戊酯的制备　/238
　　实验项目八　从茶叶中提取咖啡因　/242

第六节　世界技能大赛中的有机合成部分　/246
　　一、比赛模块及时间安排　/246
　　二、各模块考核内容　/246
　　三、有机合成模块竞赛提示　/247
　　四、有机合成模块样题　/249
本章小结　/250
课后习题　/250

参考文献

二维码资源目录

序号	资源标题	页码
1	微课：走进有机化学	1
2	微课：有机物的表达式	6
3	微课：烷烃的结构	14
4	动画：碳原子的 sp^3 杂化及甲烷分子的形成过程	14
5	微课：烷烃的构造异构	16
6	微课：烷烃的习惯命名法	18
7	微课：烷基的命名与应用	20
8	微课：烷烃的系统命名法	20
9	微课：烷烃的物理性质——状态、沸点	23
10	微课：烷烃的物理性质——熔点、相对密度、溶解性	24
11	微课：烷烃化学性质——稳定性与氧化反应	26
12	微课：烷烃的化学性质——卤代反应	27
13	动画：双键碳原子的 sp^2 杂化及乙烯分子形成过程	35
14	微课：烯烃、炔烃、二烯烃和烯炔烃的命名	37
15	微课：烯烃的亲电加成反应	40
16	微课：认识塑料的真身——人工聚合物	42
17	微课：二烯烃的分类、命名	46
18	微课：共轭二烯的 1,4-加成反应	48
19	动画：三键碳原子的 sp 杂化及乙炔的形成	50
20	视频：乙炔的制备及性质	54
21	微课：环烷烃的结构和命名	60
22	微课：环烷烃的化学性质及应用	63
23	动画：苯分子的结构	71
24	微课：苯的硝化反应及应用	77
25	微课：苯的磺化反应及应用	77
26	微课：苯环上的烷基化反应	77
27	微课：苯环上的酰基化反应	78
28	微课：苯环上的定位基及其分类	80
29	微课：苯环上的亲电取代定位规律	81
30	微课：苯环上亲电取代定位规律的应用	83

续表

序号	资源标题	页码
31	动画：乙烷的构象	93
32	动画：烯烃的顺反异构产生条件	96
33	动画：顺反异构体的命名方法	97
34	动画：旋光仪工作原理	100
35	动画：手性	101
36	微课：卤代烃的取代反应	112
37	微课：卤代烃的消除反应	114
38	微课：醇与活泼金属的反应	127
39	微课：醇与氢卤酸的反应	127
40	视频：醇与重铬酸钾反应	130
41	微课：苯酚的弱酸性	135
42	视频：苯酚的显色反应	136
43	微课：醚的结构、分类与命名	139
44	微课：醚的过氧化反应	141
45	微课：醛、酮与亚硫酸氢钠的加成反应	152
46	视频：醛、酮与羰基试剂的反应	155
47	视频：醛与费林试剂反应	160
48	视频：苯甲酸的中和反应	170
49	视频：乙酸乙酯的制备	173
50	视频：甲酸的银镜反应	175
51	微课：酯和酯化反应	179
52	动画：蒸馏原理	217
53	视频：阿司匹林的制备	234
54	视频：乙酸异戊酯制备第一步——酯化	240
55	视频：乙酸异戊酯制备第二步——洗涤	240
56	视频：乙酸异戊酯制备第三步——干燥	240
57	视频：乙酸异戊酯制备第四步——蒸馏	240
58	视频：从茶叶中提取咖啡因第一步——提取	243
59	视频：从茶叶中提取咖啡因第二步——蒸馏回收乙醇	244
60	视频：从茶叶中提取咖啡因第三、四、五步——中和、蒸发、焙炒	244
61	视频：从茶叶中提取咖啡因最后一步——升华	244

第一章 走进有机化学

学习目标

1. 微课：走进有机化学

- **知识目标**
  1. 掌握有机化合物的结构特点、性质特点、表达式及分类。
  2. 理解有机化学、有机化合物的含义及其与日常生活、企业生产的密切联系。
  3. 了解共价键本质、属性及断裂方式。

- **能力目标**
  1. 会正确表达有机化合物的构造式。
  2. 能判断化合物沸点、熔点的变化规律并会应用；能判断液体化合物的相溶性。
  3. 能识别官能团，会对有机物进行分类。

- **素质目标**
  1. 通过有机化合物结构与性质的关系，培养学生的逻辑思维能力。
  2. 通过有机化学与化工类、制药类专业的联系，培养学生基本化学素养。

课前导学

有机化学是研究有机化合物的化学，有机化合物已经渗透到我们生活的各个领域。如果不是有机化学，我想你无论如何都不会把黑黢黢的煤和漂亮的毛衣联系到一起；我们穿的衣服是什么材料制成的？如何从茶叶中得到提神醒脑的咖啡因？在街边小摊吃饭时，用塑料袋套在碗上更安全卫生，这种说法是真的吗？……在这本书里，你都可以找到这些问题以及其他许多问题的答案。

课前测验

多选题

1. 下列物质是有机物的是（   ）。
   A. 食盐　　　　B. 纯碱　　　　C. 酒精　　　　D. 葡萄糖
2. 组成有机物的元素主要有（   ）。
   A. 碳　　　　　B. 氢　　　　　C. 氧　　　　　D. 卤素、硫、氮等
3. 下列化学键中，不是构成有机物主要键型的是（   ）。
   A. 离子键　　　B. 共价键　　　C. 金属键　　　D. 分子间作用力

有机化学是源于生活的，与你我的生活密切相关；有机化学是专业的，它为化工、制药类专业奠定坚实基础；有机化学是理论与实验紧密结合的，在实验中探寻理论的真谛，在实验中碰撞智慧的火花；有机化学知识是丰富的，它在有趣的故事里、它在真实的新闻里、它在多彩的世界里。让我们一起走进有机化学的世界。

第一节 有机化学与有机化合物

一、有机化学与有机化合物的含义

化学是研究物质的组成、结构、性质及其变化规律的一门科学。那么，有机化学就是研究有机化合物的组成、结构、性质及其变化规律的一门科学。

最初，有机化合物是指"有生机之物"，即由动植物得到的物质。例如糖、染料、酒和醋。我国《周礼》记载，当时已设专司管理染色、制酒和酿醋工作；周王时代开始用胶；汉朝发明造纸；世界上最早的一部药典《神农本草经》记载的几百种药物中大部分是植物。

到了近代，1769—1785 年人们获得了许多有机酸。例如从葡萄汁中提取酒石酸，从柠檬汁中提取柠檬酸，从酸牛奶中提取乳酸，从尿中提取尿酸；1773 年从尿中析离出了尿素；1805 年从鸦片中提取到第一个生物碱——吗啡。人们得到了纯的有机物，不过依然是来自动植物。

1806 年瑞典科学家贝采里乌斯提出"有机化学"概念和"生命力"学说。贝采里乌斯认为，有机物只能在生物体内受到一种神奇的力量——"生命力"的作用而产生。这种思想阻碍了有机化学的发展。

1828 年德国化学家韦勒用无机物氰酸铵合成了尿素，冲击了"生命力"学说。随后，化学家们陆续合成了一系列化合物，如乙酸、油脂、药品、染料等，"生命力学说"彻底被否定。

化学家们通过大量的研究发现，所有的有机化合物都含碳，绝大多数还含氢，许多有机物分子还含氧、氮、硫、卤素、磷等元素。

从有机化合物的元素组成上看，有机化合物是含碳的化合物（除一氧化碳、二氧化碳、碳酸及其盐等与无机化合物性质相近的化合物外）。那么，有机化学就是研究碳化合物的化学。人们也认为，有机化合物是碳氢化合物及其衍生物。

碳氢化合物的衍生物是指碳氢化合物中的氢原子一个或多个被其他的原子或基团取代而得的化合物。例如：CH_4 甲烷，元素组成 C、H，是碳氢化合物，是最简单的有机物；而 CH_3Cl、CH_2Cl_2、$CHCl_3$、CCl_4、CH_3OH 可以看作是甲烷中的氢原子一个或多个被 X 原子（卤素原子，F、Cl、Br、I）或基团（—OH 羟基）取代的产物，即它们是甲烷这种碳氢化合物的衍生物。生活中的酒精（CH_3CH_2OH）、乙酸（CH_3COOH）也是碳氢化合物的衍生物。

有机化合物既可来自天然材料，如棉花和蚕丝等，也需要大量的有机合成。

有机化合物如汽油、药物、杀虫剂和聚合物已经很大程度地提高了我们的生活质量。然而，有机化合物的随意丢弃已经造成了环境的污染，引起了动植物生物环境的恶化，同时也使人类的健康受到威胁。如果我们想要制造有用的化合物，同时掌握如何控制它们的影响，我们就需要了解它们的性质和应用，掌握并应用有机化学的原理。

二、有机化学与我们的联系

1. 有机化学丰富着我们的生活

从普通衣服到医用防护服装，无论是棉质还是化学纤维都是有机化合物；从北方的馒头到南方的米饭其主要成分——淀粉，是有机化合物，佐餐的油、醋、料酒也是有机化合物。不仅如此，使世界五彩斑斓的各种颜料、石化行业的汽油、柴油等是有机化合物；我国首位诺贝尔生理学或医学奖获得者屠呦呦，她发现的拯救了发展中国家数百万人生命的青蒿素，是有机化合物；保护我们健康的大部分药物都属于有机化合物；人体内传递兴奋信息的多巴胺也是有机化合物。还有太多的有机化合物，不胜枚举。

2. 有机化学推动了有机化工的发展

有机化学的深入研究推动了有机化学工业的快速发展。过去，有机化学工业主要以煤作为生产原料，现在已把石油作为主要的生产原料，石油炼制和加工已成为国民经济的支柱产业。人们的衣、食、住、行已离不开合成材料，塑料、橡胶、纤维和涂料这四种广泛应用的高分子材料成为20世纪人类文明的标志之一，也是提高人类生活质量的主要物质基础之一。生物材料的研制已发展到了可工业化生产的阶段，如人工瓣膜、人工关节、模拟生物膜的生产等。化学合成药物已在医药工业中占主导地位，20世纪人类寿命平均增长了近30岁，化学药物也对人类健康做出了巨大的贡献。进入21世纪，常用有机化工产品总量已达17000多种。

3. 有机化工促进了有机化学的研究

有机化学工业的飞速发展又促进了有机化学的研究，也促进了各学科之间的相互交叉和渗透。有机化学是有机合成、药物化学等学科的基础，正在不断地和生命科学、材料科学等学科高度融合，步入全新发展的新阶段。

三、有机化合物的天然来源

大部分有机化合物来源于化石燃料，例如石油（主要来源）、天然气和煤；此外还来源于动植物或者农副产品。

1. 天然气

天然气是蕴藏于地底层内的可燃性气体，主要成分是甲烷，还有乙烷、丙烷和丁烷等C_5以内的烷烃，除了这些有机化合物，天然气中还含有少量的CO_2、N_2和He。天然气和石油形成的方式类似，所以经常和石油一同被发现。

天然气易通过管道输送，是在国内外很有发展前景的一种清洁能源，也是一种化工原料。因为甲烷燃烧无污染，作为燃料使用时，天然气最理想的成分就是甲烷。因此，民用天然气在使用前都会经过处理除去甲烷以外的其他成分。此外，天然气也用来制取甲醛、甲醇、炭黑、氨、尿素等有机化工原料及产品。

我国天然气地质资源量估计超过38万亿立方米，主要分布在中、西部地区和近海地区。

虽然储量不小，但需求更大，在2018年时我国成为全球最大的天然气进口国。

2. 石油

石油是从地底下开采出来的深褐色黏稠液体，也称原油。石油是成分复杂的混合物，因产地不同或油层不同而有所差别，大部分是直链烷烃和环烃，此外还含有少量烃的氧、氮、硫等衍生物。

石油可以通过近海或陆地钻探获取。石油的发现推动了化工行业的发展，许多重要的化工原料都来自石油，那么你知道石油中都有哪些重要的化工原料吗？从石油中可以提炼出许多产品，如汽油、喷气发动机燃料、煤油、柴油、沥青和石蜡等。由这些产品经进一步加工，可制备一系列重要的化工原料，以满足橡胶、塑料、纤维、染料、医药、农药等不同行业的需要。

我国石油分布广泛，不仅有陆地石油资源，也有海底石油资源，近几年的原油年产量均在1.6亿吨以上。但随着我国经济的高速增长，原油消耗量逐年上升，目前已成为世界第二大原油消费国。因此，每年仍需从国外进口大量原油。

思政案例

地质学家李四光

1889年10月李四光出生于湖北黄冈，少时学习刻苦，各门功课十分出色。1904年7月，李四光破格被派送到日本公费留学，在日本学习造船，他踌躇满志，准备回国大干一番事业。却没想到，当时中国的采矿业十分落后，铁矿石产量太低无法发展造船业。在这种情况下，李四光决定先学习采矿业。1913年，李四光远赴英国伯明翰大学，学习采矿专业。但是新的问题又出现了，地质科学跟不上怎么能知道矿在哪儿呢，于是，李四光学完采矿专业后又读完了地质专业。他一生的学习都是为了能够解决我国的问题。地质学，是他找到的一条行之有效的报国之路。

1949年中华人民共和国成立，此时的李四光虽已年过六旬，仍夜以继日地工作，重点就是石油。当时我国一直戴着"贫油国"的帽子，没有石油，许多工业都无法继续。李四光提出"中国有石油，石油在东北"的理论遇到重重阻力，但有两个人始终支持李四光，他们是毛泽东主席和周恩来总理，并给予他最大的鼓励。1955年，李四光远赴东北勘探石油，由于肾病加重，切除了一侧的肾脏后依然坚持工作。到1959年9月26日，松基三井喷射出工业油，大庆油田被勘探发现了，我国摘掉了"贫油国"的帽子。

周恩来总理称他为"中国科学界的一面旗帜"。1971年，82岁的李四光因动脉瘤破裂，溘然离世。2009年，李四光被评选为100位中华人民共和国成立以来感动中国人物。颁奖词中"他是新中国地质群星中最为明亮的那一颗"是对李四光一生最好的褒奖与诠释。

3. 煤

像石油和天然气一样，煤也是一种化石燃料。煤是由埋藏在地底下的植物残骸在不断堆积的泥层挤压中形成的可燃性固体。煤的主要元素是碳，另外还有氢、氧、氮、硫、磷等元素。

煤除了主要用作燃料外，还可用于制备芳香烃。通过对煤的干馏，即将煤在隔绝空气的条件下加热到 950～1050℃，就可得到焦碳、煤焦油和焦炉气。由煤焦油可以制得苯、二甲苯、联苯、酚类、萘、蒽等多种芳香族化合物及沥青。焦炉气的主要成分是甲烷、一氧化碳和氢，还含有少量苯、甲苯和二甲苯。焦碳可用于钢铁冶炼和金属铸造及生产电石。

煤矿分为两类：地下煤矿和露天煤矿，从地表开采煤矿后，必须将地区外的环境恢复原状，以防止水土流失。

煤炭是我国的主要能源，被喻为"乌金"。我国煤炭资源比石油等其他资源相对更为丰富，但由于煤质、生态、环境等诸多因素的制约，煤炭资源的开发利用仍需不断优化。

> **学习卡片**
>
> **化石燃料**
>
> 化石燃料是指煤炭、石油、天然气等这些埋藏于地下不能再生的燃料资源。
>
> 化石燃料按埋藏的能量多少的顺序分为煤炭、石油、油页岩、天然气和油砂等类。
>
> 2020 年 12 月，联合国环境规划署（UNEP）携手有关研究机构共同发布《2020 年生产差距报告》指出，世界各国需要每年减少 6% 的化石燃料产量才能将全球变暖幅度控制在 1.5℃ 以内。新型冠状病毒感染疫情后各国政府采取前所未有的防控行动，中国、日本和韩国等国家承诺实现"净零排放目标"，世界迎来了一个降低化石燃料产量的潜在转折点。
>
> 联合国环境规划署执行主任英格·安德森表示："当我们选择对低碳能源和基础设施投资，将有利于就业、经济、健康和清洁空气，要向更公正、可持续和有韧性的未来过渡。"

4. 农副产品

许多农副产品是制备有机化合物的原料。如淀粉发酵可制乙醇；玉米芯、谷糠可制糠醛；从植物中可提取天然色素和香精；由天然植物经过加工可制得中成药；从动物内脏可提取激素；用动物的毛发可制取胱氨酸等。

从长远看，农副产品是取之不尽的资源。我国农产品极其丰富，因地制宜综合利用农副产品，必将使天然有机化合物的提取大有可为。

第二节 有机化合物的特点

有机化学起步晚，但发展十分迅速。组成有机物的元素种类很少，常见的就是 C、H、O、卤素等这些元素，可是有机化合物的数目高达数千万种。

有机化学之所以能够成为化学科学的一个分支,独立门户,不仅是因为有机化合物数目庞大,也是由它的结构特点和性质特点决定的。

一、有机化合物的结构特点

1. 碳原子是四价的

2.微课:有机物的表达式

碳元素是形成有机化合物的主体元素,它位于元素周期表的第二周期第ⅣA族。碳原子的最外层有 4 个电子,既不易失电子,也不易得电子,靠共用电子对与其他原子形成共价键,即有机化合物的主要键型是共价键。碳原子在形成有机化合物时,它的最外层有 4 个电子,所以碳原子能形成 4 个共价键。我们把碳原子形成的共价键数目——4 个,称为共价数,即碳原子是四价的。同理类推,常见的与碳原子成键的其他原子的共价数,例如氢原子是一价,氧原子是二价,氮原子是三价,卤原子是一价。

2. 碳原子成键形式多样

碳原子通过共用电子对形成共价键时,可以共用一对、两对或三对电子,分别称为单键、双键或三键结合;其连接方式可以是链状,也可以是环状。碳原子可以与其他原子结合,也可以自身结合。

共价键可以用"—"(短线)的形式表示,1 条线就表示 1 对共用电子,叫共价单键;2 条线就表示 2 对共用电子,叫共价双键;3 条线就表示 3 对共用电子,叫共价叁键。如:

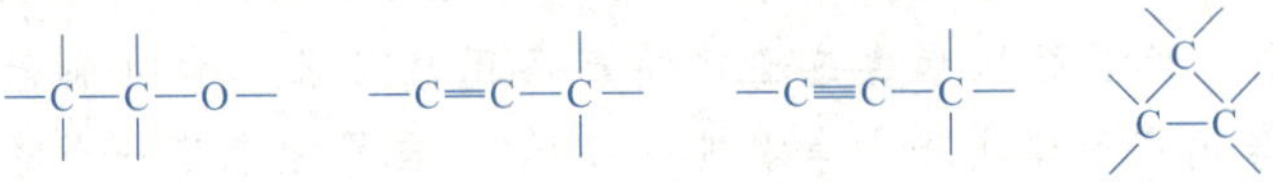

3. 有机化合物表达式

分子中原子间的互相连接方式和排列顺序叫作分子的构造,表示分子构造的式子叫构造式,有机化合物最常见的表达式就是它的构造式。有机化合物构造式的表示方法常用的有三种:蛛网式、构造简式(也称结构简式)、键线式。现结合表 1-1 中两个化合物具体说明。

表 1-1 有机化合物构造式的表示方法

化合物名称	蛛网式	构造简式(结构简式)	键线式
1-丁烯	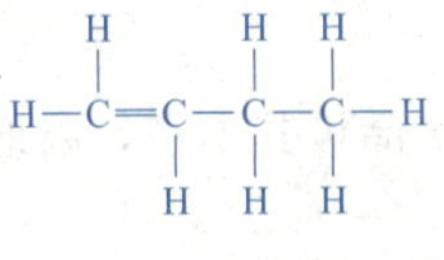 (见图)	$CH_2=CH-CH_2-CH_3$ 或 $CH_2=CHCH_2CH_3$	 (见图)
2-戊醇	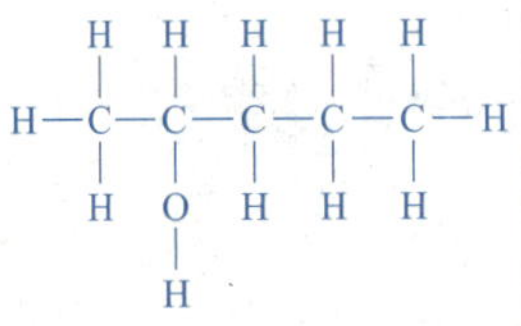 (见图)	$CH_3-CH-CH_2-CH_2-CH_3$ 　　　　$\vert$ 　　　　OH 或 $CH_3CHCH_2CH_2CH_3$ 　$\vert$ 　OH 或 $CH_3CH(OH)CH_2CH_2CH_3$	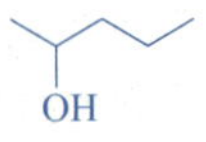 (见图)

蛛网式：因其形状似蛛网而得名，主要碳链按水平方向书写，用短线代表共价键，根据不同原子的共价数完整地表示出价键上原子的连接情况。用"—""═""≡"分别代表共价单键、双键和三键。但是，很明显，蛛网式太过繁杂，使用很不方便。

构造简式（也称结构简式）：必须省略碳与氢之间的单键，在此前提下，可以省略碳碳单键的横键或竖键；省略一些代表单键的短线，并将同一碳原子上相同的原子合并，以阿拉伯数字表示相同原子的数目。

键线式：将碳链骨架画成锯齿形直线，省略所有碳原子和氢原子，仅用短线代表碳碳键，短线的连接点和端点代表碳原子。环状化合物多用键线式表达。

在上述三种有机化合物表达式中，构造简式（结构简式）和键线式应用较广泛，键线式最为简便。

4. 同分异构现象

在有机化合物中，同一分子式可以代表原子间不同排列次序和连接方式的不同物质，如表1-2所示。

表1-2　分子式 C_2H_6O 可以代表以下两种化合物

分子式	C_2H_6O	
构造式	$CH_3CH_2—OH$	$CH_3—O—CH_3$
化合物名称	乙醇	甲醚
原子排列次序	C—C—O	C—O—C
沸点	78.3℃	－24.5℃

乙醇和甲醚虽然分子式一样，但原子排列次序不同，构造式不同，沸点有很大差异；乙醇在实验室和工业上常用作溶剂，饮用酒中也含有乙醇；而甲醚则是一种气体，是一种用于取代氟利昂的制冷剂。二者的其他物理性质及化学性质也不相同，实为两种截然不同的物质。

这种分子式相同而构造式不同的化合物称为同分异构体，这种现象称为同分异构现象。

正是由于同分异构现象的存在，所以除了个别无异构现象的有机化合物外，绝大多数有机化合物不能用分子式表示。

在17世纪之前化学界认为，一种化合物具有一种成分，同一化学成分绝不能是两种不同化合物。1822年德国化学家魏勒发现异氰酸银 AgNCO，化学性质稳定；1823年德国化学家李比希发现雷酸银 AgONC，化学性质非常不稳定，遇热或受撞击就爆炸。而这两类不同的化合物却具有相同的分子式，这是化学家的首次发现，从此诞生了"同分异构体"这个概念。

同分异构现象在有机化学中极为普遍，这是构成有机物种类繁多、数量庞大的一个重要原因。

二、有机化合物的性质特点

1. 容易燃烧

大多数有机化合物都容易燃烧，燃烧时生成二氧化碳、水和分子中所含碳氢元素以外的其他元素的氧化物。正是由于这一特点，在人类常用的燃料中，有很多是有机化合物，如汽油、天然气、酒精、煤等。

2. 熔点、沸点较低

有机化合物的熔点一般在 400℃ 以下,沸点也较低,这是因为有机化合物分子是共价分子,分子间是以分子间作用力结合而成的,破坏这种晶体所需的能量较少。也正因为此,许多有机化合物在常温下是气体、液体。而无机化合物通常是由离子键形成的离子晶体,破坏这种静电引力所需的能量较高,无机化合物的熔、沸点一般也较高。如苯酚的熔点为 43℃,沸点为 182℃;氯化钠的熔点为 801℃,沸点为 1413℃。

3. 受热易分解

一般有机化合物的热稳定性差,许多有机化合物在 200～300℃ 时即逐渐分解,随着温度的升高甚至炭化而变黑。而多数无机物加热至几百摄氏度高温也无变化。

4. 难溶于水,易溶于有机溶剂

有机化合物大多为非极性或极性很弱的分子,根据相似相溶原则,有机化合物难溶于极性的水中,而易溶于非极性的有机溶剂中。如油脂不溶于水,但可溶于乙醚、汽油等有机溶剂。

5. 反应速率慢

有机化合物的反应速率一般较慢,需要一定时间,有的可长达几十个小时才能完成。这是因为大多数有机物以分子状态存在,分子间发生化学反应,必须使分子中的某个键断裂才能进行。而无机物的反应一般为离子反应,反应速率较快。

在进行有机反应时,为了提高反应速率,常采用加热、搅拌以及加入催化剂等方法。

6. 副反应多

有机物分子大多是由多个原子形成的复杂分子,当它与另一试剂反应时,分子中受试剂影响的部位较多,因此在主反应之外,还伴随着不同的副反应,使反应产物为混合物。有机化合物的这一特征给研究有机反应及制备纯的有机物带来很多困难。

三、共价键的断裂方式和有机反应类型

有机反应的实质就是旧共价键的断裂和新共价键的形成。共价键的断裂主要有两种方式,下面以碳与另一非碳原子 Z 间共价键的断裂说明这一问题。

一种方式称为共价键的均裂,是成键的一对电子平均分给两个原子或基团。

$$C:Z \xrightarrow{均裂} C\cdot + Y\cdot$$

均裂生成的带单电子的原子或基团称自由基或游离基。如 $CH_3\cdot$ 叫甲基自由基,常用 $R\cdot$ 表示。

共价键经均裂而发生的反应叫自由基反应。这类反应一般在光和热的作用下进行。

另一种方式称为共价键的异裂,是共用的 1 对电子完全转移到其中的 1 个原子上。

$$C:Z \xrightarrow{异裂} \begin{matrix} C^+ + :Z^- \\ \text{碳正离子} \\ :C^- + Z^+ \\ \text{碳负离子} \end{matrix}$$

异裂生成了正离子或负离子。如 CH_3^+ 叫甲基碳正离子,CH_3^- 叫甲基碳负离子。常用

R$^+$表示碳正离子，R$^-$表示碳负离子。

共价键经异裂而发生的反应叫离子型反应。这类反应一般在酸、碱或极性物质（包括极性溶剂）催化下进行。

第三节 有机化合物的分类

数目庞大的有机化合物需要有一个合理的分类方法，才可便于研究。

一、按元素组成分类

只含碳和氢两种元素的有机化合物称为烃。

有机化合物的定义"碳氢化合物及其衍生物"，可以简化成：烃及其衍生物。即有机化合物可以分为烃与烃的衍生物。

二、按碳架分类

碳架是有机物分子中碳原子的连接方式，据此可将有机化合物分为以下几类。

1. 开链化合物

开链化合物是碳原子间相互连接成碳链，不成环的化合物。这类化合物又称为脂肪族化合物。如：

$$CH_3—CH_2—CH_3 \quad\quad CH_2=CH—CH_3 \quad\quad \underset{\underset{CH_3}{|}}{CH_3—CH—OH}$$

丙烷　　　　　　丙烯　　　　　　异丙醇

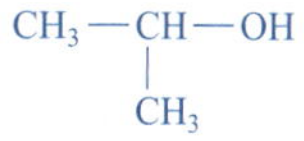

2. 环状化合物

环状化合物又分为脂环、芳环和杂环。

（1）**脂环族化合物** 碳原子间连接成环，环内也可有双键、三键，性质与脂肪族相似。如：

环戊烯　　　　　环己烷　　　　　环己醇

（2）**芳香族化合物** 分子中含有一个或多个苯环的化合物。它们有自己独特的性质，与脂肪族化合物截然不同。由于最初是在香树脂中发现的，称为芳香族化合物。如：

苯　　　　　　苯酚　　　　　　萘

(3)杂环化合物 碳原子与氧、硫、氮等其他原子共同组成的环状化合物。如：

呋喃　　　　　噻吩　　　　　吡啶

三、按官能团分类

官能团是指决定或影响有机化合物主要性质的原子或基团。官能团相同，则化学性质相似，通常将含相同官能团的物质归属为一类。一些常见化合物的官能团见表1-3。

表1-3　有机化合物按官能团分类

官能团结构	官能团名称	有机物类别	有机物实例	
无	碳碳单键	烷烃	CH_3CH_3	乙烷
C=C	双键	烯烃	$CH_2=CH_2$	乙烯
—C≡C—	三键	炔烃	$CH≡CH$	乙炔
—X (F, Cl, Br, I)	卤素	卤代烃	CH_3CH_2Cl	氯乙烷
—OH	醇羟基	醇	CH_3CH_2OH	乙醇
—OH	酚羟基	酚	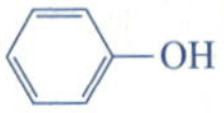 C₆H₅—OH	苯酚
—O—	醚	醚	CH_3OCH_3	甲醚
—CHO	醛基	醛	CH_3—CHO	乙醛
C=O	羰基	酮	CH_3—CO—CH_3	丙酮
—COOH	羧基	羧酸	CH_3—COOH	乙酸
—SO₃H	磺基	磺酸	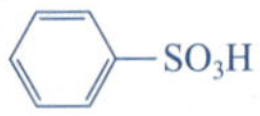 C₆H₅—SO₃H	苯磺酸
—NO₂	硝基	硝基化合物	 C₆H₅—NO₂	硝基苯
—NH₂	氨基	胺	$CH_3CH_2NH_2$	乙胺
—CN	氰基	腈	CH_3CN	乙腈

注意：苯环不是官能团，但在芳香烃中，苯环具有官能团的性质。

第四节　有机化学的学习方法

有机化合物数量庞大，面对如此多的物质与相关的理化性质，通过掌握知识间一些规律性的联系，可以达到事半功倍、举一反三的学习效果。

以乙醇与金属钠的反应为例，密切关注官能团的变化。醇的官能团是—OH，断键的地方在O—H键之间，从而生成乙醇钠；当把反应物变成甲醇、异丙醇，它们也与金属钠反应，发生变化的部位与乙醇一样，也在—OH上，也在O—H键之间。

$$2CH_3CH_2\text{—}O\text{⋮}H + 2Na \longrightarrow 2CH_3CH_2\text{—}O\text{—}Na + H_2\uparrow$$
乙醇　　　　　　　　　　　乙醇钠

$$2CH_3\text{—}O\text{⋮}H + 2Na \longrightarrow 2CH_3\text{—}O\text{—}Na + H_2\uparrow$$
甲醇　　　　　　　　　甲醇钠

$$2CH_3\underset{\underset{CH_3}{|}}{CH}\text{—}O\text{⋮}H + 2Na \longrightarrow 2CH_3\underset{\underset{CH_3}{|}}{CH}\text{—}O\text{—}Na + H_2\uparrow$$
异丙醇　　　　　　　　　异丙醇钠

对于有机化学的学习，可以参考以上方法，注意官能团的变化，找到其中的规律，更好地掌握有机化学的基本理论知识。

本章小结

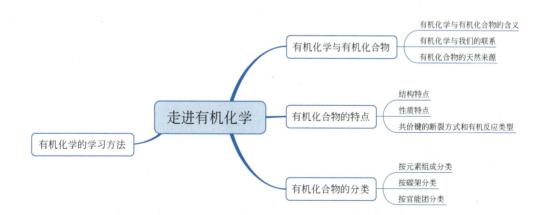

课后习题

1. 填空题

(1) 有机化合物是碳氢化合物及其_____，其结构特点是碳原子都是_____价的，分子中的原子主要以_____键结合，并且各原子间是以一定的_____和_____相互连接的，这种排列顺序和方式叫作分子的构造，表示分子构造的式子叫作_____。

(2) 有机化合物的主要天然来源是_____、_____、_____、_____。

(3) 乙醇的官能团是_____。

2. 单选题

(1) 有机化合物的种类比无机化合物种类多的原因是（　　）。

A. 碳原子活性较大

B. 地壳中碳原子含量较高

C. 碳原子可以和许多原子结合，结合方式多种多样；还存在同分异构现象

D. 碳原子可以和所有原子结合

(2) 燃烧石油会产生污染成分，主要原因是石油中含少量的（　　）。

A. 碳　　　　B. 氢　　　　C. 氧　　　　D. 氮、硫

(3) 下列物质的主要成分属于有机化合物的是（　　）。

A. 植物色素　　B. 小苏打　　C. 石灰石　　D. 氰化钠

3. 分别用构造简式和键线式表示下列化合物

(1) 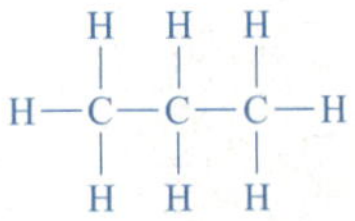 H-C-C-C-H (丙烷结构式)

(2) H-C-C-C-C-H (丁烷结构式)

(3) 带支链的戊烷结构式

(4) 环丙烷结构式

(5) 苯酚结构式

(6) H-C-C-C-C-H 含Cl的结构式

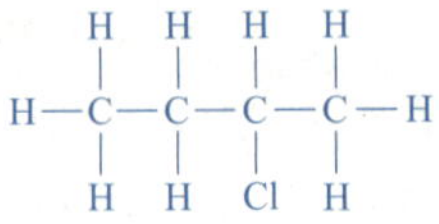

4. 将下列化合物按碳架和官能团两种方法进行分类

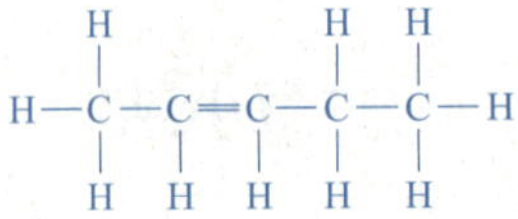

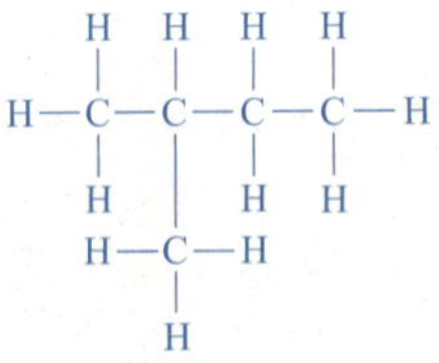

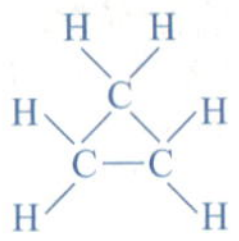

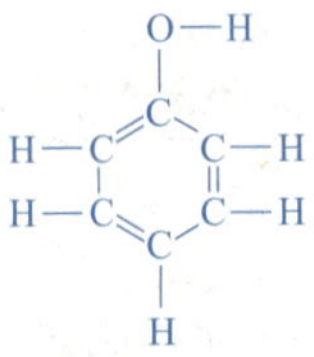

(1) $CH_3CH_2CH_2OH$

(2) $CH_3CH=CH_2$

(3) $CH_3CH_2OCH_3$

(4) 苯酚 (—OH)

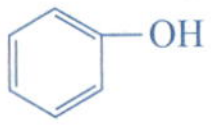

(5) CH_3CH_2COOH

(6) 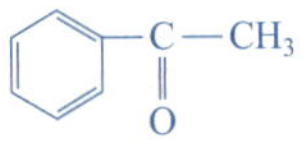 苯基—C(=O)—CH_3

5. 模仿写出下列甲状腺激素的构造式，圈出所有官能团并写出其名称

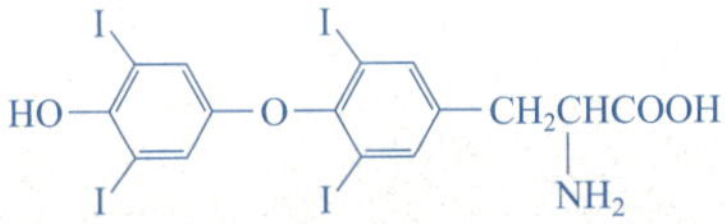

HO—(含I的苯环)—O—(含I的苯环)—$CH_2CHCOOH$
　　　　　　　　　　　　　　　　　　　　　|
　　　　　　　　　　　　　　　　　　　　NH_2

第二章 烷烃

学习目标

- **知识目标**
  1. 掌握烷烃的通式、同系列及同分异构现象；掌握烷烃的命名规则；掌握烷烃的化学性质及其在生产、生活中的实际应用。
  2. 理解碳原子的 sp^3 杂化方式及烷烃的结构。
  3. 了解烷烃的来源、制法与用途；了解烷烃的物理性质及其变化规律。
- **能力目标**
  1. 会命名常用烷烃，能写出烷烃构造式。
  2. 能运用"结构决定性质，性质反映结构"的理念解决问题。
  3. 能运用烷烃的化学性质解释现象并正确书写化学反应式。
- **素质目标**
  1. 通过"结构决定性质，性质反映结构"的理念，培养学生的辩证思维；通过将烷烃的物化性质与生产生活的联系，帮助学生建立学以致用的理念。
  2. 通过有机化学与化工类、制药类专业的联系，培养学生基本化学素养。

课前导学

汽车的油箱里有烷烃，是真的吗？活泼的金属钠通常保存在煤油中，是利用了煤油的什么性质呢？由甲烷可以制取农业上常用的杀虫蒸熏剂——一溴甲烷，这是通过什么化学反应实现的呢？在本章的内容里你会找到答案。

课前测验

多选题

1. 烷烃分子中的主要键型是（　　）。
   A. 碳碳单键　　B. 碳碳双键　　C. 碳碳三键　　D. 碳氢单键
2. 下列物质常温常压下为气体的是（　　）。
   A. 汽油　　B. 酒精　　C. 沼气　　D. 天然气
3. 烷烃发生卤代反应的条件是（　　）。
   A. 高温　　B. 加热　　C. 光照　　D. 引发剂

仅由碳氢两种元素组成的有机化合物叫作烃。根据烃分子中碳架的不同，烃有如下分类：

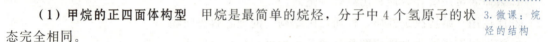

分子中的碳原子以单键相互连接，其余价键与氢原子结合的链烃叫作烷烃，在烷烃中，碳的四价达到饱和，所以烷烃又叫饱和烃。

第一节　烷烃的结构和同分异构现象

一、烷烃的结构

1. 甲烷的结构

（1）**甲烷的正四面体构型**　甲烷是最简单的烷烃，分子中 4 个氢原子的状态完全相同。

早在 1874 年荷兰化学家范霍夫就为甲烷中的碳原子制作了一个正四面体模型。近代 X 射线衍射分析法，完全证实了这个模型的正确性，测得碳原子处于正四面体的中心，与碳原子相连的 4 个氢原子位于正四面体的 4 个顶点，4 个碳氢键完全相同，键长为 0.110nm，彼此间的键角为 109.5°。甲烷分子结构模型如图 2-1 所示。

图 2-1　甲烷分子结构模型

3. 微课：烷烃的结构

（2）**碳原子的 sp³ 杂化**　碳原子基态时的最外层电子构型是 $2s^2 2p_x^1 2p_y^1$，只有两个未成对电子，按照价键理论，有几个未成对电子就形成几个共价键，碳原子只能与两个氢原子成键，这显然与碳原子的四价和甲烷的真实构型不相符。

杂化轨道理论认为，碳原子在成键时，首先从碳原子的 2s 轨道上激发 1 个电子到空的 $2p_z$ 轨道上去，形成了具有 4 个未成对电子的电子结构。然后碳原子的 1 个 2s 轨道和 3 个 2p 轨道重新组合分配，组成了 4 个完全相同的新的原子轨道，称之为 sp³ 杂化轨道。如图 2-2 所示。

4. 动画：碳原子的 sp³ 杂化及甲烷分子的形成过程

为什么要杂化呢？

每一个 sp³ 杂化轨道含有 1/4s 成分和 3/4p 成分，其形状一头大，一头小（通常称为葫芦形）。这样的杂化轨道有明显的方向性，杂化轨道的大头表示电子云密度较大，成键时由大头与其他原子的轨道重叠，重叠程度大，形成的键比较牢固。所以要杂化。

碳原子的 4 个 sp³ 杂化轨道的形状、分布如图 2-3 所示。

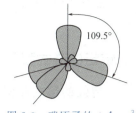

图 2-2 碳原子的 sp³ 轨道形成示意图

图 2-3 碳原子的 4 个 sp³ 轨道空间分布图

（3）甲烷分子的形成 碳原子的 4 个完全等同的 sp³ 杂化轨道以正四面体形状对称地排布在碳原子的周围，它们的对称轴之间的夹角为 109.5°；4 个氢原子分别沿着 sp³ 杂化轨道对称轴方向接近碳原子，这样氢原子的 1s 轨道与碳原子的 sp³ 杂化轨道可以进行最大程度的重叠，形成 4 个等同的碳氢键，形成了甲烷分子。

因此甲烷具有正四面体构型。

（4）σ 键 像甲烷分子中的碳氢键这样，成键原子沿键轴方向重叠（也称为"头碰头"重叠）形成的共价键叫作 σ 键。σ 键的特点是轨道重叠程度大，键比较牢固；成键电子云呈圆柱形对称分布在键轴周围，成键两原子可以绕键轴相对自由旋转。

2. 其他烷烃的结构

其他烷烃分子中的碳原子都是 sp³ 杂化成键，除 C—H σ 键外，碳原子之间还以 sp³ 杂化轨道形成 C—C σ 键。例如乙烷分子中，两个碳原子之间形成 C—C σ 键，每个碳原子分别与 3 个氢原子形成共 6 个 C—H σ 键。实验证明，乙烷分子中 C—C 键长为 0.154nm，C—H 键长为 0.110nm，键角也是 109.5°。而其他烷烃分子中的各个碳原子上相连的四个原子或基团并不完全相同，因此每个碳上的键角也不尽相同，但都接近于 109.5°。如图 2-4、图 2-5 所示。

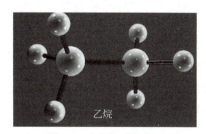
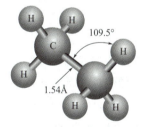

图 2-4 乙烷的球棒模型

图 2-5 乙烷的四面体构型

正是因为烷烃分子中的碳原子基本保持 109.5° 的键角，所以除乙烷外，其他烷烃分子的碳链并不是呈直线形排列的，而是曲折地排布在空间中，一般呈锯齿形排列。例如，己烷的结构模型如图 2-6 所示。

图 2-6 己烷的结构构型

虽然烷烃分子中的碳链排列是曲折的，但为方便起见，书写构造式时仍将其写成直链形式。

二、烷烃的通式和同分异构现象

1. 烷烃的通式和同系列

烷烃是饱和烃这一系列化合物的总称。在烷烃分子中，碳原子数由一向上递增，这些烷烃分别称为甲烷、乙烷、丙烷、丁烷等。它们的分子式和构造式如下：

名称	分子式	构造式（价键式）	构造式（构造简式）
甲烷	CH_4	$H-\underset{H}{\overset{H}{C}}-H$	CH_4
乙烷	C_2H_6	$H-\underset{H}{\overset{H}{C}}-\underset{H}{\overset{H}{C}}-H$	CH_3CH_3
丙烷	C_3H_8	$H-\underset{H}{\overset{H}{C}}-\underset{H}{\overset{H}{C}}-\underset{H}{\overset{H}{C}}-H$	$CH_3CH_2CH_3$
丁烷	C_4H_{10}	$H-\underset{H}{\overset{H}{C}}-\underset{H}{\overset{H}{C}}-\underset{H}{\overset{H}{C}}-\underset{H}{\overset{H}{C}}-H$	$CH_3CH_2CH_2CH_3$

由上面的分子式和构造式可以看出，碳原子和氢原子之间的数量关系是一定的。从甲烷开始，每增加一个碳原子，就相应增加两个氢原子，若烷烃分子中含有 n 个碳原子，则含有 $2n+2$ 个氢原子，因此烷烃的通式为 C_nH_{2n+2}。

由上面的构造式也不难看出，相邻的两烷烃分子间相差一个 CH_2 基团，这个 CH_2 基团叫作系差。像烷烃分子这样，通式相同、结构相似、在组成上相差一个或多个系差的一系列化合物叫作同系列。同系列中的各化合物互称为同系物。同系物一般具有相似的化学性质。

2. 烷烃的构造异构

（1）烷烃的构造异构现象 分子式为 C_4H_{10} 的烷烃，存在以下两种构造异构：

5. 微课：烷烃的构造异构

$$CH_3-CH_2-CH_2-CH_3 \qquad CH_3-\underset{\underset{CH_3}{|}}{CH}-CH_3$$

正丁烷　　　　　　　　　异丁烷

正丁烷是直链烷烃，异丁烷则带支链，二者是同分异构体。这种由分子中各原子的不同连接方式和次序而引起的同分异构现象叫作构造异构。它们的不同是碳原子间相连形成的碳链发生了变化，因此又叫作碳链异构。碳链异构是构造异构的一种形式。

烷烃分子中，甲烷、乙烷、丙烷没有构造异构，随着碳原子数的增加，构造异构体的数目迅速增加。例如，C_4H_{10} 有 2 种异构体，C_5H_{12} 有 3 种异构体，C_6H_{14} 有 5 种，C_7H_{16} 有 9 种，C_8H_{18} 有 18 种，$C_{20}H_{42}$ 则有 36 万多种。

（2）烷烃构造异构体的推导 烷烃的异构体可以按一定的步骤写出，例如，庚烷 C_7H_{16} 的构造异构体推导步骤如下：

① 写出符合分子式的最长碳链（为直观起见，可只写出碳原子，最后再补氢）。

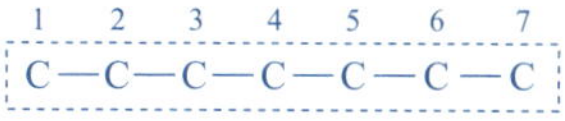

$$\underset{1\ \ 2\ \ 3\ \ 4\ \ 5\ \ 6\ \ 7}{C-C-C-C-C-C-C}$$

② 写出减少 1 个碳原子的直链，把剩余的 1 个碳原子作为 1 个甲基（—CH₃）依次连在主链两端碳原子除外的其他碳原子上。

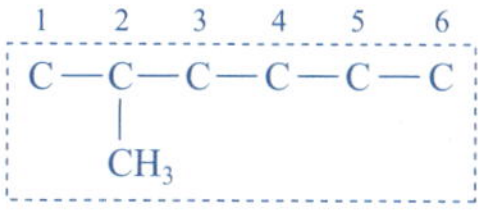

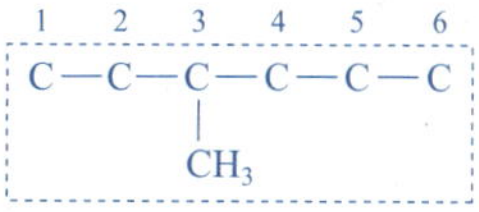

③ 写出减少 2 个碳原子的直链，把剩余的 2 个碳原子作为 1 个乙基（—CH₂CH₃）依次连在主链两端 4 个碳原子除外的其他碳原子上。

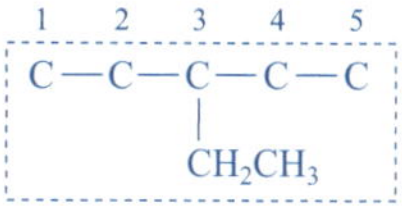

写出减少 2 个碳原子的直链，把剩余的 2 个碳原子作为 2 个甲基（—CH₃）依次连在主链两端碳原子除外的其他碳原子上。

注意：2 个甲基在主链上的相对位置，可以标记为：恋、邻、间。

2 个甲基连在同一个碳原子上为"恋"、连在相邻的碳原子上为"邻"，隔开一个碳原子则为"间"。

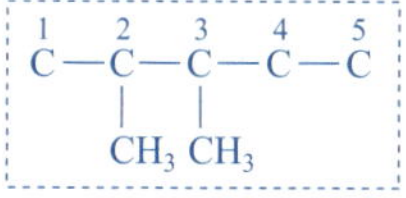

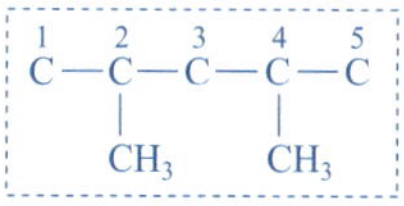

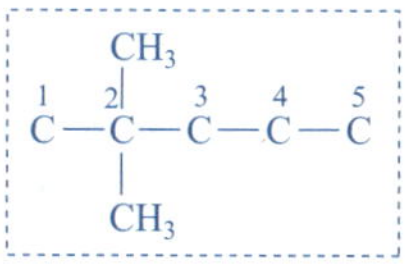

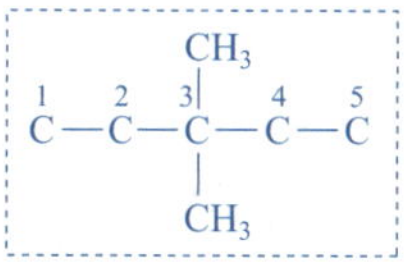

④ 写出减少 3 个碳原子的直链，把剩余的 3 个碳原子作为取代基依次连在主链两端碳原子除外的其他碳原子上。

到这一步，主链减少到只有 4 个碳原子，所以不可能再连接乙基，那剩下的 3 个碳原子，只能是连接 3 个甲基。

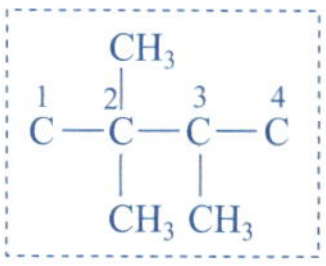

⑤ 补齐氢原子。

（3）总结烷烃构造异构推导规律

① 抓住"碳链异构"这一关键；

② 首先写出符合分子式的最长碳链式，然后依次缩减最长碳链（将此作为主链），将少写的碳原子作为支链依次连在主链碳原子上；

③ 减到主链碳原子数，对于偶数烷烃不少于 $\frac{n}{2}+1$，对于奇数烷烃不少于 $\frac{n+1}{2}$ 为止；

④ 补齐氢原子。

思考和练习

1. 运用杂化轨道理论，解释甲烷的正四面体构型。
2. 推导己烷 C_6H_{14} 的构造异构体。

第二节 烷烃的命名

有机化学从诞生之日起，有机物命名的问题就存在了，但最初的方法是以地理位置（如悉尼酮）、形状（如立方烷、篮烷）及天然来源（如香草醛、水杨酸）等来命名，很多这类常用名或俗名仍在广泛使用，但不系统。

目前采用的主要有三种方法：习惯命名法（也称普通命名法）、衍生物命名法和系统命名法。其中，习惯命名法和系统命名法应用较为广泛。

一、习惯命名法

习惯命名法是根据烷烃分子中碳原子的数目命名为"正（或异、新）某烷"。其中"某"字代表碳原子数目。

6.微课：烷烃的习惯命名法

表示方法是：含碳原子数目为 $C_1 \sim C_{10}$ 的用天干名称甲、乙、丙、丁、戊、己、庚、辛、壬、癸来表示；含 10 个以上碳原子时，用中文数字"十一、十二、……"来表示。

在有机物命名中，如果分子只有 1 个碳原子叫"甲"，例如：甲烷（CH_4）、甲醛（HCHO），都是 1 个碳原子；含 2 个碳原子叫"乙"，例如：乙醇（C_2H_5OH）、乙酸也叫醋酸（CH_3COOH），都是含 2 个碳原子；三个碳原子称"丙"、5 个碳叫"戊"，7 个碳为"庚"。

习惯法的命名原则如下。

① 当分子结构为直链时，将其命名为"正某烷"。

例如：　　$CH_3CH_2CH_2CH_3$　　　$CH_3(CH_2)_{10}CH_3$
　　　　　　正丁烷　　　　　　　　　正十二烷

② 当分子结构为 CH₃—CH(CH₂)ₙCH₃（$n=0, 1, 2, \cdots$）时，将其命名为"异某烷"。
　　　　　　　　　　|
　　　　　　　　　CH₃

例如：

$$CH_3-\underset{\underset{CH_3}{|}}{CH}-CH_3 \qquad CH_3-\underset{\underset{CH_3}{|}}{CH}CH_2CH_2CH_3$$

异丁烷　　　　　　　　　　异庚烷

学习卡片

油箱里的烷烃

异辛烷 $CH_3\underset{\underset{CH_3}{|}}{CH}-CH_2-\underset{\underset{CH_3}{|}}{\overset{\overset{CH_3}{|}}{C}}-CH_3$

异辛烷通常用来衡量汽油质量，由于它的特殊用途，"异辛烷"是给予它的特定名称。直链烃的抗爆性差，在发动机中燃烧不平稳，容易发生爆炸。为了衡量汽油爆震程度的大小，通常取爆震程度最大的正庚烷和爆震程度最小的异辛烷作标准：规定正庚烷的辛烷值为0，异辛烷的辛烷值为100。在两者的混合物中，异辛烷占的百分比叫作辛烷值。例如：某汽油的辛烷值为90，即90号汽油，就表示这种汽油在一种标准的单汽缸内燃机中燃烧时，所发生的爆震程度与由90%异辛烷和10%正庚烷的混合物的爆震程度相当。因此，辛烷值只是表示汽油爆震程度的指标，并不是汽油中异辛烷的真正含量。

③ 当分子结构为 CH₃—C(CH₂)ₙCH₃（$n=0, 1, 2, \cdots$）时，将其命名为"新某烷"。

例如：

$$CH_3-\underset{\underset{CH_3}{|}}{\overset{\overset{CH_3}{|}}{C}}-CH_3 \qquad CH_3-\underset{\underset{CH_3}{|}}{\overset{\overset{CH_3}{|}}{C}}-CH_2CH_3$$

新戊烷　　　　　　　　　　新己烷

显而易见，这种命名方法很简便，但是适用范围存在局限性。

二、碳、氢原子类型

在烷烃分子中，由于碳原子所处的位置不完全相同，所以连接的碳原子数目也不一样。根据所连碳原子的数目，碳原子可分为4类。

（1）**伯碳原子**　又称为一级碳原子，指只与1个碳原子直接相连的碳原子，常用1°表示。

（2）**仲碳原子**　又称为二级碳原子，指与两个碳原子直接相连的碳原子，常用2°表示。

（3）**叔碳原子**　又称为三级碳原子，指与3个碳原子直接相连的碳原子，常用3°表示。

（4）**季碳原子**　又称为四级碳原子，指与4个碳原子直接相连的碳原子，常用4°表示。

例如：
$$\underset{\text{1°}}{CH_3}-\underset{\underset{\underset{\text{1°}}{CH_3}}{\overset{\overset{\text{1°}}{CH_3}}{|}}}{\overset{\text{4°}}{C}}-\overset{\text{2°}}{CH_2}-\underset{\underset{\text{1°}}{CH_3}}{\overset{\text{3°}}{CH}}-\overset{\text{1°}}{CH_3}$$

与伯、仲、叔碳原子直接相连的氢原子分别叫伯、仲、叔氢原子（常用 $1°H$；$2°H$；$3°H$ 表示）。因季碳原子上不连氢原子，所以氢只有 3 种类型。

三、烷基

烷烃分子中去掉一个氢原子所剩余的部分叫作烷基，通式为 $-C_nH_{2n+1}$，常用 R— 表示。值得注意的是，烷基是一种人为的定义，它不是由 C—H 键的均裂或异裂形成的，因此烷基既不是自由基也不是离子，不能独立存在。

7.微课：烷基的命名与应用

烷基名是根据相应烷烃的习惯名称以及去掉的氢原子的类型而命名的。

例如：$CH_4 \xrightarrow{-H} CH_3-$　　$CH_3-CH_3 \xrightarrow{-H} CH_3CH_2-$ 或 C_2H_5-
　　　甲烷　甲基　　乙烷　　　　　乙基

例如：乙醇就是 C_2H_5- 加上 —OH，那 CH_3- 加上 —OH，就叫甲醇。

$CH_3-CH_2-CH_3$ 丙烷
- $\xrightarrow{-1°H}$ $CH_3CH_2CH_2-$　正丙基
- $\xrightarrow{-2°H}$ $CH_3-CH-CH_3$ 或 $(CH_3)_2CH-$　异丙基

$CH_3-CH_2-CH_2-CH_3$ 正丁烷
- $\xrightarrow{-1°H}$ $CH_3CH_2CH_2CH_2-$　正丁基
- $\xrightarrow{-2°H}$ $CH_3-CH-CH_2-CH_3$ 或 $\overset{CH_3}{\underset{C_2H_5}{>}}CH-$　仲丁基

$CH_3-CH-CH_3$ 异丁烷（带 CH_3 支链）
- $\xrightarrow{-1°H}$ $CH_3-CH-CH_2-$ 或 $(CH_3)_2CHCH_2-$　异丁基
- $\xrightarrow{-3°H}$ $CH_3-\underset{CH_3}{\overset{CH_3}{C}}-$ 或 $(CH_3)_3C-$　叔丁基

$CH_3(CH_2)_nCH_2-$　　　　　　$(n=0,1,2,\cdots)$ 正某基

$CH_3-CH(CH_2)_nCH_2-$　　　　$(n=0,1,2,\cdots)$ 异某基
　　　　$|$
　　　CH_3

$CH_3-\underset{CH_3}{\overset{CH_3}{C}}(CH_2)_nCH_2-$　　$(n=0,1,2,\cdots)$ 新某基

8.微课：烷烃的系统命名法

四、系统命名法

1892 年在瑞士日内瓦会议首次提出有机物系统命名法，我们目前使用的系统命名法是根据 1980 年国际上通用的 IUPAC（International Union of Pure and Applied

Chemistry，国际纯粹与应用化学联合会）命名原则，结合我国文字特点制定出来的命名方法。

系统命名法的特点是名称与结构密切相关，可以根据分子结构命名，也可以根据名称写出结构。

1. 直链烷烃的命名

直链烷烃的命名与习惯命名法比较，是把"正"字去掉。其他命名原则一致。

例如：$CH_3(CH_2)_9CH_3$　　习惯命名法：正十一烷

　　　　　　　　　　　　系统命名法：十一烷

2. 支链烷烃的命名

原则如下。

（1）选主链（或母体）　找出分子中最长的碳命名。

① 选择分子中最长的碳链作为主链（见例1），根据主链所含碳原子数目称"某烷"。

【例1】
$$CH_3-\underset{\underset{CH_3}{|}}{CH}-CH_2-\underset{\underset{CH_3}{|}}{CH}-CH_3 \quad \text{主链(母体)}$$

母体名称为"己烷"。

名称为：2,4-二甲基己烷

② 若有两条或两条以上等长碳链时（见例2），应选择支链最多的一条为主链。

【例2】
$$CH_3-CH_2-\underset{\underset{\underset{CH_3}{|}}{CH-CH_3}}{CH}-CH_2-CH_3 \quad \text{主链(母体)}$$

母体名称为"戊烷"。

名称为：2-甲基-3-乙基戊烷

（2）给主链碳原子编号　为标明支链在主链中的位置，需将主链上的碳原子依次编号（用阿拉伯数字1、2、3…）。

① 要靠近取代基编号。

【例3】
$$\overset{5}{C}H_3-\overset{4}{C}H_2-\overset{3}{C}H_2-\underset{\underset{CH_3}{|}}{\overset{2}{C}H}-\overset{1}{C}H_3$$

从左向右：① ② ③ ④ ⑤（×）

从右向左：5　4　3　2　1（最低系列）（√）

名称为：2-甲基戊烷

② 编号应遵循"最低系列"原则。

即给主链以不同方向编号，得到两种不同编号的系列，则顺次逐项比较各系列的不同位次，最先遇到的位次最小者定为"最低系列"。

【例4】
$$\overset{6}{C}H_3-\underset{\underset{CH_3}{|}}{\overset{5}{C}H}-\overset{4}{C}H_2-\underset{\underset{CH_3}{|}}{\overset{3}{C}H}-\underset{\underset{CH_3}{|}}{\overset{2}{C}H}-\overset{1}{C}H_3$$

从左至右：② ④ ⑤（×）
从右至左：2 3 5（最低系列）（√）
名称为：2,3,5-三甲基己烷

【例5】
$$\underset{1}{CH_3}-\underset{\underset{CH_3}{|}}{\overset{2}{CH}}-\underset{3\cdots 6}{(CH_2)_4}-\underset{\underset{CH_3}{|}}{\overset{7}{CH}}-\underset{\underset{CH_3}{|}}{\overset{8}{CH}}-\underset{9}{CH_2}-\underset{10}{CH_3}$$
编号从右至左：⑩ ⑨ ⑧…⑤ ④ ③ ② ①

从左至右：2 7 8（最低系列）（√）
从右至左：③ ④（×）
名称为：2,7,8-三甲基癸烷

③ 若两个系列编号相同时，较小基团（非较优基团）占较小位号，基团大小由"次序规则"确定。

【例6】
$$\underset{1}{CH_3}-\underset{2}{CH_2}-\underset{\underset{CH_3}{|}}{\overset{3}{CH}}-\underset{\underset{C_2H_5}{|}}{\overset{4}{CH}}-\underset{5}{CH_2}-\underset{6}{CH_3}$$
编号从右至左：⑥ ⑤ ④ ③ ② ①

选从左至右：3,4（不能选—C_2H_5 占 3 位，—CH_3 占 4 位）
名称为：3-甲基-4-乙基己烷

（3）写出全名称 按照取代基的位次（用阿拉伯数字表示）、相同取代基的数目（用中文数字"二、三……"表示）、取代基的名称、母体名称的顺序写出全名称。

注意：阿拉伯数字之间用","隔开；阿拉伯数字与文字之间用"-"相连；不同取代基列出顺序应按"次序规则"，较优基团后列出的原则处理。

【例7】
$$\underset{7}{CH_3}-\underset{6}{CH_2}-\underset{5}{CH_2}-\underset{\underset{CH_3}{|}}{\overset{4}{CH}}-\underset{\underset{CH_2CH_3}{|}}{\overset{3}{CH}}-\underset{2}{CH_2}-\underset{1}{CH_3}$$
编号从左至右：① ② ③ ④ ⑤ ⑥ ⑦

从左向右：① ② ③ ④ ⑤ ⑥ ⑦（×）
从右向左：7 6 5 4 3 2 1（√）
它的名称是：4-甲基-3-乙基庚烷

思考和练习

1. 按要求写出下列各种基团或化合物。
   (1) 甲基　　(2) 乙基　　(3) 异丙基　　(4) 叔丁基
   (5) 异戊烷　(6) 新己烷　(7) 正庚烷　　(8) 异辛烷

2. 命名下列化合物。

   (1) $CH_3-\underset{\underset{CH_2CH_3}{|}}{CH}-CH_2-CH_2-CH_3$

   (2) $CH_3-\underset{\underset{CH_3}{\overset{CH_3}{|}}}{\overset{|}{C}}-CH_2CH_3$

   (3) $CH_3-\underset{\underset{CH_3}{|}}{CH}-CH_2-CH_3$

   (4) $(CH_3)_2CHCH_2C(CH_3)_3$

> ### 学习卡片
>
> **与时俱进的命名法**
>
> 本教材系统命名法仍采用 1980 年制定的《有机化学命名原则》(CCS1980)，它是根据国际通用 IUPAC 命名原则，结合我国文字特点制定的。随着 IUPAC 对命名法的不断更新，中国化学会有机化合物命名审定委员会也对现行规则进行了修订，并于 2017 年 12 月 20 日正式发布《有机化合物命名原则 2017》(CCS2017)。鉴于目前尚处于两种规则并行阶段，现对 CCS2017 新规则的相关内容简介如下，仅供参考。例如：
>
> $$CH_3-CH_2-\underset{\underset{CH_3}{|}}{\underset{CH_3}{\underset{|}{CH}}}-CH_2-CH_3 \quad \leftarrow 主链(母体)$$
>
> CCS1980：2-甲基-3-乙基戊烷
>
> CCS2017：3-乙基-2-甲基戊烷
>
> 新修订的 CCS2017 规则是按照 IUPAC 命名原则，即取代基以英文名称的字母顺序为序。

第三节　烷烃的物理性质

物理性质是指物质不需要发生化学变化就表现出来的性质，如状态、颜色、气味、密度、硬度、沸点、溶解性等。

纯物质的物理性质在一定条件下常有固定的数值，称为物质的物理常数。例如：常压下水的沸点是 100℃，就是水的物理常数；物理常数是物理性质的准确量度。同系列中的化合物，比如烷烃，随着碳原子数的增加，其物理性质会呈现规律性变化。

一、状态

常温常压下，含有 $C_1 \sim C_4$ 的烷烃为气体；$C_5 \sim C_{16}$ 的烷烃为液体，低沸点的烷烃为无色液体，有特殊气味，高沸点的烷烃为黏稠液体，无味；C_{17} 以上的直链烷烃为固体，但直至 C_{60} 的直链烷烃其熔点都不超过 100℃。

9.微课：烷烃的物理性质——状态、沸点

二、沸点

沸点（b.p.）是一定压力下物质气液两相平衡时的温度。影响沸点的因素主要是范德华力，范德华力与分子量密切相关，分子量越大，分子间作用力越大。

直链烷烃的沸点随分子中碳原子数的增加而升高。这是因为随着分子中碳原子数目的增加，分子量增大，分子间作用力增强，若要使其沸腾汽化，就需要提供更多的能量，所以同系物分子量越大，沸点越高。一些直链烷烃的沸点数据见表 2-1，变化规律如图 2-7 所示。

表 2-1　一些直链烷烃的沸点数据

烷烃	沸点/℃
甲烷	−161.7
乙烷	−88.6
丙烷	−42.1
丁烷	−0.5
戊烷	36.1
己烷	68.7
庚烷	93.4
辛烷	125.7

图 2-7　甲烷至辛烷直链烷烃的沸点变化规律

对于同碳数的烷烃而言，其沸点又有什么规律呢？

以戊烷为例，它的三种异构体，正戊烷、异戊烷、新戊烷的沸点依次是 36℃、28℃、9.5℃，为什么支链越多沸点越低呢？

$CH_3-CH_2-CH_2-CH_2-CH_3$　　　　$CH_3-CH-CH_2-CH_3$　　　　$CH_3\ \underset{|}{\overset{CH_3}{\underset{CH_3}{C}}}CH_3$
　　　　　　　　　　　　　　　　　　　　　$|$
　　　　　　　　　　　　　　　　　　　　CH_3

　　　　　正戊烷　　　　　　　　　　异戊烷　　　　　　　　　新戊烷
沸点：　　36℃　　　　　　　　　　28℃　　　　　　　　　9.5℃

这主要是由于烷烃的支链产生了空间阻碍作用，使得烷烃分子彼此间难以靠得很近，分子间引力大大减弱。支链越多，空间阻碍作用越大，分子间作用力越小，沸点就越低。

所以在碳原子数目相同的烷烃异构体中，直链烷烃的沸点较高，支链烷烃的沸点较低，支链越多，沸点越低。

在工业生产中，通常利用烷烃的不同沸点，将混合的烷烃分离开来。

例如，我们要从石油中得到汽油、煤油、柴油等不同的馏分，通过什么方法实现呢？在石油化工行业中是将地下开采出来的原油，利用这些液态物质沸点有差异的物理性质，采用精馏（分馏）的方法，分离得到的。将石油或原油放在火炉里加热，液态的烷烃发生汽化，在分馏塔内上升。溶解在石油中的气体在塔顶被分离出来；随后分离出来的是汽油；在塔的较低部位，分离出来的是分子量较大的烃的混合物，包括煤油、润滑油和沥青等。

三、熔点

10. 微课：烷烃的物理性质——熔点、相对密度、溶解性

熔点（m.p.）是在一定压力下，纯物质的固态和液态呈平衡时的温度。当固体物质受热，温度不断上升，被加热到一定温度时，开始熔化，这时温度不再上升，固液两相达到平衡，此时测得的温度即为熔点。纯净的有机化合物，一般都有固定熔点。

烷烃的熔点基本上也是随分子中碳原子数目的增加而升高。原因与沸点的变化规律相似，分子间作用力的大小也影响熔点的高低。

一些直链烷烃的熔点数据见表 2-2，变化规律如图 2-8 所示，C_3 以下的烷烃变化不规律，自 C_4 开始随着碳原子数目的增加而逐渐升高。

表 2-2　一些直链烷烃的的熔点数据

烷烃	熔点/℃
甲烷	−182.6
乙烷	−172.0
丙烷	−187.1
丁烷	−135.0
戊烷	−129.3
己烷	−94.0
庚烷	−90.5
辛烷	−56.8
壬烷	−53.7
癸烷	−29.7

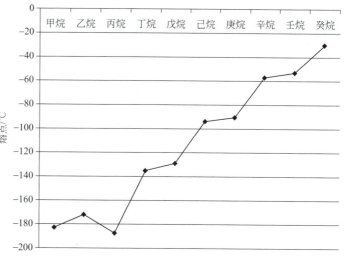

图 2-8　甲烷到癸烷直链烷烃的熔点变化规律

观察发现，偶数烷烃的熔点比相邻奇数烷烃的熔点升高得多一些，5 个碳的戊烷比 4 个碳的丁烷熔点高，高不太多，6 个碳的己烷比戊烷高得比较多，这种变化趋势呈锯齿形上升。

这又是为什么呢？

因为在晶体中，分子之间的引力不仅取决于分子的大小，还取决于它们在晶体中的排列情况。

结构上对称性大的化合物分子在晶体中的排列更有序、紧密，若要使其熔化，由固态的有规则排列到液态的无规则排列，需克服较高的能量，所以对称性大的化合物熔点高。

也就是说偶数烷烃比奇数烷烃的对称性大。当从奇数烷烃增加一个 CH_2 到下一个偶数烷烃时，由于分子量的增加，分子对称性的增大，熔点的增加就比较明显；而从偶数烷烃增加一个 CH_2 到下一个奇数烷烃时，虽然分子量的增加使熔点升高，但由于分子的对称性变小，因此熔点的增加不明显。从而形成了偶数碳原子烷烃的熔点在上，奇数碳原子烷烃的熔点在下的两条熔点曲线。

综上，影响熔点的因素有分子结构的对称性与分子量的大小。

四、相对密度

烷烃的相对密度都小于 1，比水轻。随分子中碳原子数目增加而逐渐增大，支链烷烃的密度比直链烷烃略低些。

五、溶解性

根据"相似相溶"的经验规则，烷烃分子没有极性或极性很弱，因此难溶于水，易溶于有机溶剂。

> **思考和练习**
>
> 1. 将下列化合物的沸点由高到低排列成序。
> （1）正己烷　（2）异己烷　（3）新己烷　（4）正庚烷　（5）2,2,3-三甲基丁烷
> 2. 某企业员工不慎将少量异丙醇倒入乙醇的存贮罐中，如何最大程度挽回损失？（提示：乙醇沸点：78.3℃；异丙醇沸点：82.4℃）
> 3. 先将下列化合物的熔点由高到低排列成序，再查阅三者熔点数据，最后解释原因。
> （1）正戊烷　（2）异戊烷　（3）新戊烷

第四节　烷烃的化学性质

一、烷烃的稳定性

食盐溶于水的过程称为溶解，食盐是溶质，水则为溶剂；植物油不溶于水，出现分层现象；石油醚（主要成分为戊烷和己烷）可以溶解植物油，由于石油醚是有机物，称为有机溶剂。

11. 微课：烷烃化学性质——稳定性与氧化反应

烷烃分子中只有牢固的σ键，这种结构就决定了其化学性质比较稳定，一般与强碱、强酸、强氧化剂、强还原剂和活泼金属都不发生化学反应。

主要成分是烷烃的石油醚，由于不会与有机物发生化学反应，又根据"相似相溶"原理，所以常用作有机溶剂。此外，石蜡可作为药物基质，煤油用来保存金属钠，也是利用了烷烃的稳定性。

但稳定是相对的，在一定条件下，σ键也可以断裂发生一系列化学反应，因此烷烃在生活及工业生产中有着广泛的应用。

二、氧化反应

在有机化学中，通常把加氧或脱氢的反应统称为氧化反应。烷烃在不同的氧化剂氧化下，可以生成不同的产物。

1. 燃烧反应

物质的燃烧是一种强烈的氧化反应，若能完全燃烧，则称之为完全氧化。烷烃在空气中完全燃烧时，生成二氧化碳和水，同时放出大量的热。

另外，1mol 甲烷与 2mol 氧气完全燃烧生成 1mol 二氧化碳和 2mol 水，同时放出 889.9kJ 的热量；这个热量相当于把 360mL 100℃的水完全汽化为水蒸气所需的能量，不同烷烃完全燃烧放出的热量不同。

$$CH_4 + 2O_2 \xrightarrow{\text{点燃}} CO_2 + 2H_2O + 889.9 \text{kJ/mol}$$

$$C_7H_{16} + 11O_2 \xrightarrow{\text{点燃}} 7CO_2 + 8H_2O + 4810 \text{kJ/mol}$$

物质燃烧时释放出的这些化学能可转变为热能、电能、机械能等，因此烷烃是我们利用的主要能源之一。比如天然气和液化石油气可以作为主要的民用燃料，汽油、柴油常用作内燃机的燃料。

2. 催化氧化反应

烷烃在催化剂存在下，用空气氧化可以生成醛、酮和羧酸等重要的化合物，在工业上有重要应用。

$$2CH_4 + O_2 \xrightarrow[650\sim800℃]{\text{Ni-Al}_2O_3} 2CO + 4H_2$$
天然气(甲烷)   合成气

$$CH_4 + O_2 \xrightarrow[600℃]{\text{NO}} HCHO + H_2O$$
天然气(甲烷)   甲醛

高级烷烃与氧气在锰盐催化下反应可制得高级脂肪酸，$C_{12}\sim C_{18}$ 的高级脂肪酸可代替动、植物油脂制造肥皂，节约大量食用油脂。

$$R-CH_2-CH_2-R' \xrightarrow[120℃, 1.5\sim3\text{MPa}]{O_2, \text{锰盐}} RCOOH + R'COOH$$
石蜡($C_{18}\sim C_{30}$)   高级脂肪酸

三、卤代反应

12. 微课：烷烃的化学性质——卤代反应

卤代反应是指有机化合物分子中的氢原子被卤素原子取代的反应。

X_2（卤素单质）的反应活性为 $F_2 > Cl_2 > Br_2 > I_2$，其中氟代反应太剧烈，难以控制；而碘代反应太慢，难以进行，实际上广为应用的卤代反应是氯代和溴代反应。烷烃卤代反应实质是自由基取代。

1. 甲烷的卤代

通过实验得知甲烷与卤素在室温和黑暗中不反应，甲烷和氯气在强光下反应非常剧烈。

甲烷和氯气在光照（漫射光）或加热 400～450℃ 条件下，甲烷分子中的氢原子逐渐被氯原子取代，生成一氯甲烷、二氯甲烷、三氯甲烷（俗称氯仿）、四氯甲烷（也叫四氯化碳）。农业上常用的杀虫蒸熏剂，也可作冷冻剂的一溴甲烷可以采用这种方法合成。

$$CH_4 + Cl_2 \xrightarrow[\text{或}\ h\nu,\ 25℃]{400℃} CH_3Cl + HCl$$

$$CH_4 + Br_2 \xrightarrow[h\nu]{125℃} CH_3Br + HBr$$

甲烷氯代反应一般难以停留在一取代阶段，得到的通常是 4 种氯代产物的混合物。工业上常把这种混合物作为有机溶剂或合成原料使用。

$$CH_4 + Cl_2 \xrightarrow[\text{或}\ h\nu,\ 25℃]{400℃} CH_3Cl + CH_2Cl_2 + CHCl_3 + CCl_4$$

但在高温或光照条件下，特别是严格控制原料配比，可使得其中某一种氯代烷成为主要产物。例如，当甲烷：氯气＝10：1时，主要产物为一氯甲烷。一氯甲烷可用作制冷剂和医药上的麻醉剂，也是很好的溶剂和甲基化剂。

2. 其他烷烃的卤代

烷烃发生取代反应时，可以在不同的C—H键上进行，取代不同的氢原子，就得到不同的产物。一般，我们只写出一元取代产物。

例如，乙烷和氯气在光照条件下，乙烷中的一个伯氢原子被氯原子取代生成氯乙烷。

$$CH_3CH_3 + Cl_2 \xrightarrow{h\nu} CH_3CH_2Cl + HCl$$

丙烷和氯气或液溴在光照的条件下反应，一元取代产物有两种，氯代反应产物的产率有差异，溴代反应产物的产率差异显著。

$$CH_3CH_2CH_3 \begin{cases} \xrightarrow[h\nu,\ 25℃]{Cl_2} CH_3CH_2CH_2Cl + CH_3CHCH_3 \\ \qquad\qquad\qquad \text{1-氯丙烷(45\%)} \quad\ \ \ |\\ \qquad\qquad\qquad\qquad\qquad\qquad\qquad\quad Cl \\ \qquad\qquad\qquad\qquad\qquad\qquad\ \ \text{2-氯丙烷(55\%)} \\ \xrightarrow[h\nu,\ 25℃]{Br_2} CH_3CH_2CH_2Br + CH_3CHCH_3 \\ \qquad\qquad\qquad \text{1-溴丙烷(3\%)} \quad\ \ \ \ |\\ \qquad\qquad\qquad\qquad\qquad\qquad\qquad\quad Br \\ \qquad\qquad\qquad\qquad\qquad\qquad\ \ \text{2-溴丙烷(97\%)} \end{cases}$$

异丁烷分别与氯气、液溴在光照条件下反应，一元取代产物有两种，氯代反应产物的产率有差异，溴代反应产物的产率差异显著。

$$CH_3-\underset{\underset{CH_3}{|}}{CH}-CH_3 \begin{cases} \xrightarrow[h\nu,\ 25℃]{Cl_2} CH_3-\underset{\underset{CH_3}{|}}{CH}-CH_2Cl + CH_3-\underset{\underset{CH_3}{|}}{\overset{\overset{CH_3}{|}}{C}}-Cl \\ \qquad\qquad\quad \text{2-甲基-1-氯丙烷(64\%)}\quad \text{2-甲基-2-氯丙烷(36\%)} \\ \xrightarrow[h\nu,\ 25℃]{Br_2} CH_3-\underset{\underset{CH_3}{|}}{CH}-CH_2Br + CH_3-\underset{\underset{CH_3}{|}}{\overset{\overset{CH_3}{|}}{C}}-Br \\ \qquad\qquad\quad \text{2-甲基-1-溴丙烷(1\%)}\quad \text{2-甲基-2-溴丙烷(99\%)} \end{cases}$$

说明影响产率的不仅仅是氢原子的数目，还与其活性大小密切相关。

不同类型的氢原子反应活性顺序为：$3°H > 2°H > 1°H$。

不仅如此，实验表明，氯代和溴代反应的选择性差异很大，溴代反应的选择性比氯代反应好。

烷烃的卤代反应是烷烃的典型化学性质，是制备卤代烷的方法之一，在工业上大有可为。

思政案例

中国自由基化学奠基人——有机化学家刘有成

刘有成（1920.11.6—2016.1.31），安徽舒城人，有机化学家、教育家、中国科学院院士，中国自由基化学奠基人。1942年毕业于台湾中央大学农业化学系，后赴英国留学获博士学位，再赴美国芝加哥大学任博士后研究员。

1951年，刘有成着手办理回国手续，遇美国移民局阻挠。1954年12月回国，次年4月到兰州大学工作。在艰苦的环境中，刘有成白手起家，创建了国内第一个自由基化学研究小组。为了配合兰州化工厂和兰州炼油厂的石油科研需求，刘有成开展了石油化学专门化教育，招收学生，培养急需人才。他自编教材，登台授课，为第一班学生讲授《有机物化学结构理论》和《石油化学》。不仅把兰州大学有机化学建成重点学科，还建立了兰州大学应用有机化学国家重点实验室，在自由基化学和单电子转移反应等方面取得了重要成就。1980年当选为中国科学院学部委员（院士）。1986年被评为全国教育系统劳动模范，获人民教师奖章。

　　1994年来到中国科学技术大学，带动了学校有机化学的快速发展。2008年当选为英国皇家化学会会士。2013年获得中国化学会物理有机化学终身成就奖。

　　作为化学教育家，刘有成登台执教半个世纪，培养了60多位硕、博士研究生，其中多位成长为国内外有机化学界的杰出学者，可谓桃李满天下。刘有成近百年的人生道路是和国家民族的命运息息相关、荣辱与共的，他坚定不移的爱国情怀、求真务实的工作态度、勇于创新和乐于奉献的科学精神，堪称典范。

思考和练习

1. 一次性打火机中用丁烷作燃料，是把气态丁烷加压液化后加入打火机中。写出丁烷作为燃料的理论依据。

2. 2008年北京奥运会"祥云"火炬所用燃料的主要成分是丙烷，写出丙烷燃烧的反应式。

3. 完成下列化学反应式。

（1）$CH_3-CH_2-CH_2CH_3 + Cl_2 \xrightarrow{h\nu}$

（2）$CH_3-\underset{\underset{CH_3}{|}}{\overset{\overset{CH_3}{|}}{C}}-CH_3 + Cl_2 \xrightarrow{h\nu}$

第五节　重要的烷烃

一、甲烷

　　甲烷是一种无色、无味、无毒、比空气轻的可燃气体，难溶于水。

甲烷在自然界分布很广，是天然气、沼气、油田气及煤矿坑道气的主要成分。我国天然气资源十分丰富，在四川、甘肃等地都有丰富的贮藏量。沼泽地的植物腐烂时，经细菌分解会产生大量的甲烷，所以甲烷俗称沼气。目前我国农村许多地方利用农产品的废弃物、人畜粪便及生活垃圾等经过发酵来制取沼气作为燃料。

在实验室中常用醋酸钠和碱石灰共热来制备甲烷。

甲烷是清洁燃料，也是重要的化工原料，可用来制造氢气、炭黑、一氧化碳、乙炔及甲醛等。

学习卡片

未来石油的替代能源（可燃冰）

可燃冰又称天然气水合物，分布于深海沉积物或陆域的永久冻土中，由天然气与水在高压低温条件下形成的类似冰状的结晶物质。因其外观像冰而且遇火即可燃烧，所以又被称作"可燃冰""固体瓦斯"和"气冰"。

可燃冰中甲烷含量占80%～99.9%，燃烧污染比煤、石油、天然气都小得多，而且储量丰富，全球储量足够人类使用1000年，因而被各国视为未来石油天然气的替代能源。

可燃冰的诞生至少要满足三个条件：第一是温度不能太高，如果温度高于20℃，它就会"烟消云散"，所以，海底的温度最适合可燃冰的形成；第二是压力要足够大，海底越深压力就越大，可燃冰也就越稳定；第三是要有甲烷气源，海底古生物尸体的沉积物，被细菌分解后会产生甲烷。所以，可燃冰在世界各大洋中均有分布。

我国相继在南海和东海探测到了大量天然气水合物矿藏。中德双方联合在我国南海北部陆坡执行"太阳号"科学考察船合作开展的南中国海天然气水合物调查中，首次发现目前世界最大的可燃冰区。

可燃冰的最大特点就是体积小、能量高。同等条件下，可燃冰燃烧产生的能量比煤、石油、天然气要多出数十倍。例如，一辆使用天然气为燃料的汽车，如果一次加100L天然气能跑300km的话，那么加入相同体积的可燃冰，这辆车能跑$5×10^4$km。

二、烷烃混合物

石油的主要成分是烷烃的复杂混合物。从油田开采出来的原油经过分馏，可将烷烃混合物按不同的沸程分成石油气、石油醚、汽油、煤油、柴油、石蜡和凡士林等若干馏分。其中一些混合物在化工、制药工业和医药中有着重要的应用。

1. 液化石油气

液化石油气的主要成分是C_3～C_4的烷烃混合物，它们是气体，经过高压液化储存于钢瓶中。使用液化石油气时，应选择具有生产资质的厂家生产的合格用气器具和胶管等设备，排除液化石油气泄漏造成的危险。

2. 石油醚

石油醚主要由 $C_5 \sim C_6$ 的烷烃组成，有 30~60℃，60~90℃，90~120℃等几种等级。石油醚是透明液体，不溶于水，能溶于大多数有机溶剂，能溶解油和脂肪，主要用作溶剂。因其极易燃烧和具有毒性，使用和贮存时注意安全。

3. 汽油

汽油主要由 $C_7 \sim C_9$ 的烷烃组成，根据 GB 17930—2016《车用汽油》标准，商业汽油分为不同标号的汽油，其标号的划分是指其辛烷值的高低。为了减少汽车用油对环境的污染，必须严格控制汽油中硫、苯、甲苯、烯烃的含量。汽油可用作燃料、溶剂。

4. 煤油

煤油主要由 $C_{11} \sim C_{16}$ 的烷烃组成；根据用途可分为人造航空煤油、动力煤油、照明煤油等，可用作机械零件部件的洗涤剂，油墨稀释剂，有机化工的裂解原料，橡胶和制药工业的溶剂等。

5. 柴油

柴油主要由 $C_{16} \sim C_{18}$ 的烷烃组成；用来作为汽车、坦克、飞机、拖拉机、铁路车辆等动力设备的燃料，也可用来发电、取暖等。

6. 液体石蜡

液体石蜡主要由 $C_{18} \sim C_{20}$ 的烷烃组成，又称石蜡油，为透明状液体，不溶于水和乙醇，能溶于乙醚和氯仿。由于在体内不被吸收，因此常用作肠道润滑的缓泻剂。

7. 固体石蜡

通常称为石蜡或者石油蜡。固体石蜡主要由 $C_{20} \sim C_{24}$ 的烷烃组成，主要用于食品及商品的包装材料，起到防水防潮的作用；还用作化妆品原料。

8. 凡士林

凡士林主要由 $C_{18} \sim C_{22}$ 的烷烃组成，呈软膏状半固体，不溶于水，溶于乙醚和石油醚。因其不能被皮肤吸收，且化学性质稳定，不易与软膏中的药物发生变化，所以在医药上常用作软膏基质。

三、生物体中的烷烃

植物中的烷烃多存在于它们表皮外的蜡质层中。例如，白菜叶中含有二十九烷；菠菜叶中含有三十三烷、三十五烷和三十七烷；烟草叶中含有二十七烷和三十一烷；成熟的水果中含有 $C_{27} \sim C_{33}$ 的烷烃。一些昆虫的外激素也是烷烃，例如，一种蚂蚁用来传递警戒信息的信息素中含有正十一烷和正十三烷；某种雌虎蛾引诱雄虎蛾的性外激素是 2-甲基十七烷。人们利用合成性外激素来诱杀雄虫，就可以使害虫不能繁衍而灭绝。新兴的"第三代农药"发展前景广阔，就是利用这种影响，通过干预害虫某项生理活动而达到灭除害虫的目的。

本章小结

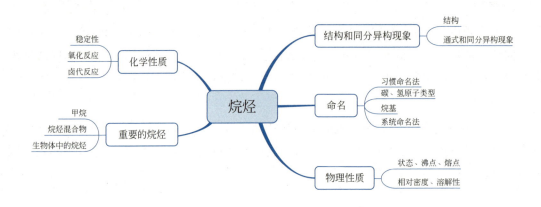

课后习题

1. 填空题

(1) 在有机化学中,把结构相似、具有同一通式、组成上相差_____的一系列化合物称为_____。_____互称为同系物。烷烃的通式是_____。

(2) 在相同碳原子数的烷烃异构体中,直链烷烃的沸点_____,支链烷烃的沸点_____,支链越多,沸点越_____。

(3) 沼气的主要成分是_____;天然气的主要成分是_____;液化石油气的主要成分是_____;可燃冰的主要成分是_____。

2. 选择题

(1) 下列化合物沸点最高的是( )。

A. 3,3-二甲基戊烷　　B. 正己烷　　　　　C. 2-甲基己烷　　　　D. 正戊烷

(2) 下列各组化合物中,表示同一种物质的是( );互为同系物的是( );互为同分异构体的是( )。

A. CH_4 和 C_4H_{10}

B. 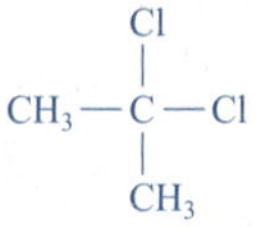 $CH_3-\underset{\underset{CH_3}{|}}{\overset{\overset{Cl}{|}}{C}}-Cl$ 和 $CH_3-\underset{\underset{Cl}{|}}{\overset{\overset{Cl}{|}}{C}}-CH_3$

C. $CH_3-\underset{\underset{CH_2-CH_3}{|}}{CH}-CH_3$ 和 $CH_3-CH_2-CH_2-\underset{\underset{CH_3}{|}}{CH}$

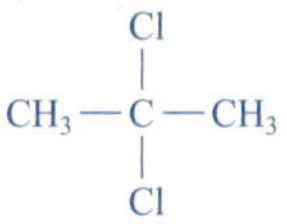

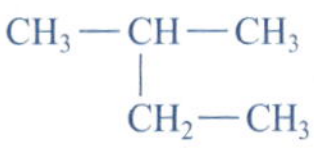

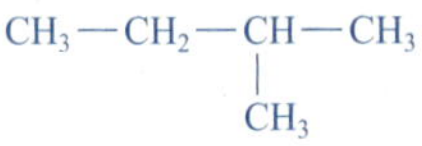

D.  〈/\〉 和 〈\/\〉

(3) 将甲烷与氯气混合,不能发生反应的情况是( )。

A. 光照　　　　　B. 高温　　　　　C. 室温　　　　　D. 日光强射

(4) 某烷烃的分子量为100,控制一氯取代时,能生成4种一氯代烷烃,符合条件的烃

的构造式有（　　）；若生成 3 种一氯代烷烃，符合条件的烃的构造式有（　　）。

A. 1 种　　　　　B. 2 种　　　　　C. 3 种　　　　　D. 4 种

3. 命名下列化合物

(1) 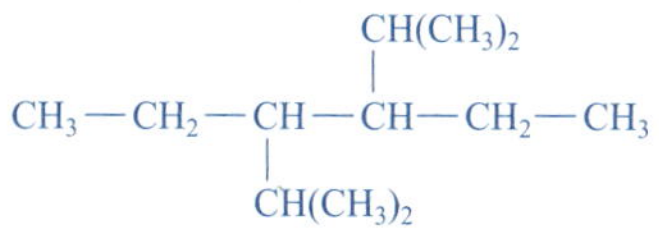 $CH_3-CH_2-CH-CH-CH_2-CH_3$，其中第三个碳连 $CH(CH_3)_2$，第四个碳连 $CH(CH_3)_2$

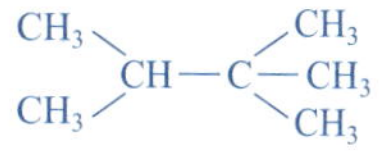

(2) $(CH_3)_2CH-C(CH_3)_3$

(3) $CH_3-CH-CH_2-C(CH_3)(H)-CH_3$，其中第二个碳连 C_2H_5

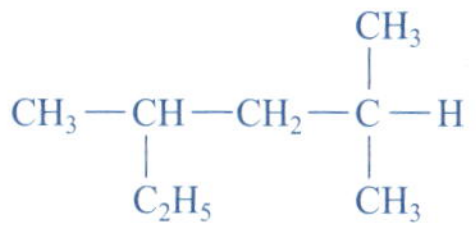

(4) $(CH_3)_2CHCH(C_2H_5)(CH_2)_6C(CH_3)_3$

4. 下列化合物的名称是否符合系统命名原则，若不符合请改正，并说明理由

(1) 1,1-二甲基丁烷　　　　　　　　(2) 3-乙基-4-甲基己烷

(3) 2,3,3-三甲基丁烷　　　　　　　(4) 2,4-2 甲基己烷

5. 写出符合下列条件的 C_5H_{12} 烷烃的构造式，并用系统命名法命名

(1) 分子中只有伯氢原子

(2) 分子中有一个叔氢原子

(3) 分子中有伯氢和仲氢原子，而无叔氢原子

6. 写出分子量为 86，符合下列条件的烷烃的构造式，并用系统命名法命名

(1) 有两种一氯代产物　　　　　　　(2) 有三种一氯代产物

(3) 有四种一氯代产物　　　　　　　(4) 有五种一氯代产物

第三章 不饱和烃

学习目标

- **知识目标**
  1. 掌握典型不饱和烃命名方法、化学性质及实际应用；掌握马氏加成规则。
  2. 理解碳原子的杂化方式；理解共轭二烯烃的结构与共轭效应的关系。
  3. 了解典型烯烃、炔烃、二烯烃的物理性质。
- **能力目标**
  1. 能对常用的不饱和烃进行命名并书写构造式。
  2. 能运用马氏加成规则，判断烯烃、炔烃、共轭二烯烃等的加成产物。
  3. 能运用不饱和烃的特征反应分离、鉴定典型烃；能设计典型化合物的合成路线。
- **素质目标**
  1. 通过烯烃聚合反应生成塑料的知识点，培养学生的环保意识。
  2. 通过有机化学与化工类、制药类专业的联系，培养学生基本化学素养。

课前导学

金秋十月是柿子收获的季节，柿子涩口怎么办？皮球、胶鞋、汽车轮胎之间有怎样的联系？废弃塑料产生的白色垃圾对我们的生活有什么影响？用来切割金属的氧炔焰是什么？答案就在本章的内容里。

课前测验

多选题

1. 下列化合物属于不饱和烃的是（　　）。
   A. $CH_2=CH_2$　　　B. CH_3CH_3　　　C. $HC≡CH$　　　D. $CH_2=CHCH=CH_2$
2. $CH_2=CHCH_2CH_3$ 的名称是（　　）。
   A. 正丁烯　　　B. 丁烯　　　C. 1-丁烯　　　D. 丁烷
3. 天然橡胶的单体是（　　）。
   A. 异丁烯　　　B. 异戊二烯　　　C. 己二烯　　　D. 2-甲基-1,3-丁二烯

分子中含有碳碳双键的烃叫作烯烃，含有碳碳三键的烃叫作炔烃。"烯"与"炔"寓意"稀少""缺少"，意旨与碳原子数相同的烷烃相比。因此烯烃和炔烃都属于不饱和烃。C═C是烯烃的官能团，C≡C是炔烃的官能团，通常将双键和三键称为不饱和键。根据分子中不饱和键的数目，可分为单烯（或炔）烃、二烯（或炔）烃、多烯（或炔）烃。单烯烃通常简称为烯烃，通式为 C_nH_{2n}。

第一节 烯 烃

一、烯烃的结构和构造异构现象

1. 烯烃的结构

（1）乙烯的平面构型 用物理方法测得，乙烯分子为平面型分子。乙烯分子中的两个碳原子和4个氢原子分布在同一平面上。其中 H—C═C 键角约为 121°，H—C—H 键角约为 118°，接近于 120°。这与烷烃的四面体结构有着极大的不同，如图3-1所示。

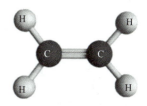

图 3-1 乙烯分子球棒模型

（2）碳原子的 sp^2 杂化 杂化理论认为，乙烯分子中的碳原子在成键时发生了 sp^2 杂化，即碳原子的 2s 轨道和两个 2p 轨道重新组合分配，组成了 3 个完全相同的 sp^2 杂化轨道，还剩余一个未参与杂化的 2p 轨道。碳原子的 sp^2 杂化过程如图3-2所示。

13. 动画：双键碳原子的 sp^2 杂化及乙烯分子形成过程

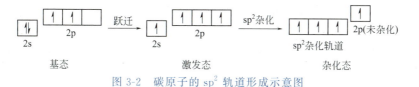

图 3-2 碳原子的 sp^2 轨道形成示意图

每一个 sp^2 杂化轨道含有 1/3s 成分和 2/3p 成分，其形状也是一头大一头小的葫芦形，但与 sp^3 杂化轨道有差别。3 个 sp^2 杂化轨道以平面三角形对称地排布在碳原子周围，它们的对称轴之间的夹角为 120°，如图3-3所示；未参与杂化的 2p 轨道垂直于 3 个 sp^2 杂化轨道组成的平面，如图3-4所示。

乙烯分子形成时，两个碳原子各以一个 sp^2 杂化轨道沿键轴方向重叠形成一个 C—C σ 键，并以剩余的两个 sp^2 杂化轨道分别与两个氢原子的 1s 轨道沿键轴方向重叠形成 4 个等同的 C—H σ 键，5 个 σ 键都在同一平面内，因此乙烯为平面构型，如图3-5所示。

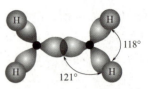

图 3-3 碳原子的 3 个 sp^3 轨道空间分布图

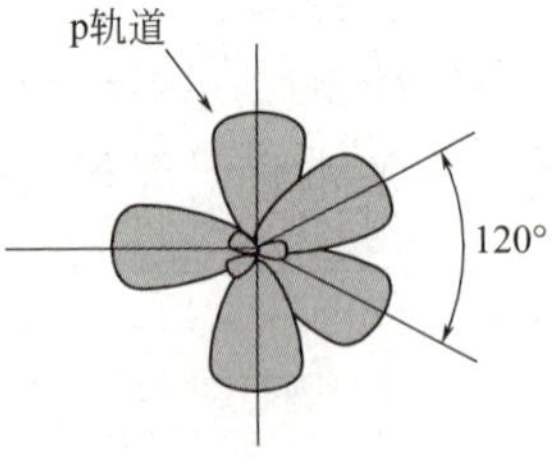

图 3-4 碳原子的 3 个 sp^3 轨道及 1 个 p 轨道空间分布图

图 3-5 乙烯分子中的 σ 键

（3）π 键 乙烯的每个碳原子上有一个未参与杂化的 p 轨道，两个碳原子的 p 轨道相互平行，于是侧面重叠（也称为"肩并肩"重叠）成键。这种成键原子的 p 轨道平行侧面重叠形成的共价键叫作 π 键。乙烯分子中的 π 键如图 3-6 所示。由于 π 键是由两个平行的 p 轨道侧面重叠形成的，重叠程度小且分散，因此 π 键键能较小，容易断裂。另外，π 键不能围绕键轴自由旋转。

（4）其他烯烃的结构 其他烯烃的结构与乙烯相似，双键碳原子也是 sp^2 杂化，在丙烯分子中，双键碳原子及其相连的氢原子与饱和碳原子在同一平面上，但饱和碳原子为四面体构型，如图 3-7 所示。

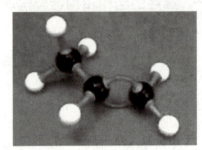

图 3-6 乙烯分子中的 π 键

图 3-7 丙烯分子球棒模型

📚 **学习卡片**

冬奥会颁奖礼服中的石墨烯

2022 年 2 月 4 日，万众瞩目的第 24 届冬奥会在北京隆重开幕。在欣赏冬奥会开幕盛典和运动员们精彩表现的同时，我们来领略其背后的化学高科技——颁奖服里的石墨烯。

本次冬奥会颁奖礼服不仅外观典雅大方，而且衣服内胆里特意添加了一片片黑色的材料——石墨烯发热材料，石墨烯导热系数非常高，在通电情况下，碳分子团之间相互摩擦、碰撞而产生热能，热能又通过远红外线以平面方式均匀地辐射出来，可以很好地被人体接受，产生一种由内而外的温暖。

它是碳原子以 sp^2 杂化方式紧密堆积成单层二维蜂窝状晶格结构的新材料。国际标准化组织（ISO）认定：当层数少于或等于十层时，可以称为石墨烯，否则，就应该叫作石墨。

> 从石墨中剥离出石墨片,然后将薄片的两面粘在一种特殊的胶带上,撕开胶带,就能把石墨片一分为二。不断地这样操作,薄片越来越薄,最后,得到了仅由一层碳原子构成的薄片,这就是石墨烯。
>
> 也就是说,用铅笔在纸上轻轻划过,你就有机会获得一种长得和蜂巢一样的新材料——被誉为"黑金"的石墨烯。
>
> 它薄,20万片石墨烯堆起来的厚度只有人类一根头发粗细;
> 它承重,用它制成一毫米厚的薄膜,能让两吨重的大象在上面跳舞;
> 它延展性好,一粒花生米大小的它,展开后可铺满六个标准篮球场;
> 它能弯曲,用来制作弯曲的屏幕、防弹衣、军事武器的外部材料等;
> 它像玻璃一样几乎是透明的,可制作智能眼镜、智能显示屏;
> 它有导电性和导热性,用它制成的电池可以一秒钟充满手机电量;
> 它独特的蜂窝结构还可以用来过滤杂质或进行特定药物的输送。
>
> 奥运会不仅是运动健儿的"竞技场",也是前沿科技的"试验田"。从化学高科技中,我们感受到祖国科技"更快更高更强"的发展,正如北京冬奥会的口号——一起向未来!

2. 烯烃的构造异构现象

烯烃的构造异构现象比烷烃复杂,除碳链异构外,还存在着由碳碳双键位置不同引起的位置异构。例如,烯烃 C_4H_8 有以下 3 种构造异构体:

① $CH_2=CHCH_2CH_3$ ② $CH_2=C-CH_3$
                                                  |
                                                  CH_3

③ $CH_3CH=CHCH_3$

其中①或③和②互为碳链异构体,①和③互为位置异构体。

推导烯烃构造异构体时,首先按烷烃推导构造异构体的方法写出符合分子式的所有碳链异构,再对每一种碳链异构依次变换双键的位置即可得到所有位置异构体。

14. 微课:烯烃、炔烃、二烯烃和烯炔烃的命名

二、烯烃的命名

烯烃的命名是以烷烃的命名为基础。命名时要优先考虑烯烃官团 $\diagup C=C \diagdown$ 。

请根据表 3-1 中所示的一些简单烯烃的命名,总结烯烃的命名规则。

表 3-1 一些简单烯烃的命名

化合物	习惯命名法	系统命名法
$CH_2=CH_2$	乙烯	乙烯
$CH_2=CH-CH_3$	丙烯	丙烯
$CH_2=CH-CH_2CH_3$	正丁烯	1-丁烯
$CH_3-CH=CH-CH_3$	丁烯	2-丁烯

第三章 不饱和烃

续表

化合物	习惯命名法	系统命名法

$CH_2{=}C{-}CH_3$
       $\|$
      CH_3
	异丁烯	2-甲基-1-丙烯

1. 习惯命名法

简单的烯烃常采用习惯命名法命名。例如：

$$CH_3CH_2CH{=}CH_2 \qquad CH_3{-}C{=}CH_2$$
$$\qquad\qquad\qquad\qquad\qquad\quad |$$
$$\qquad\qquad\qquad\qquad\qquad CH_3$$
$$\text{正丁烯} \qquad\qquad\qquad \text{异丁烯}$$

2. 烯基及其命名

烯烃分子去掉一个氢原子剩下的部分，叫作烯基。常见的烯基有：

$$CH_2{=}CH{-} \qquad CH_3{-}CH{=}CH{-} \qquad CH_2{=}CH{-}CH_2{-}$$
$$\text{乙烯基} \qquad\qquad \text{丙烯基} \qquad\qquad\qquad \text{烯丙基}$$

3. 系统命名法

命名时要优先考虑烯烃的官能团——碳碳双键，命名原则如下。

（1）**选母体（选主链）** 选含碳碳双键的最长碳链，按分子中碳原子数目称为"某烯"，若含 10 个以上碳原子称为"某碳烯"。若有多条最长链可供选择时，选择原则与烷烃相同。

（2）**编号** 靠近碳碳双键编号；双键占 2 个碳原子，选位号小的作为双键的位号；若双键居中，编号原则与烷烃相同。

例如：

$$\overset{5}{C}H_3\overset{4}{C}H_2\overset{3}{C}H_2\overset{2}{C}H{=}\overset{1}{C}H_2 \qquad \overset{5}{C}H_3\overset{4}{C}H_2\overset{3}{C}H{=}\overset{2}{C}H\overset{1}{C}H_3 \qquad \overset{12}{C}H_3\overset{\cdots\cdots}{(C}H_2)_9\overset{2}{C}H{=}\overset{1}{C}H_2$$
$$\text{1-戊烯} \qquad\qquad\qquad \text{2-戊烯} \qquad\qquad\qquad \text{1-十二碳烯}$$

（3）**写名称** 注明碳碳双键的位次。

表示方法为：取代基位次—取代基名称—碳碳双键位次—母体名称。

例如：

$$\overset{1}{C}H_3{-}\overset{2}{C}H{-}\overset{3}{C}H{=}\overset{4}{C}{-}\overset{5}{C}H_2{-}\overset{6}{C}H_3$$
$$\qquad\quad |\qquad\quad\ \ |$$
$$\qquad\ \ CH_3 \qquad C_2H_5$$

2-甲基-4-乙基-3-己烯

三、烯烃的物理性质

常温常压下，$C_2 \sim C_4$ 烯烃为气体，$C_5 \sim C_{15}$ 的烯烃为液体，高级烯烃为固体。所有烯烃都不溶于水，易溶于有机溶剂。一些常见烯烃的物理常数如表 3-2 所示。

表 3-2 一些常见烯烃的物理常数

名称	沸点/℃	熔点/℃	相对密度（d_4^{20}）
乙烯	−103.7	−169	0.56（−102℃）
丙烯	−47.4	−185.2	0.5193

续表

名称	沸点/℃	熔点/℃	相对密度 (d_4^{20})
1-丁烯	−6.3	−185.3	0.5951
2-甲基丙烯	−6.6	−140.4	0.594
1-戊烯	30	−138	0.6405
2-甲基-1-戊烯	61.5	−135.7	0.681
1-十二碳烯	213.4	−35.2	0.758
1-十九碳烯	177（1333Pa）	21.5	0.7858
1-二十四碳烯	390	45	0.804

四、烯烃的化学性质

烯烃比烷烃活泼，因为烯烃的官能团碳碳双键中的双键，是由一个 π 键和一个 σ 键组成，其中 π 键比 σ 键容易打开，所以烯烃能发生加成反应、氧化反应、聚合反应。又由于受碳碳双键的影响，烯烃的 α-H 比较活泼，它还可以发生 α-H 上的取代反应。

1. 加成反应

在一定的条件下，烯烃与某些试剂作用时，双键中的 π 键断裂，试剂中的两个原子或基团加到双键碳原子上，生成饱和化合物，这种反应叫作加成反应。加成反应是不饱和烃的特征反应之一。

$$\mathrm{C=C} + X-Y \longrightarrow \overset{|}{\underset{X}{C}}-\overset{|}{\underset{Y}{C}}$$

（1）催化加氢 在常温常压下，烯烃与氢气通常不反应，但在催化剂铂（Pt）、钯（Pd）、镍（Ni）等金属存在下能与氢气加成生成烷烃，所以称为催化氢化，也叫催化加氢。

乙烯、丙烯及直链端烯的催化加氢反应式如下：

$$CH_2=CH_2 + H_2 \xrightarrow{Pt/C} CH_3-CH_3$$

$$CH_3-CH=CH_2 + H_2 \xrightarrow{Pd/C} CH_3-CH_2-CH_3$$

$$R-CH=CH_2 + H_2 \xrightarrow{ReneyNi} R-CH_2-CH_3$$

特点：双键变单键，烯烃变烷烃。

乙烯的催化加氢反应过程如图 3-8 所示。

催化加氢反应与催化剂的表面积大小密切相关，表面积越大，催化活性越强。通常催化剂 Pt 和 Pd 被吸附在惰性材料活性炭上使用。

由镍铝合金经碱处理得到的 Ni，具有较大表面积的海绵状金属镍，称为骨架镍〔又称雷尼镍（ReneyNi）〕。工业上常用催化活性较强的雷尼镍作催化剂。

石油加工过程中，也用到催化加氢原理，汽油中含有少量烯烃，性能不稳定，可通过催化加氢使烯烃变成烷烃，从而提高汽油的质量。

生活中，液态油脂的结构中含有碳碳双键，容易变质，可通过催化加氢将液态油脂转变

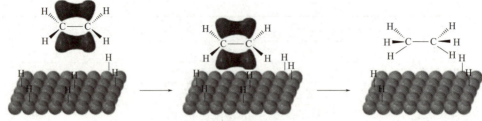

图 3-8 乙烯催化加氢反应过程

为固态油脂，以便保存和运输。

（2）与 X_2 加成 把乙烯通入溴水或溴的四氯化碳溶液中，发现溶液颜色由橙红色变成了无色。经过检验，生成了 1,2-二溴乙烷。其化学反应式为：

$$CH_2=CH_2 + Br_2 \xrightarrow{CCl_4} \underset{\underset{Br}{|}}{CH_2}-\underset{\underset{Br}{|}}{CH_2}$$

红棕色   1,2-二溴乙烷(无色)

15. 微课：烯烃的亲电加成反应

加成反应的特点：双键变单键，双键碳原子分别加上了 2 个新的原子或基团。

工业上制取 1,2-二氯乙烷，是将乙烯和氯气通入 1,2-二氯乙烷溶剂中，用三氯化铁作催化剂，在约 40℃的条件下，使乙烯和氯气进行加成制得的。

$$CH_2=CH_2 + Cl_2 \xrightarrow[40℃，溶剂]{FeCl_3} \underset{\underset{Cl}{|}}{CH_2}-\underset{\underset{Cl}{|}}{CH_2}$$

1,2-二氯乙烷

生成的 1,2-二氯乙烷为无色或淡黄色透明油状液体，对眼睛及呼吸道有刺激作用。是良好的有机溶剂，也可作干洗剂和萃取剂。在有机合成中，是制取氯乙烯、乙二醇或酸和乙二胺等的原料。在农业上用作谷物熏蒸剂、土壤消毒剂等。

烯烃与溴的加成反应前后有明显的现象变化，因此可用来鉴别烯烃。工业上常用此法检验汽油、煤油中是否含有不饱和烃。

迷你小实验

判断植物油的不饱和性

将红棕色的碘溶液加入油中，根据其褪色的快慢判定油的不饱和度。

加入的碘会破坏化合物中的碳碳双键，然后与碳原子结合生成无色的卤代化合物。

实验步骤：

1. 取 20mL 花生油和 20mL 菜籽油，分别倒入 2 个烧瓶中，贴上标签。
2. 在这 2 个烧瓶中各加入 5 滴碘酒，搅拌均匀，观察液体颜色变化。
3. 在电热套中或者石棉网上加热 2 个烧瓶，观察哪一种油先恢复原来的颜色。先恢复颜色的油的不饱和性大于后恢复颜色的油的不饱和性。

观察与思考：

1. 当红棕色的碘溶液加入油，发生了什么变化？
2. 为什么先恢复颜色的油的不饱和性大于后恢复颜色的油的不饱和性呢？

(3) 与 HX 加成　烯烃与卤化氢的加成反应一般在二硫化碳、石油醚或冰醋酸等溶剂中进行，卤化氢的活泼性顺序为：HI＞HBr＞HCl。

工业上将乙烯与氯化氢在三氯化铝催化下，于 130～250℃发生加成反应，制备氯乙烷。

$$CH_2\!=\!CH_2 + HCl \xrightarrow[130\sim250℃]{AlCl_3} CH_3CH_2Cl$$

> 📖 **学习卡片**
>
> **肌肉扭伤，如何做应急处理？**
>
> 　　氯乙烷（C_2H_5Cl）沸点只有 12.3℃，在常温常压下是气体。
>
> 　　通常，它以液体形态被储存在压强较高的金属罐中。在喷出来的一刹那，压强骤降，且接触到温暖的皮肤，氯乙烷立刻变成了气体。使周围的温度降低。氯乙烷从运动员受伤部位的皮肤上吸收了大量热量，就能使受伤部位像被一下子冰冻了一样，神经被麻痹，于是疼痛感就被迅速缓解了。
>
> 　　氯乙烷所起的是一种局部麻醉的作用。它被用来处理一般的肌肉挫伤或扭伤，而且只能作为应急措施，因为疼痛虽然暂时解除了，但并不能起治疗作用。到比赛结束以后，运动员还要接受正式的治疗。

丙烯为不对称烯烃，与卤化氢加成时，可以得到两种加成产物。

$$CH_3-CH\!=\!CH_2 + \overset{\delta^+}{H}-\overset{\delta^-}{X} \begin{cases} CH_3-CH_2-CH_2X & \text{1-卤丙烷} \\ CH_3-\underset{X}{\overset{|}{C}H}-CH_3 & \text{2-卤丙烷} \end{cases}$$

实验证明，丙烯与卤化氢的加成主要生成 2-卤丙烷。也就是说，卤化氢分子中的氢原子加到了丙烯分子中端点的双键碳原子上，而卤原子则加到了中间的双键碳原子上。

当不对称烯烃与 HX 等极性试剂加成时，得到两种加成产物。其中主要产物是氢原子或带部分正电荷的部分加到含氢较多的双键碳原子上，这是俄国科学家马尔科夫尼科夫（Markovnikov）在 1869 年提出的一条经验规则，叫作马尔科夫尼科夫规则，简称马氏加成规则。

(4) 与 H_2O 加成　采用酸性催化剂（一般使用附着在硅藻土上的磷酸）催化，并在加压条件下，烯烃可与水直接发生加成生成醇。不对称烯烃与水的加成产物也符合马氏规则。

例如：$CH_2\!=\!CH_2 + H_2O \xrightarrow[300℃，8MPa]{磷酸/硅藻土} CH_3CH_2OH$

烯烃直接加水制备醇叫作烯烃直接水合法。这是工业上生产乙醇、异丙醇的重要方法。直接水合法的优点是避免了硫酸对设备的腐蚀和酸性废水的污染，节省了投资。直接水合法对烯烃的纯度要求较高，需要达到 97％以上。

(5) 与 H_2SO_4 加成　烯烃可与冷的浓硫酸发生加成反应，生成硫酸氢酯，再水解后生成醇。

例如：

$$CH_2\!=\!CH_2 + H-OSO_3H \xrightarrow{0\sim15℃} \underset{\text{硫酸氢乙酯}}{CH_3-CH_2-OSO_3H} \xrightarrow[\triangle]{H_2O} \underset{\text{乙醇}}{CH_3-CH_2-OH}$$

不对称烯烃与硫酸的加成反应，符合马氏加成规则。

例如：

$$R-CH=CH_2 + \overset{\delta^+}{H}-\overset{\delta^-}{OSO_3H} \longrightarrow R-\underset{OSO_3H}{\underset{|}{CH}}-CH_3 \xrightarrow[\triangle]{H_2O} R-\underset{OH}{\underset{|}{CH}}-CH_3$$

烯烃与硫酸加成产物再水解生成醇，相当于在烯烃分子中加入了一分子水。因此这一反应又叫作烯烃的间接水合反应。

工业上利用间接水合法制取乙醇、异丙醇等低级醇。优点是对烯烃的纯度要求不高，对于回收利用石油炼厂气中的烯烃是一个好办法；缺点是消耗大量浓硫酸，对生产设备腐蚀严重。

此外利用烯烃与硫酸作用可生成能溶于硫酸的硫酸氢烷基酯的性质来除去烷烃中的烯烃。

例如：庚烷是聚丙烯生产中使用的溶剂，但要求不能含有烯烃。试设计一个简便的方法进行检验；若含有烯烃予以除去。

【分析】检验实际上就是鉴别；除杂质即为分离提纯。烯烃室温下能使溴的四氯化碳溶液褪色，纯的庚烷则不能。因此可用溴的四氯化碳溶液进行鉴别；若含有烯烃，可用浓硫酸除去。

做鉴别题和分离提纯题可分别采用下列简便格式：

鉴别：

$$\left.\begin{array}{l}庚烷\\烯烃\end{array}\right\} \xrightarrow[室温]{Br_2/CCl_4} \begin{array}{l}\times\\褪色\end{array}$$

分离：

$$\left.\begin{array}{l}庚烷\\烯烃\end{array}\right\} \xrightarrow[振荡后静置]{浓硫酸} \left.\begin{array}{l}庚烷\\硫酸烷基酯\\硫酸\end{array}\right\} 分离 \begin{array}{l}上层\longrightarrow 庚烷\\下层\longrightarrow 硫酸烷基酯和硫酸(弃去)\end{array}$$

（6）**过氧化物效应**　在过氧化物存在下，不对称烯烃与溴化氢的加成取向恰好与马氏加成规则相反。这种违反马氏规则的加成，叫作烯烃与溴化氢加成的过氧化物效应，属于自由基型的加成反应。例如：

$$CH_3-CH=CH_2 + H-Br \xrightarrow{H_2O_2} CH_3-CH_2-CH_2Br$$

$$CH_3-\underset{CH_3}{\underset{|}{C}}=CH_2 + H-Br \xrightarrow{R-O-O-R} CH_3-\underset{CH_3}{\underset{|}{CH}}-CH_2Br$$

不对称烯烃与溴化氢加成的反马氏规则现象可用于由 α-烯烃制取 1-溴代烷烃。

过氧化物的存在，对于不对称烯烃与氯化氢、碘化氢等的加成没有这种影响。

2. 聚合反应

烯烃在引发剂或催化剂作用下，断裂 π 键，以头尾相连的形式自相加成，

16. 微课：认识塑料的真身——人工聚合物

生成分子量较大的化合物。烯烃的这种自相加成反应叫作聚合反应。

能发生聚合反应的分子量较小的化合物叫作单体,聚合后得到的分子量较大的化合物叫作聚合物。

很多烯烃能聚合生成性能不一的各种塑料。

（1）**聚乙烯** 乙烯在过氧化物引发下聚合生成聚乙烯,用$\ce{+CH_2-CH_2+}_n$表示。其中—CH_2—CH_2—叫作链节,n叫作聚合度。

$$n\text{CH}_2=\text{CH}_2 \xrightarrow[200\sim300℃, 100\text{MPa}]{\text{过氧化物}} \ce{+CH_2-CH_2+}_n$$

乙烯（单体）　　　　　聚乙烯（聚合物）

乙烯在过氧化物引发下,经高压聚合可制得高压聚乙烯（简称 LDPE,又称为低密度聚乙烯）;若采用齐格勒-纳塔催化剂（烷基铝与氯化钛）,在常压或略高于常压下聚合得到低压聚乙烯（简称 HDPE,又称为高密度聚乙烯）。

聚乙烯常温时为乳白色半透明物质,化学性能稳定,无毒,易加工成形,可制作食品、药品的容器及各类工业或生活用品;聚乙烯耐酸、碱及无机盐类的腐蚀作用,常用作化工生产中的防腐材料;聚乙烯使水蒸气透过率很低、具有良好的绝缘性和透光性,因此常用于制作防潮材料、电工部件的绝缘材料和农用薄膜。

（2）**聚丙烯** 由丙烯为单体,在齐格勒-纳塔催化剂作用下可聚合得到聚丙烯,简称 PP。

$$n\text{CH}_2=\text{CH}-\text{CH}_3 \xrightarrow[\text{加热加压}]{\text{过氧化物}} \left[\begin{array}{c}\text{CH}_2-\text{CH}\\|\\\text{CH}_3\end{array}\right]_n$$

聚丙烯的结构和聚乙烯接近,因此很多性能也和聚乙烯类似。但是由于其存在一个甲基构成的侧支,聚丙烯更易氧化,通过改性和添加抗氧剂可以克服。

医用口罩中间那一层是熔喷布,熔喷布的原材料就是聚丙烯。

聚丙烯可通过注射、挤出、吹塑、层压、熔纺等工艺成型,也适于双向拉伸,广泛用于制造容器、管道、包装材料、薄膜和纤维。也常用增强方法获得性能优良的工程塑料,大量应用于汽车、医疗器具、农业和家居用品。聚丙烯纤维的中国商品名为丙纶,强度与锦纶相仿而价格低廉,用于织造地毯、滤布、缆绳、编织袋等。

> 📖 **学习卡片**
>
> **塑料的数字密码**
>
> 每个塑料容器都有一个三角形的符号,这是塑料制品回收标识,一般在塑料容器的底部。三角形里边有数字1~7,每个编号代表不同的塑料材质,方便人们对塑料分类。
>
>
>
> 第1号:代表聚对苯二甲酸乙二醇酯（PET）,常用于制作较坚硬的容器,如矿泉水瓶,尤其是碳酸饮料瓶,耐热温度70℃。
>
>

第2号：代表高密度聚乙烯（HDPE），主要用于制作坚硬的容器，如盛牛奶和水的塑料罐，盛装清洁用品等的塑料容器，耐热温度110℃。

第3号：代表聚氯乙烯（PVC），是一种较粗糙的塑料，用于制作管道工程与建筑工业的建材，也用于放洗发水和机油，是有毒塑料。

第4号：代表低密度聚乙烯（LDPE），常用于保鲜膜、塑料膜、电影胶卷和袋子，超过110℃出现热熔现象。

第5号：代表聚丙烯（PP），用途广泛，常用于食品包装、电池盒、一次性尿布的衬料，以及微波炉专用餐盒，耐热温度130℃。

第6号：代表聚苯乙烯（PS），是一种泡沫塑料，常用来制作碗装泡面盒、快餐盒，耐热又耐寒，但不能放进微波炉。

第7号：代表其他类塑料（OTHER），含有有损健康的双酚A。

思政案例

塑料与"白色污染"

废旧塑料包装物大多呈白色，因此称之为"白色污染"。目前，人类社会高度依赖塑料，塑料制品充斥着生活的方方面面，造成的"白色污染"可谓触目惊心。据报道，每年有超过八百万吨的塑料垃圾进入海洋，陆地上可见的"白色污染"更是比比皆是，这些塑料可能需要几百年才能被降解，它们会对环境、动物甚至人类自身带来长期影响。

不仅如此，在光照、侵蚀、风化等外界作用下，塑料制品会被分解成细小到人眼无法分辨的微塑料，而微塑料对生态环境的影响同样不容小觑。鱼吃了塑料垃圾，人吃了鱼，形成生物积累，在人体进一步富集。

塑料污染现状十分严峻，我国高度重视塑料污染治理工作，采取多种措施，防治"白色污染"。

2007年我国展开了大规模的针对塑料袋的整治，推广以纸代塑。

《中华人民共和国固体废物污染环境防治法》自2020年9月1日起正式施行，除了禁止、限制使用塑料制品，还强调了回收处置、推广替代品，如采用可降解塑料，以及新领域非石油基、生物基原料制备高性能非一次性使用塑料制品等。

2020年1月，国家发展和改革委员会、生态环境部印发实施《关于进一步加强塑料污染治理的意见》，对加强塑料污染治理作出总体部署。

2021年国家发展改革委、生态环境部再次印发《"十四五"塑料污染治理行动方案》，进一步加强塑料污染全链条治理。要求到2025年，塑料污染治理机制运行更加有效，塑料制品生产、流通、消费、回收利用、末端处置全链条治理成效更加显著，"白色污染"得到有效遏制，并具体提出"积极推动塑料生产和使用源头减量""加快推进塑料废弃物规范回收利用和处置""大力开展重点区域塑料垃圾清理整治"等三方面共10项主要任务。

3. 氧化反应

（1）燃烧反应　烯烃完全燃烧生成二氧化碳和水。烯烃燃烧时，火焰明亮。

（2）与高锰酸钾反应　高锰酸钾的碱性溶液氧化性弱于其浓、酸性溶液；烯烃与碱性高锰酸钾反应，会生成棕色二氧化锰沉淀；若烯烃与酸性高锰酸钾反应，则紫色的高锰酸钾溶液褪色。由于烷烃稳定，不被高锰酸钾氧化，可以利用此性质鉴别烯烃与烷烃。

（3）催化氧化　一些烯烃在催化剂存在下，用空气氧化可以生成重要的化合物，在工业上有重要应用。例如：

$$CH_2=CH_2 + O_2 \xrightarrow[250℃]{Ag} \underset{\underset{O}{\diagdown\diagup}}{CH_2-CH_2}$$

环氧乙烷

环氧乙烷可用于制备洗涤剂、乳化剂和塑料等，是重要的有机合成中间体。

4. α-氢的取代反应

与官能团直接相连的碳原子叫作 α-碳原子，α-碳原子上的氢原子叫作 α-氢原子。含 α-氢原子的烯烃，由于受碳碳双键的影响，α-氢原子有较强的活性，可与卤素发生取代反应。例如：

$$CH_3-CH=CH_2 + Cl_2 \xrightarrow{500℃} \underset{\underset{Cl}{|}}{CH_2}-CH=CH_2 + HCl$$

反应条件：高温或光照。

反应特点：保留双键，取代 α-H。

五、重要的烯烃

1. 乙烯

乙烯是带有甜味的无色气体，几乎不溶于水，略溶于乙醇，溶于乙醚。

工业上可以通过焦炉煤气、热裂解石油制备；实验室利用乙醇在浓硫酸催化下得到乙烯；成熟的水果能释放乙烯。

乙烯是重要的有机化工原料。超过一半的乙烯用于制造塑料，如塑料脸盆、水桶、食品保鲜膜、农用大棚薄膜、电线绝缘外皮等；乙烯通常用来给水果催熟，用乙烯处理未成熟的水果和蔬菜，可以使它们在同一时间成熟，从而提高收成。由于乙烯是气体，作为催熟剂，运输使用都不太方便。因此近年来，人们合成了名为乙烯利（化学名称为2-氯乙基磷酸）的液态乙烯型植物催熟激素，这种植物催熟激素能被植物吸收，并在植物体内水解后释放出乙烯，从而发挥催熟作用。乙烯也可用于制备乙二醇（一种汽车的防冻剂）、乙醇、乙醛、氯乙烯等许多有用的化工产品。

2. 丙烯

丙烯是带有甜味的无色气体，不溶于水，易溶于汽油、四氯化碳等有机溶剂，在空气中的爆炸极限是 2%～11%（体积分数）。

丙烯可以从石油裂解气和炼厂气中分离得到。实验室利用异丙醇在氧化铝催化下得到丙烯。

丙烯具有烯烃的一般性质，与乙烯一样，可发生多种化学反应，生成许多有用的化工产品和中间体,所以丙烯也是有机化工重要的起始原料之一。

丙烯在工业上大量用于制备聚丙烯塑料,此外还用于制取人造羊毛的原料丙烯腈,以及合成乙丙橡胶等。

> **思考和练习**
>
> 1. 运用杂化轨道理论,解释乙烯的平面构型。
> 2. 推导烯烃 C_5H_{10} 的构造异构体。
> 3. 完成下列化学反应式。
>
> (1) $CH_2=CH-CH_2CH_3 + H_2 \xrightarrow{Ni}$
>
> (2) $CH_2=\underset{\underset{CH_3}{|}}{C}-CH_3 + H_2 \xrightarrow{Ni}$
>
> (3) $CH_2=CH-CH_3 + Br_2 \longrightarrow$
>
> (4) $CH_2=CH-CH_2CH_3 + I_2 \longrightarrow$
>
> (5) $CH_2=\underset{\underset{CH_3}{|}}{C}-CH_3 + Cl_2 \longrightarrow$
>
> (6) $CH_2=CH-CH_2CH_3 + HI \longrightarrow$
>
> (7) $CH_2=\underset{\underset{CH_3}{|}}{C}-CH_3 + HBr \longrightarrow$
>
> (8) $CH_2=CH-CH_3 + H_2O \xrightarrow[195℃,\ 2MPa]{磷酸/硅藻土}$
>
> (9) $CH_2=CH-CH_2CH_3 + Cl_2 \xrightarrow{h\nu}$
>
> (10) $CH_2=\underset{\underset{CH_3}{|}}{C}-CH_3 + Br_2 \xrightarrow{500℃}$

第二节 共轭二烯烃

一、二烯烃的分类、结构与命名

1. 二烯烃的分类

分子中含有两个碳碳双键的链烃叫作二烯烃。二烯烃比相应的单烯烃分子中少两个氢原子,通式为 C_nH_{2n-2}。

根据二烯烃分子中两个碳碳双键的相对位置不同,可以将其进行分类。

(1) 累积二烯烃 两个双键连在同一个碳原子上的二烯烃叫作累积二烯

17. 微课:二烯烃的分类、命名

烃。例如：CH₂=C=CH₂（丙二烯）。

（2）共轭二烯烃 两个双键被一个单键隔开的二烯烃叫作共轭二烯烃。例如：CH₂=CH—CH=CH₂（1,3-丁二烯）。

（3）孤立二烯烃 两个双键被两个或多个单键隔开的二烯烃叫作孤立二烯烃，也叫隔离二烯烃。例如：CH₂=CH—CH₂—CH=CH₂（1,4-戊二烯）。

三种不同类型的二烯烃中，累积二烯烃很不稳定，自然界极少存在。孤立二烯烃相当于两个孤立的单烯烃，与单烯烃的性质相似。只有共轭二烯烃结构比较特殊，具有独特的性质，是本章重点学习的内容。

2. 1,3-丁二烯的结构

1,3-丁二烯是最简单的共轭二烯烃。用物理方法测得，丁二烯分子中的4个碳原子和6个氢原子在同一平面上，为平面构型，如图3-9所示。

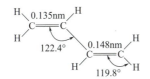

图3-9　1,3-丁二烯的键长与键角

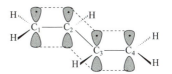

图3-10　1,3-丁二烯中的大π键

丁二烯分子中碳碳双键的键长比一般烯烃的双键（0.133nm）稍长，碳碳单键的键长比一般烷烃的单键（0.154nm）短，碳碳双键和单键的键长有平均化的趋势，且分子稳定。

为什么丁二烯分子的键长有平均化趋势，并且分子较稳定呢？

因为丁二烯分子中的4个碳原子都是sp^2杂化的，结果使所有碳原子都在同一平面上。除此之外，每个碳原子上还剩下一个未参与杂化的p轨道，这4个p轨道的对称轴都与σ键所在的平面相垂直，彼此平行，侧面重叠，形成π键。这样p轨道就不仅是在C1与C2、C3与C4之间平行重叠，而且在C2与C3之间也有一定程度的重叠，从而造成4个p电子的运动范围扩展到4个原子的周围，这种现象叫作π电子的离域。形成的π键包括了4个碳原子，这种包括多个（至少3个）原子的π键叫作大π键，也叫作离域π键或共轭π键。1,3-丁二烯分子中的大π键如图3-10所示。

含有共轭π键的体系叫作共轭体系。共轭体系的特性之一是电子云密度平均化，导致键长平均化；共轭体系的特性之二是由于电子的离域导致共轭体系内能降低，体系比较稳定。

3. 二烯烃的命名

二烯烃系统命名法的步骤和规则如下。

（1）选母体 二烯烃的命名应选择含有两个双键的最长碳链作为主链，母体名称为"某二烯"。

（2）编号 靠近双键一端给主链碳原子编号，用以标明两个双键和取代基的位次。

（3）写出二烯烃的名称 表示方法为：取代基位次—取代基名称—a,b—某二烯。其中：a和b各自代表两个双键的位次，并且$a<b$。例如：

CH₂=CH—CH=CH₂　　　CH₂=C—CH=CH₂　　　CH₂=C—CH=CH—C=CH—CH₂
　　　　　　　　　　　　　　　｜　　　　　　　　　　　　　｜　　　　　　｜
　　　　　　　　　　　　　　　CH₃　　　　　　　　　　　　C₂H₅　　　　　CH₂—CH₃

1,3-丁二烯　　　　　2-甲基-1,3-丁二烯(异戊二烯)　　　5-甲基-2-乙基-1,4-庚二烯

二、共轭二烯烃的化学性质

1. 1,2-加成与 1,4-加成

共轭二烯烃很特殊，它不同于一般的二烯烃。

因为共轭，含有大 π 键，分子的共轭链出现正负电荷极性交替现象，与 1mol 卤素或卤化氢等试剂加成时，既可发生 1,2-加成反应，也可发生 1,4-加成反应，所以可得两种产物。例如：

$$\overset{\delta^+}{\underset{4}{CH_2}}=\overset{\delta^-}{\underset{3}{CH}}-\overset{\delta^+}{\underset{2}{CH}}=\overset{\delta^-}{\underset{1}{CH_2}} + Br_2 \xrightarrow{CCl_4} \begin{array}{l} \xrightarrow{1,2-加成} CH_2=CH-\underset{Br}{CH}-\underset{Br}{CH_2} \\ \text{3,4-二溴-1-丁烯} \\ \xrightarrow{1,4-加成} \underset{Br}{CH_2}-CH=CH-\underset{Br}{CH_2} \\ \text{1,4-二溴-2-丁烯} \end{array}$$

控制反应条件，可调节两种产物的比例。一般在低温下或非极性溶剂中有利于 1,2-加成产物的生成，在高温下或极性溶剂中则有利于 1,4-加成产物的生成。

$$CH_2=CH-CH=CH_2 + HBr \begin{array}{l} \xrightarrow{-80℃} CH_2=CH-\underset{Br}{CH}-CH_3 + \underset{Br}{CH_2}-CH=CH-CH_3 \\ \qquad\qquad\qquad (80\%) \qquad\qquad\qquad (20\%) \\ \xrightarrow{40℃} \underset{Br}{CH_2}-CH=CH-CH_3 + CH_2=CH-\underset{Br}{CH}-CH_3 \\ \qquad\qquad (80\%) \qquad\qquad\qquad\qquad (20\%) \end{array}$$

共轭二烯烃与卤化氢加成时，符合马氏加成规则。

总结共轭二烯烃加成规律：

① 1,2-加成特点：打开一个碳碳双键，保留一个双键。

② 1,4-加成特点：原来的两个碳碳双键消失，在 2、3 号碳原子之间形成一个新的双键。

2. 聚合反应与橡胶

橡胶的用途十分广泛，可以做成学习用品，如橡皮；做成体育用品，如篮球、排球、足球；做成生活用品，如乳胶手套、床垫，还有耐磨防水的胶鞋、雨鞋；工业上，大量的橡胶主要用来做汽车轮胎等。

天然橡胶来自橡胶树。从橡胶树皮中流出的胶乳经凝固、干燥等工序可制成天然橡胶。这样得到的胶，叫生胶。生胶遇冷变得又硬又脆；遇热则又软又黏。为了改善其性能，并增加弹性，将其与硫加热，该过程称作硫化，经过硫化处理后的胶为熟胶。如果把生胶比作一团杂乱的毛线，那熟胶就是编织好的毛衣，结构更加规则，其弹性、强度提高，老化现象得以改善，从而在各个领域大显身手。

橡胶树不是四海为家，它只能生长在热带。一亩地产的橡胶也只够做汽车的一个轮胎，远远满足不了我们美好生活的需求。

共轭二烯烃可以通过聚合反应制备多种合成橡胶。

（1）顺丁橡胶

$$n\text{CH}_2=\text{CH}-\text{CH}=\text{CH}_2 \xrightarrow{\text{齐格勒-纳塔催化剂}} \left[\begin{array}{c}\text{CH}_2\\ \\ \text{H}\end{array}\text{C}=\text{C}\begin{array}{c}\text{CH}_2\\ \\ \text{H}\end{array}\right]_n$$
顺丁橡胶

上述反应是按1,4-加成方式，首尾相接而成的聚合物。由于链节中，相同的原子或基团在C=C双键同侧，所以称作顺式。这样的聚合方式称为定向聚合。

定向聚合选用的是齐格勒-纳塔催化剂，成分为$[\text{TiCl}_4\text{-Al}(\text{C}_2\text{H}_5)_3]$。

由定向聚合生产的顺丁橡胶，其结构排列有序，具有耐磨、耐低温、抗老化、弹性好等优良性能，因此在合成橡胶中的产量占世界第二位，仅次于丁苯橡胶。

（2）天然橡胶 异戊二烯分子中含有共轭双键，可以发生1,4-加成和聚合反应。在天然橡胶中，异戊二烯之间"头尾"相连，形成一个线性分子。

目前，采用齐格勒-纳塔催化剂可使异戊二烯定向聚合成在结构和性质上与天然橡胶极为相近的聚合物，广泛应用于轮胎业和其他橡胶制品中。异戊二烯称为天然橡胶的单体。

$$n\text{CH}_2=\text{CH}-\underset{\underset{\text{CH}_3}{|}}{\text{C}}=\text{CH}_2 \xrightarrow{\text{齐格勒-纳塔催化剂}} \left[\begin{array}{c}\text{CH}_2\\ \\ \text{H}\end{array}\text{C}=\text{C}\begin{array}{c}\text{CH}_2\\ \\ \text{CH}_3\end{array}\right]_n$$

（3）丁苯橡胶 丁苯橡胶在合成橡胶中的产量占世界第一位，也是应用最广泛的一种合成橡胶。主要用于制作汽车轮胎和其他橡胶工业品。耐磨性和耐老化性能优良，耐酸、碱和气密性与天然橡胶接近。

丁苯橡胶由1,3-丁二烯和苯乙烯聚合而成。

（4）氯丁橡胶

氯丁橡胶具有耐燃、耐热、耐油、耐臭氧、耐酸碱等性能。用于制造运输带、胶管、电缆、飞机油箱等橡胶制品，也可用于制造涂料的胶黏剂等。

$$n\text{CH}_2=\underset{\underset{\text{Cl}}{|}}{\text{C}}-\text{CH}=\text{CH}_2 \xrightarrow{\text{TiCl}_4,\text{AlR}_3} \left[\begin{array}{c}\text{Cl}\\ \\ \text{CH}_2\end{array}\text{C}=\text{C}\begin{array}{c}\text{CH}_2\\ \\ \text{H}\end{array}\right]_n$$

（5）丁腈橡胶 由丁二烯和丙烯腈聚合而成，淡黄色，特点是耐油，耐矿物油和植物油等。耐寒性比天然橡胶差。广泛用于制造各种耐油垫圈、垫片、胶管、飞机油箱、软包装等，是汽车、航空、复印等行业中不可缺少的弹性材料。

近年来，共轭二烯和其他烯烃聚合而得的共聚物越来越重要。通过改变聚合反应中单体的比例，可在相当的范围内"调节"最后产品的性质，例如，丙烯腈、1,3-丁二烯和苯乙烯的三元共聚物，简称为ABS，其中二烯提供类似橡胶的柔韧性能，腈则使聚合物变硬，结果就生成了具有多种性能的材料。ABS可以加工成片或模塑成各种形状，从而使其从钟表到照相机，从计算机的机壳到汽车的车身、保险杠等方面都得到了应用。

橡胶家族由性能各异的成员组成，随着新时代的发展，还会增加新成员，并在各个领域大放异彩。

三、重要的共轭二烯烃

1. 1,3-丁二烯

1,3-丁二烯即丁二烯，是无色气体，与空气形成爆炸性混合物，爆炸极限为2.16%～

11.47%。有特殊气味,特别刺激黏膜。有麻醉性,易液化。稍溶于水,溶于乙醇、甲醇,易溶于丙酮、乙醚、氯仿等溶剂。

丁二烯性质活泼,是制造合成橡胶、合成树脂、尼龙等的原料。

2. 异戊二烯

异戊二烯系统名称为2-甲基-1,3-丁二烯,是无色刺激性液体。沸点34℃,不溶于水,易溶于苯、汽油等有机溶剂。工业上可从石油裂解的C_5馏分中提取,也可由异戊烷和异戊烯脱氢来制取。是制造天然橡胶的原料。

 思考和练习

1. 命名下列化合物。

（1）$CH_3CH=CH-CH=CH_2$　　（2）$CH_3CH=CH-C=CHCH_3$
　　　　　　　　　　　　　　　　　　　　　　　　　$|$
　　　　　　　　　　　　　　　　　　　　　　　　　CH_3

2. 完成下列反应式。

$$CH_3CH=CH-CH=CHCH_3 \xrightarrow[\text{1,4-加成}]{Cl_2}$$

第三节　炔　烃

一、炔烃的结构和同分异构现象

炔烃是指分子中含有一个碳碳三键的链烃,通式是C_nH_{2n-2},与二烯烃、环烯烃通式相同,它是一种不饱和烃。

1. 炔烃的结构

（1）乙炔的直线构型　乙炔是最简单的炔烃,分子式为C_2H_2,构造式为$CH\equiv CH$。

图3-11　乙炔分子球棒模型

$C\equiv C$键长约为0.120nm,$C-H$键长约为0.106nm,而且键角为180°,乙炔分子中的两个碳原子和两个氢原子在同一条直线上,乙炔为直线型分子,如图3-11所示。

（2）碳的sp杂化　轨道理论认为,乙炔分子中的每个碳原子,各以一个2s轨道和一个2p轨道进行sp杂化,组成了两个完全相同的sp杂化轨道,每个碳原子还剩余两个未参与杂化的2p轨道。杂化过程如图3-12所示。

19.动画:三键碳原子的sp杂化及乙炔的形成

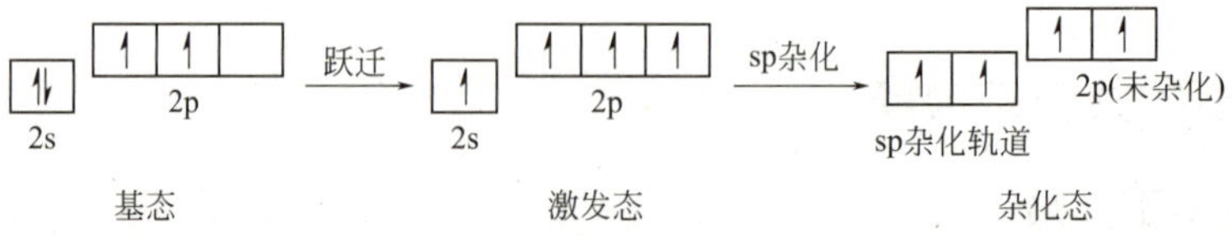

图3-12　乙炔分子三键碳原子sp杂化

每一个 sp 杂化轨道含有 1/2s 成分和 1/2p 成分，其形状仍是葫芦形。两个 sp 杂化轨道的对称轴在同一条直线上，夹角为 180°，未参与杂化的两个 2p 轨道相互垂直并同垂直于 sp 杂化轨道的对称轴，如图 3-13 所示。

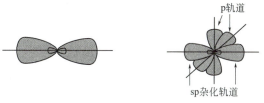

(a) 两个sp杂化轨道　　(b) 两个sp杂化轨道与两个p轨道

图 3-13　碳原子的 sp 杂化

乙炔分子形成时，两个碳原子各以一个 sp 杂化轨道沿键轴方向重叠形成一个 C—C σ 键，并以剩余的 sp 杂化轨道分别与氢原子的 1s 轨道沿键轴方向重叠形成两个 C—H σ 键，这 3 个 σ 键的对称轴在同一条直线上，因此乙炔为直线构型。

此外，每个碳原子上都有两个未参与杂化且又相互垂直的 p 轨道，两个碳原子的 4 个 p 轨道，其对称轴两两平行，侧面"肩并肩"重叠，形成两个相互垂直的 π 键。这两个 π 键电子云对称地分布在 σ 键周围，呈圆筒形，如图 3-14 所示。

乙炔分子中的碳碳三键是由一个 σ 键和两个 π 键组成的。

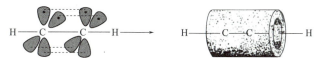

图 3-14　乙炔分子中的 π 键

（3）其他炔烃的结构　其他炔烃的结构与乙炔相似，三键碳原子也是 sp 杂化，在丙炔分子中，三键碳原子及其相连的氢原子与饱和碳原子在同一直线上，但饱和碳原子为四面体构型，如图 3-15 所示。

2. 炔烃的同分异构现象

炔烃的异构现象与烯烃相似，为碳链构造异构和三键位置异构。由于三键碳原子上只能连接一个原子或基团，所以炔烃比相应烯烃的异构体数目少。

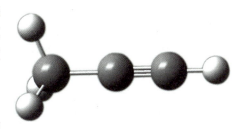

图 3-15　丙炔分子球棒模型

例如：炔烃 C_5H_8 只有三种异构体：

$CH_3CH_2CH_2C\equiv CH$　　$CH_3CH_2C\equiv CCH_3$　　$CH_3CHC\equiv CH$
$\qquad\qquad\qquad\qquad\qquad\qquad\qquad\qquad\qquad\quad |$
$\qquad\qquad\qquad\qquad\qquad\qquad\qquad\qquad\qquad CH_3$

同碳数的炔烃、二烯烃、环烯烃互为官能团异构体。

二、炔烃的命名

炔烃的命名与烯烃命名非常相似，优先考虑炔烃的官能团—C≡C—。

请根据表 3-3 中所示的一些简单炔烃的命名，总结炔烃的命名规则。

表 3-3 一些简单炔烃的命名

化合物	俗名或衍生命名法	系统命名法
CH≡CH	电石气	乙炔
CH≡C—CH₃	甲基乙炔	丙炔
CH≡C—CH₂CH₃	乙基乙炔	1-丁炔
CH₃—C≡C—CH₃	二甲基乙炔	2-丁炔

1. 炔烃的命名

简单的炔烃可采用衍生命名法命名为"某某乙炔"。例如：

$$CH_3C≡CCH_3 \quad 二甲基乙炔$$

炔烃的系统命名法与烯烃相似。

$$CH_3(CH_2)_9CH_2C≡CH \qquad CH_3CH_2C≡CCH_3$$
$$1\text{-十二碳炔} \qquad\qquad 2\text{-戊炔}$$

2. 炔基的命名

炔烃分子去掉一个氢原子剩下的部分，叫作炔基。

$$CH≡C— \qquad 乙炔基$$

三、炔烃的物理性质

简单炔烃的沸点、熔点及密度，一般比碳原子数相同的烷烃、烯烃高一些。这是由于炔烃分子的线性结构，分子较短小、细长，在液态和固态分子中可以彼此很靠近，分子间作用力较强。炔烃分子的极性比烯烃略强。炔烃不易溶于水，易溶于石油醚、乙醚、苯和四氯化碳中。一些炔烃的物理常数如表 3-4 所示。

表 3-4 炔烃的物理常数

名称	沸点/℃	熔点/℃	相对密度（d_4^{20}）
乙炔	−84	−80.8	0.6208（−82℃）
丙炔	−23.2	−101.5	0.7062（−50℃）
1-丁炔	8.1	−125.7	0.6784（0℃）
2-丁炔	27	−32.2	0.6910
1-己炔	71.3	−131.9	0.7155
1-十八碳炔	180（52kPa）	28	0.8025

四、炔烃的化学性质

炔烃比烷烃活泼。炔烃和烯烃相比，二者都有 π 键，因此它们的化学性质有相似之处，比如，都能发生加成反应、氧化反应、聚合反应。但由于双键碳原子与三键碳原子的不饱和程度和杂化方式不同，所以它们的化学性质又有不同之处。

1. **加成反应**

（1）**与 X_2 的加成** 乙炔能使溴水或溴的四氯化碳溶液褪色，其反应式为：

$$HC\equiv CH \xrightarrow{Br_2} CH=CH \xrightarrow{Br_2} \underset{Br\ Br}{\overset{Br\ Br}{CH-CH}}$$

炔烃与 X_2 作用可以停留在一分子加成阶段。

此反应也用来鉴别烷烃和炔烃。

（2）**与 HX 的加成** 炔烃有两个 π 键，可以和两分子氢卤酸加成。选择合适的反应条件，反应可以控制在一元卤代烃阶段。这也是制备卤代烯烃的方法。

$$HC\equiv CH \xrightarrow{HCl} CH_2=CHCl \xrightarrow{HCl} CH_3CHCl_2$$
$$\text{乙炔} \qquad \text{氯乙烯} \qquad \text{1,1-二氯乙烷}$$

一元取代乙炔与氢卤酸的反应遵循马氏加成规则。例如：

$$CH\equiv C-CH_3 \xrightarrow{HBr} \underset{Br}{CH_2=C-CH_3} \xrightarrow{HBr} \underset{Br}{\overset{Br}{CH_3-C-CH_3}}$$

（3）**与 H_2O 的加成** 在催化剂作用下，炔烃可与水发生加成反应，首先生成烯醇，烯醇一般不能稳定存在，发生分子内重排，转变成醛或酮。例如：

$$CH\equiv CH + H-OH \xrightarrow{HgSO_4/H_2SO_4} [CH_2=CH-OH] \xrightarrow{重排} CH_3-\overset{O}{\underset{}{CH}}$$
$$\text{乙醛}$$

$$CH\equiv C-CH_3 + H-OH \xrightarrow{HgSO_4/H_2SO_4} [CH_2=C(OH)-CH_3] \xrightarrow{重排} CH_3-\overset{O}{\underset{}{C}}-CH_3$$
$$\text{丙酮}$$

不对称炔烃与水的加成也符合马氏加成规则。烯醇式发生分子内重排的规律为：羟基中的氢原子要重排到另外一个双键碳原子上，原来碳碳双键中的 π 键重排到碳氧单键上去。

炔烃的水化反应是工业上制取乙醛和丙酮的一种方法。乙醛和丙酮都是重要的化工原料。

（4）**催化加氢（催化氢化）** 在催化剂铂（Pt）、钯（Pd）、镍（Ni）等金属存在下，炔烃与氢气加成，首先生成烯烃，烯烃可进一步加氢生成烷烃。例如：

$$CH\equiv CH + H_2 \xrightarrow{ReneyNi} CH_2=CH_2 \xrightarrow{H_2}{ReneyNi} CH_3-CH_3$$

将金属钯沉结在碳酸钙上，再用醋酸铅处理制得的催化剂活性降低，可使反应停留在烯烃阶段，并得到顺式烯烃。这种催化剂称为林德拉（Lindlar）催化剂。

$$CH_3-C\equiv C-CH_3 + H_2 \xrightarrow[Pb(OOCCH_3)_2]{Pd/CaCO_3} \begin{array}{c} CH_3 \quad CH_3 \\ \diagdown \quad \diagup \\ C=C \\ \diagup \quad \diagdown \\ H \quad H \end{array}$$

顺-2-丁烯

炔烃的催化加氢也是制备 Z 型烯烃的重要方法,在合成中有广泛的用途。

2. 氧化反应

乙炔在氧气中燃烧会发出明亮的火焰,同时伴有浓浓的黑烟。

和烯烃相似,炔烃也能使高锰酸钾溶液褪色。利用此反应,可以用来鉴别烷烃与炔烃。

3. 取代反应

在炔烃分子中,与三键碳原子直接相连的氢原子叫作炔氢原子。由于三键碳原子是 sp 杂化,其电负性比 sp^2、sp^3 杂化的碳原子的电负性强,从而使三键氢原子具有微弱的酸性。含有炔氢原子的炔烃(通常称为末端炔)能与钠或氨基钠反应;能被某些金属离子取代生成金属炔化物。

将含炔氢原子的炔烃加到硝酸银或氯化亚铜的氨溶液中,立即生成金属炔化物沉淀。

$$CH\equiv CH \begin{cases} \xrightarrow{Ag(NH_3)_2NO_3} AgC\equiv CAg\downarrow \quad 灰白色 \\ \quad \quad \quad \quad \quad \quad \quad \quad 乙炔银 \\ \xrightarrow{Cu(NH_3)_2Cl} CuC\equiv CCu\downarrow \quad 红棕色 \\ \quad \quad \quad \quad \quad \quad \quad \quad 乙炔亚铜 \end{cases}$$

$$R-C\equiv CH \begin{cases} \xrightarrow{Ag(NH_3)_2NO_3} R-C\equiv CAg\downarrow \quad 灰白色 \\ \quad \quad \quad \quad \quad \quad \quad \quad 炔化银 \\ \xrightarrow{Cu(NH_3)_2Cl} R-C\equiv CCu\downarrow \quad 红棕色 \\ \quad \quad \quad \quad \quad \quad \quad \quad 炔化亚铜 \end{cases}$$

干燥的金属炔化物很不稳定,受热易发生爆炸,为避免危险,生成的炔化物应加稀酸将其分解。例如:

$$R-C\equiv CAg + HNO_3 \longrightarrow R-C\equiv CH + AgNO_3$$
$$R-C\equiv CCu + HCl \longrightarrow R-C\equiv CH + Cu_2Cl_2$$

乙炔银和其他炔化银为灰白色沉淀,乙炔亚铜和其他炔化亚铜为红棕色沉淀。此反应非常灵敏,现象显著,可用于鉴别末端炔的结构。此外,利用炔化物可被稀酸分解的性质分离末端炔烃。例如:

$$\left.\begin{array}{l}乙烷\\ 乙烯\\ 乙炔\end{array}\right\} \xrightarrow[H_2O]{Br_2} \begin{array}{l}\\ 褪色\\ 褪色\end{array} \xrightarrow{Ag(NH_3)_2NO_3} \begin{array}{l}\\ 无沉淀\\ 灰白色\downarrow\end{array}$$

五、重要的炔烃

乙炔,俗称电石气,是最具有商业价值的炔烃。室温下纯乙炔是无色无臭气体,而微溶于水,溶于乙醇,易溶于丙酮。

乙炔,工业上可以通过石油高温裂解法制得;可以由电石法(即电石 CaC_2

20. 视频:乙炔的制备及性质

和水 H_2O 反应）制备；还可以通过甲烷部分氧化法制得。

乙炔燃烧产生的火焰，称为氧炔焰，具有很高的温度，高达 3500℃，主要用来切割和焊接金属。

由于三键很活泼，乙炔可以作为起始原料制造许多物质，如乙醛、卤代烃、乙酸乙烯酯、聚乙烯醇、聚乙炔等。

思考和练习

1. 命名下列化合物。

(1) $\text{CH}_3-\text{CH}-\text{CH}(\text{CH}_3)_2$
$\quad\quad\quad\quad\; |$
$\quad\quad\quad\; \text{C}\equiv\text{CH}$

(2) $\text{CH}_3\text{C}\equiv\text{CCHCH}_3$
$\quad\quad\quad\quad\quad\;\; |$
$\quad\quad\quad\quad\; \text{C}_2\text{H}_5$

2. 完成下列反应式。

(1) $\text{CH}\equiv\text{C}-\text{CH}_3 + \text{Br}_2 \longrightarrow$

(2) $\text{CH}_3\text{CH}-\text{C}\equiv\text{C}-\text{CH}_3 + \text{I}_2 \longrightarrow$
$\quad\quad\quad |$
$\quad\quad\; \text{CH}_3$

(3) $\text{CH}\equiv\text{C}-\text{CH}_2\text{CH}_3 \xrightarrow{2\text{HBr}}$

(4) $\text{CH}\equiv\text{C}-\text{CHCH}_3 \xrightarrow{2\text{HCl}}$
$\quad\quad\quad\quad |$
$\quad\quad\quad\; \text{CH}_3$

(5) $\text{CH}\equiv\text{C}-\text{CH}_2\text{CH}_3 \xrightarrow[\text{HgSO}_4/\text{H}_2\text{SO}_4]{\text{H}_2\text{O}}$

(6) $\text{CH}\equiv\text{CH} \xrightarrow[\text{HgSO}_4/\text{H}_2\text{SO}_4]{\text{H}_2\text{O}}$

(7) $\text{CH}_2=\text{CH}_2 \xrightarrow[\text{H}_3\text{PO}_4]{\text{H}_2\text{O}}$

本章小结

1. 烷烃、烯烃和末端炔烃鉴别时常用试剂及相应现象。

烷烃、烯烃、末端炔烃的鉴别

试剂	烷烃	烯烃	末端炔烃
Br_2/CCl_4	—	褪色	褪色
$KMnO_4/H^+$	—	褪色	褪色
$Ag(NH_3)_2NO_3$	—	—	灰白色沉淀
$Cu(NH_3)_2Cl$	—	—	红棕色沉淀

2. 思维导图

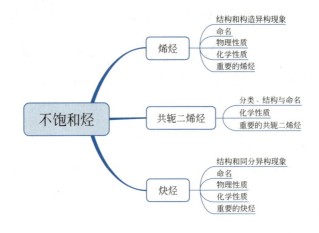

课后习题

1. 填空题

(1) 烯烃的官能团是_____，通式为_____；炔烃的官能团是_____，二烯烃的官能团是_____，炔烃与二烯烃的通式同为_____；它们属于_____异构。

(2) 电石的化学式为_____，乙炔俗称_____。电石和水制乙炔的反应式为_____。电石中含少量杂质_____，遇水后立刻生成有恶臭味的_____气体。

(3) 二烯烃分为_____、_____和_____，其中_____较稳定。

(4) 不对称烯烃与不对称试剂加成时要遵守_____规则，即带正电荷部分总是加到_____双键碳原子上，带负电荷部分加到_____双键碳原子上。

(5) 乙烯聚合可以制得_____，简称_____；丁二烯和苯乙烯聚合可以制得_____，是目前世界上产量最大的橡胶。

2. 单选题

(1) 苏轼的《格物粗谈》中有这样的记载："红柿摘下未熟，每篮用木瓜三枚放入，得气即发，并无涩味。"按照现代科技观点，该文中的"气"是指（　　）。

A. 乙烯　　　　B. 脱落酸　　　　C. 生长素　　　　D. 甲烷

(2) 天然橡胶的单体是（　　）。

A. 丁二烯　　　B. 异戊二烯　　　C. 1-丁烯　　　　D. 2-丁烯

(3) 丙烯中的少量丙炔杂质，实验室可用（　　）洗涤除去。

A. 溴水　　　　B. 高锰酸钾　　　C. 硝酸银氨溶液　　D. 催化加氢

3. 命名与写构造式

(1) $CH_3-CH-C-CH_2-CH_3$
         $\quad\quad\quad |\quad\ ||$
         $\quad\quad\quad CH_3\ CH_3$

(2) $CH_2=CHCH(CH_2)_8CH_3$
         $\quad\quad\quad\quad\quad |$
         $\quad\quad\quad\quad\quad C(CH_3)_3$

(3) $CH_3-CHCH_2CH=CHCH_3$
         $\quad\quad\ \ |$
         $\quad\quad\ \ C_2H_5$

(4) $CH\equiv C-CH_2CH_2CH_3$

(5) CH₃CH=CH—CH=CHCH₃ (6)  [cyclohexene structure]

(7) 乙烯　　　(8) 2-丁炔　　　(9) 异戊二烯　　　(10) 异丁烯

4.完成反应式

(1)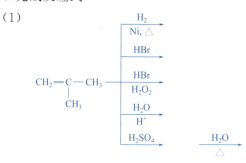

(2) $CH\equiv C-CH_2CH_2CH_3 \xrightarrow{H_2}{Lindlar}$

(3) $CH_3CH=CH-CH=CHCH_3 \xrightarrow{Cl_2}{1,4\text{加成}}$

5.用化学方法分离下列两组化合物

(1) 1-己炔和2-己炔

(2) 戊烷、1-戊烯、1-戊炔

6.推断有机化合物的结构

(1) 化合物A的分子式为C_6H_{10}，经催化加氢得到产物正己烷。A与氯化亚铜的氨溶液作用产生红棕色沉淀。试写出A的构造式及各步反应式。

(2) 化合物A、B、C的分子式为C_6H_{12}，它们都能在室温下使溴的四氯化碳溶液褪色。用高锰酸钾溶液氧化时，A得到含有季碳原子的羧酸、CO_2和H_2O；B得到$CH_3COCH_2CH_3$和CH_3COOH；C则不能被氧化。C仅可得到一种产物。试推测A、B、C可能的构造式。

第四章 脂环烃

学习目标

- **知识目标**
  1. 掌握脂环烃的同分异构及命名；掌握脂环烃的化学性质及应用。
  2. 理解环烷烃的结构与稳定性的关系；理解小环环烷烃的开环规律。
  3. 了解环的结构与性质的关系。

- **能力目标**
  1. 能命名常见的脂环烃。
  2. 能根据环烷烃的结构判断其稳定性，进而判断其反应活性。
  3. 会运用脂环烃的化学性质。

- **素质目标**
  1. 通过环烷烃结构与性质的关系，培养学生的辩证思维。
  2. 通过有机化学与化工类、制药类专业的联系，培养学生基本化学素养。

课前导学

在环烷烃里有一串数字密码 6543，你能解密吗？存在于环丙烷中的"香蕉键"具有哪些特性呢？环己烷是合成化学纤维——尼龙的原料吗？"小环似烯，大环似烷"的说法有科学依据吗？在本章的内容里你会找到答案。

课前测验

多选题

1. 环丙烷分子中的主要键型是（　　）。
   A. σ 键　　　　B. π 键　　　　C. 香蕉键　　　　D. 弯曲键
2. 不能用来鉴别环烷烃和烯烃的试剂是（　　）。
   A. 溴水　　　　B. 高锰酸钾　　C. 浓硫酸　　　　D. 硝酸银
3. 下列物质中含有环状结构的是（　　）。
   A. 薄荷醇　　　B. 胡萝卜素　　C. 胆固醇　　　　D. 维生素 A

分子具有碳环结构，性质与开链脂肪烃相似的一类有机化合物，称为脂肪族环烃，简称脂环烃。自然界存在的许多有机化合物都含有环结构，脂环烃及其衍生物数目众多，不仅在生产和实际生活中具有重要应用，而且许多基本生命过程也与环状化合物密切相关。

第一节　脂环烃的分类、异构、结构与命名

一、脂环烃的分类

根据分子中有无不饱和键，脂环烃可分为饱和脂环烃和不饱和脂环烃：

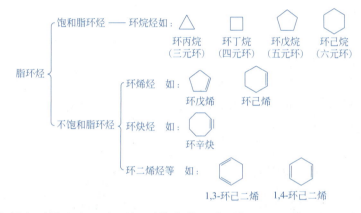

根据分子中所含环的多少，脂环烃可分为单环脂环烃、双环脂环烃和多环脂环烃，以上例子都是单环脂环烃。

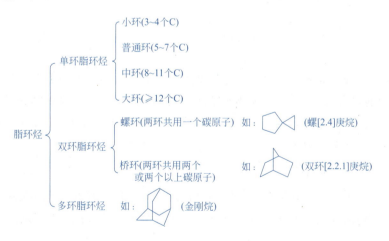

二、脂环烃的通式与构造异构

分子中只含有单键的脂环烃为环烷烃，一般指的是单环环烷烃，其通式为 C_nH_{2n}。

环烷烃与烯烃的通式相同，所以碳原子相同的环烷烃与烯烃是同分异构体。同时考虑烯

烃碳链异构、双键位置异构及环烷烃碳架异构，则分子式 C_5H_{10} 的构造异构体有：

$$C_5H_{10}\begin{cases} CH_2=CHCH_2CH_2CH_3 \quad CH_2=CCH_2CH_3 \quad CH_2=CHCHCH_3 \\ \qquad\qquad\qquad\qquad\quad\ |\qquad\qquad\qquad\quad\ | \\ \qquad\qquad\qquad\qquad\ CH_3\qquad\qquad\qquad CH_3 \\ *CH_3CH=CHCH_2CH_3 \quad CH_3C=CHCH_3 \\ \qquad\qquad\qquad\qquad\qquad\quad\ | \\ \qquad\qquad\qquad\qquad\qquad CH_3 \\ CH_2CH_3 \qquad\quad CH_3 \qquad\quad * \\ \qquad\qquad\qquad\ |\ \\ \qquad\qquad\qquad CH_3 \qquad CH_3\ CH_3 \end{cases}$$

(带*者有顺反异构)

环烯烃通式是 C_nH_{2n-2}，与二烯烃和炔烃是构造异构，例如：环丁烯与丁二烯和丁炔的分子式都是 C_4H_6。

☐ $CH_2=CH-CH=CH_2$ $CH_3CH_2C≡CH$

三、环烷烃的结构

1. 环丙烷（△）的结构

21. 微课：环烷烃的结构和命名

在环丙烷的分子中，碳原子虽然也是 sp^3 杂化，但为了形成环，它们的 sp^3 杂化轨道不可能沿键轴方向重叠，而是以弯曲方向重叠，形成的 C—C 键是弯曲的，称为"弯曲键"，如图 4-1 所示。

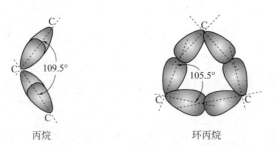

丙烷　　　　　　　环丙烷

图 4-1　丙烷分子中的 σ 键及环丙烷分子中弯曲键的形成

弯曲键与正常的 σ 键相比，轨道重叠程度较小，形成的键角也小于 109.5°（环丙烷分子中 C—C—C 键的键角为 105.5°），相当于轨道向内压缩形成的键，这种键具有向外扩张、恢复正常键角的趋势。这种趋势叫作角张力。角张力越大，分子内能越高，环的稳定性越差。环丙烷由于存在弯曲键，角张力大，很不稳定。

2. 环丁烷（☐）的结构

环丁烷也存在角张力，只是两弯曲键的键角加大，键弯曲程度比环丙烷小，即角张力较小，故稳定性比环丙烷强，但还是容易开环。环丁烷分子结构如图 4-2 所示。

图 4-2　环丁烷分子结构

3. 环戊烷（⬠）的结构

环戊烷分子结构若为平面构型，正五边形的内角是108°，这与烷烃四面体构型接近。然而，这样的一个平面结构会导致10个H—H重叠，产生较大的斥力与张力。所以，环戊烷以信封式或半椅式构型存在，如图4-3所示，能使其角张力较小，化学性质比较稳定，不容易发生开环反应。

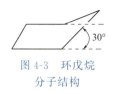

图4-3 环戊烷分子结构

4. 环己烷（⬡）的结构

环己烷是有机化学领域中最多且最重要的结构单元之一。它的取代衍生物的结构存在于许多天然产物中。

环己烷不同寻常的是没有角张力，没有弯曲键。假设环己烷具有平面构型，那么就有12个H—H重叠，形成很大的角张力。然而，将图4-4中的C1和C4以相反方向移出平面，这样得到的环己烷构型，所有的C—C—C的键角基本保持109.5°，所以环己烷具有与烷烃相似的稳定性。

环己烷分子中的六个碳原子在空间上有两种排列方式。环中有四个碳原子在同一平面上，其余两个碳原子同在平面上方的排列方式，有些像小船，称为船式构象；另一种情况，一个碳原子在平面上方，另一个碳原子在平面下方的排列方式，有些像椅子，称为椅式构象。如图4-5所示，在环己烷的两种空间构象中，椅式构象比船式构象稳定。因此，环己烷主要以椅式构象的方式存在。

图4-4 平面的环己烷　　　图4-5 环己烷的船式和椅式构象

在环烷烃中，除环丙烷的碳原子为平面结构外，其余的成环碳原子均不在同一平面上，这样有利于形成角张力小或不存在角张力的σ键。

5. 稳定性

烷烃≈环己烷＞环戊烷＞环丁烷＞环丙烷＞烯烃。

四、脂环烃的命名

环烷烃母体命名是在同碳数的烷烃名称前面加一个"环"字。不饱和脂环烃的命名与烯烃类似，要注意优先考虑官能团。

1. 环烷烃的命名

（1）环上连有简单烷基时，以碳环为母体，根据分子中成环碳原子数目，称为"环某烷"，环上的烷基作为取代基。若分子中含有多个取代基时，则需将环上碳原子编号，首先选择最小取代基作为第1位，编号顺序遵循"最低系列"原则。

甲基环丙烷　　1-甲基-2-乙基环戊烷　　1,3-二甲基-1-乙基环己烷　　环十四烷

(2) 环上连有复杂烷基或不饱和烃基时，以环上的侧链为母体，将环作为取代基，称为"环某基"，按侧链上烃的命名原则命名。例如：

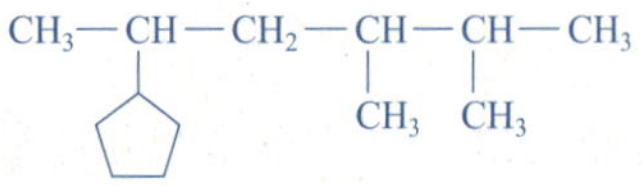

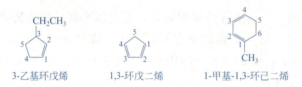

2,3-二甲基-5-环戊基己烷 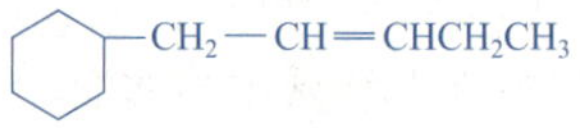　　　　　　1-环己基-2-戊烯

2. 环烯烃的命名

环上基团为简单烷基的环烯烃的命名原则为：侧链作为取代基，以环为母体命名为"环某烯""环某二烯"。环上双键碳原子作为第一位，编号时先要使所有双键碳原子位号符合"最低系列"原则，再考虑取代基的位号符合"最低系列"原则。

3-乙基环戊烯　　　　1,3-环戊二烯　　　　1-甲基-1,3-环己二烯

📚 **学习卡片**

自然界中的碳环产物

自然界会创造出形形色色的环状分子，由活的生物体产生的有机化合物称为天然产物。萜（tiē）类和甾（zāi）族（类固醇）这两类天然产物尤其受到有机化学家的关注。

1. 萜类化合物是在植物中由异戊二烯单元合成

新捣碎的植物叶子或橘子皮中散发出来的强烈气味，其实是它们释放出的一些由挥发性化合物组成的混合物，这些化合物称为萜类化合物，其结构特征是分子中的碳原子数都为5的整倍数，可看作是由若干个异戊二烯以头尾相连而成。萜类化合物可用作食品调味剂（如丁香或薄荷的提取物），用作防虫剂（樟脑），用作香料（如玫瑰、薰衣草等），还可作溶剂（如松节油）等。

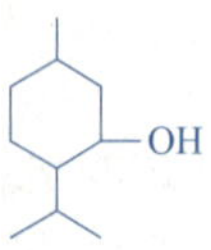

薄荷醇 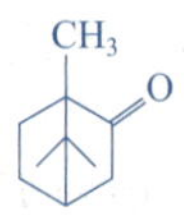　　　　(±)-樟脑 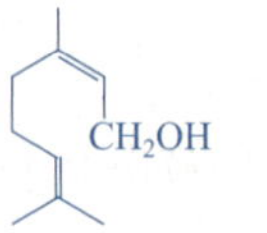　　　　香叶醇

2. 甾族化合物是一类具有强大生理活性的四环天然化合物

甾族化合物又称为类固醇化合物，甾族化合物是广泛存在于动植物组织内的一类重要的天然物质，并在动植物生命活动中起着重要的作用。

胆固醇是含量最多的一种甾族化合物，几乎存在于人类和动物的所有组织中，尤其是大脑和脊髓。

许多激素都属于甾族化合物。可的松，一种用来治疗风湿病炎症的药物，是肾上腺皮质激素的一种，是甾族化合物。雄性激素，负责控制男性（雄性）特征（低沉的声音、胡须等）发育，其药物在临床上被用作促进肌肉和组织生长的药物来治疗肌肉萎缩患者。但也被一些运动员滥用和非法使用，尽管这样会产生诸如肝癌、冠心病和不育症等的危害。雌二醇是主要的雌性激素，控制女性的第二特征的发育。甾族化合物是口服避孕药的有效成分，它控制女性的月经周期和排卵。

思考和练习

1. 下列环烷烃的稳定性最强的是（　　）。
A. 环丁烷　　　B. 环戊烷　　　C. 环己烷　　　D. 环庚烷

2. 命名下列化合物。

(1)  　　(2) 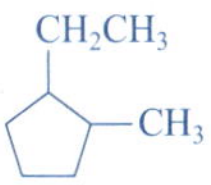　　(3)

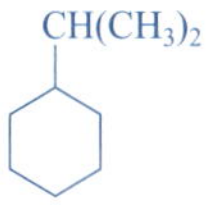

第二节　环烷烃的物理性质

在常温常压下，环丙烷与环丁烷为气体，为液体的环戊烷与环己烷常用作溶剂。环烷烃的熔点、沸点均比碳原子数相同的烷烃高。相对密度也比相应的烷烃大，但仍比水轻。这些差别主要是因为环烷烃体系更具有紧密性和对称性，从而使分子间相互作用有所增加。环烷烃不溶于水，易溶于非极性有机溶剂。常见环烷烃的物理常数见表 4-1。

表 4-1　常见环烷烃的物理常数

名称	闪点/℃	熔点/℃	沸点/℃	相对密度（d_4^{20}）
环丙烷	−41	−127	−33	0.720
环丁烷	−45	−80	−15	0.703
环戊烷	−12	−94	49	0.745
环己烷	−18（闭杯）	6.5	81	0.779

22. 微课：环烷烃的化学性质及应用

第三节　环烷烃的化学性质

环烷烃的化学性质与环的大小有关。小环（指 C3~C4）烷烃因角张力大不稳定，其性质与烯烃相似，容易发生开环加成反应。对于环戊烷以上的环烷烃稳定性显著增加，很难发生开环反应。所以在化学性质上才形成了"小环似烯，大环似烷"的规律。

一、取代反应

在光照或加热条件下，环戊烷和环己烷能与卤素发生取代反应，生成卤代环烷烃。例如：

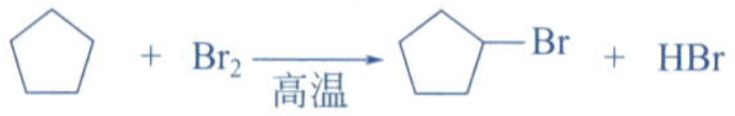

$$\text{环戊烷} + Br_2 \xrightarrow{\text{高温}} \text{溴代环戊烷} + HBr$$

产物溴代环戊烷是一种具有樟脑气味的油状液体，是合成利尿降压药物环戊噻嗪的原料。

二、加成反应

1. 催化加氢

环烷烃在催化剂作用下加氢，发生开环反应，环断裂变成链，生成相应的烷烃。随环的大小不同所需反应条件也不同。

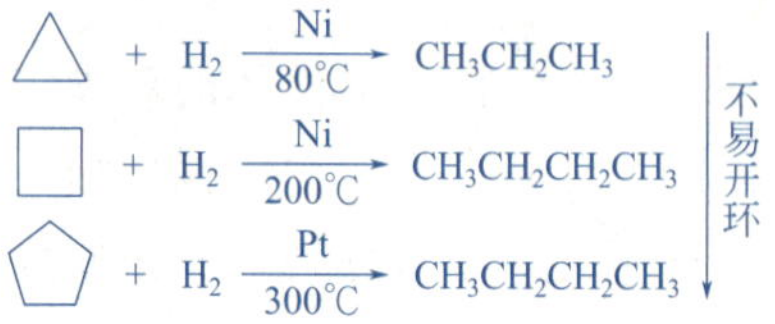

$$\triangle + H_2 \xrightarrow[80℃]{Ni} CH_3CH_2CH_3$$

$$\square + H_2 \xrightarrow[200℃]{Ni} CH_3CH_2CH_2CH_3 \quad \bigg\} \text{不易开环}$$

$$\pentagon + H_2 \xrightarrow[300℃]{Pt} CH_3CH_2CH_2CH_2CH_3$$

2. 与卤素加成

环丙烷在常温下即与卤素发生加成反应，生成相应的卤代烃。而环丁烷需要温热才能与卤素反应。例如：

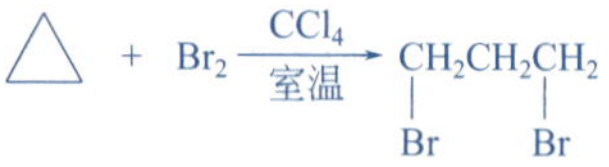

$$\triangle + Br_2 \xrightarrow[\text{室温}]{CCl_4} \underset{\underset{Br}{|}}{CH_2}CH_2\underset{\underset{Br}{|}}{CH_2}$$

1,3-二溴丙烷

$$\square + Br_2 \xrightarrow[\triangle]{CCl_4} \underset{\underset{Br}{|}}{CH_2}CH_2CH_2\underset{\underset{Br}{|}}{CH_2}$$

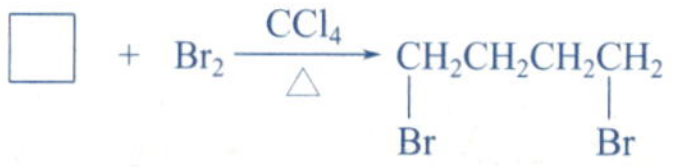

1,4-二溴丁烷

小环与溴发生加成反应现象明显，溴的红棕色消失，可用于鉴别三元、四元的环烷烃。

3. 与卤化氢加成

环丙烷及烷基衍生物很容易与卤化氢发生加成反应而开环，而环丁烷需加热后才能反应。例如：

$$\triangle + HBr \xrightarrow[\text{室温}]{CCl_4} CH_3CH_2CH_2Br$$
$$\text{1-溴丙烷}$$

1-溴丙烷是一种淡黄色液体，是合成医药、染料和香料的原料。

分子中带有支链的小环发生加成反应时，环的断裂发生在含氢最多和含氢最少的两个碳原子之间，加成反应符合马氏加成规则。例如：

$$\triangle\text{-}CH_3 + HBr \xrightarrow[\text{室温}]{CCl_4} CH_3CH_2\underset{Br}{CH}CH_3$$

三、氧化反应

环烷烃在常温下都不能被高锰酸钾溶液氧化。若环的支链上含有不饱和键，则不饱和键被氧化断裂，环不变。

$$\triangle\text{-}CH=CHCH_3 \xrightarrow{KMnO_4} \triangle\text{-}COOH + CH_3COOH$$

利用这一性质，将环烷烃与烯烃、炔烃鉴别开来。

如果在加热下用强氧化剂或在催化剂存在下用空气氧化，环烷烃可发生氧化反应。

$$\bigcirc + O_2(\text{空气}) \xrightarrow[125\sim165℃, 1.5MPa]{\text{环烷酸钴}} \text{环己酮} + \text{环己醇}$$

环己烷

此法在工业上称为环己烷氧化法。这是工业上合成尼龙中间体环己醇和环己酮的重要的方法之一。环己醇易燃烧，稍溶于水，溶于乙醇、乙醚和苯等，用于制造己二酸、增塑剂和洗涤剂，也用作溶剂和乳化剂。环己酮为无色油状液体，微溶于水，易溶于乙醇和乙醚，其蒸气与空气能形成爆炸性混合物，用于制造树脂和合成纤维尼龙6的单体——己内酰胺。

典型环烷烃的化学性质可以归纳为：

大环（五元环、六元环）似烷，易取代；

小环（三元环、四元环）似烷，易加成；

小环似烯不是烯，酸性氧化（$KMnO_4/H^+$）不容易。

思政案例

尼龙6和尼龙66

尼龙（锦纶）即聚酰胺纤维，它的出现使纺织品的面貌焕然一新，是合成纤维工业的重大突破，是高分子化学的里程碑。

1958年4月我国第一批国产己内酰胺试验终于在辽宁省锦州市锦西（现辽宁省葫芦岛）化工厂试制成功，尼龙被命名为"锦纶"。

尼龙产品类型以尼龙6与尼龙66为主。

国内尼龙产业中，由于己内酰胺已实现国产化生产，故尼龙6产能逐年增加，2018年产能为450万吨，占全国尼龙产能的83.8%；而尼龙66在2018年产能为51.2万吨，增长有限，主要原因是国内无成熟的己二腈生产技术，国外技术封锁。己二腈作为尼龙66的重要原料，生产技术壁垒较高，被称为"尼龙产业的咽喉"。

2019年我国天辰齐翔公司已经独立开发出己二腈的生产工艺技术，在山东淄博分两期投资建设。同样采用自主研发技术的华峰集团己二腈项目于2020年11月在重庆开工。未来己二腈的投产，将为我国尼龙66的发展带来新的契机。

思考和练习

完成下列化学反应式。

(1) 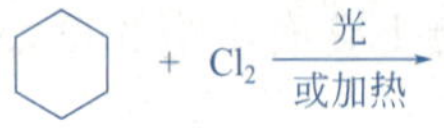 + Cl_2 $\xrightarrow{\text{光}\atop\text{或加热}}$

(2) $CH_3-\underset{CH_3}{\underset{|}{C}}\!\!\triangle\!\!\underset{CH_3}{\overset{|}{}}$ + HCl ⟶

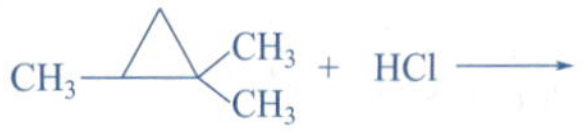

第四节　重要的化合物

一、环己烷

环己烷存在于石油中，工业上通过苯催化加氢或石油分馏制得。环己烷是无色液体，有汽油的气味。沸点81℃，闪点18℃，易挥发和燃烧。不溶于水，溶于多种有机溶剂。其蒸气与空气形成爆炸性混合物，爆炸极限1.3%～8.3%（体积分数）。

环己烷主要用于制备环己醇和环己酮，也用于合成尼龙6。尼龙制成的衣服以及衬里、渔网、绳子等物品，比其他合成纤维的耐磨性强、强度高。

二、生物体内的脂环烃及其衍生物

1. 胆固醇

胆固醇化学结构式如图4-6所示，它是身体细胞表面的重要组成部分。

胆固醇存在于人及动物的血液、脂肪、脑髓及神经组织中，为无色或略带黄色的结晶。人体中胆固醇含量过高是有害的，它可以引起胆结石、动脉硬化等病症。

但是胆固醇含量太低也不好,因为在日光照射下它会转变为维生素 D。体内维生素 D 的浓度太低,会引起 Ca^{2+} 缺乏,不足以维持骨骼的正常生长而产生软骨病。

2. 维生素 A

维生素 A 化学结构式如图 4-7 所示,它是哺乳动物正常生长和发育所必需的物质,体内缺乏维生素 A 则发育不健全,并能引起眼膜和眼角膜硬化症,初期的症状就是夜盲症。

图 4-6 胆固醇化学结构式图　　　　　　图 4-7 维生素 A 化学结构式

维生素 A 来自肝脏、鱼油、奶制品、鸡蛋等动物性食物;绿叶蔬菜以及黄色或橙色的水果和蔬菜中富含各种胡萝卜素,可在体内转变为维生素 A;强化维生素 A 和胡萝卜素的食品也提供部分维生素 A。

脂环烃及其衍生物还广泛存在于自然界许多动、植物体内。例如在香精油中,含有大量不饱和脂环烃或含氧的脂环烃化合物。香叶醇、薄荷醇、胡萝卜素、樟脑、虾青素及各类激素中也含有脂环化合物。

本章小结

课后习题

1. 填空题

(1) 环烷烃的通式是_____,与同碳数的_____、_____互为同分异构体;环烯烃的通式是_____，与同碳数的_____互为同分异构体。

(2) 环丙烷之所以不稳定，是因为分子中含有重叠程度不大的_____键，存在角张力；环己烷之所以稳定，是因为分子中含有重叠程度很大的_____键，没有角张力。

(3) 环己烷在加热加压及环烷酸钴催化下，被空气中氧气氧化的产物是_____和_____，它们是制备化学合成纤维_____的重要中间体。

2. 选择题

(1) 下列物质能使高锰酸钾溶液褪色的是（   ）。

A. 环己烷　　　　　B. 己烯　　　　　C. 环戊烷　　　　　D. 环丙烷

(2) 在常温下，下列物质能使溴水褪色的是（   ）。

A. 环己烷　　　　　B. 环戊烷　　　　　C. 环丁烷　　　　　D. 环丙烷

(3) 在光照条件下，下列物质能发生取代反应的是（   ）。

A. 甲基环丙烷　　　B. 环戊烷　　　　　C. 环丁烷　　　　　D. 环丙烷

(4) 分子式为 C_6H_{12} 的物质不可能是（   ）。

A. 环己烷　　　　　B. 1-己烯　　　　　C. 2-己烯　　　　　D. 己烷

3. 命名下列化合物

(1) 环丁基乙基　　(2) 环己基异丙基　　(3) 1,5-二甲基环戊烯　　(4) 甲基环戊二烯

(5) CH₃CH₂CH(CH₃)CH₂-环丙基　　(6) 1-甲基-3-乙基-环己烯　　(7) 1-甲基-3-异丙基环己烷

4. 完成反应式

(1) 甲基环丙烷 + HCl ⟶

(2) 甲基环戊烯 + H₂ —Ni→

(3) 甲基环戊烯 + Br₂ —CCl₄→

(4) 环戊烷 + Cl₂ —500°C→

(5) 甲基环戊烯 + HBr —过氧化物→

(6) 1,1-二甲基环丙烷 + HBr ⟶

5. 用简单的化学方法，鉴别下列各组化合物

(1) 环戊烷和环戊烯

(2) 异丁烯、甲基环己烷和甲基环丙烷

6. 推断题

化合物 A、B、C 的分子式均为 C_5H_8，在室温下都能与两分子溴气发生加成反应。三者均可以被高锰酸钾溶液氧化，除放出 CO_2 外，A 生成分子式为 $C_4H_6O_2$ 的一元羧酸，B 生成分子式为 $C_4H_8O_2$ 的一元羧酸，C 生成丙二酸（$HOOCCH_2COOH$）。A、B、C 经催化加氢后均生成正戊烷。试推测 A、B、C 的构造式，并写出各步反应式。

第五章 芳香烃

学习目标

- **知识目标**
  1. 掌握单环芳烃的命名与化学性质；掌握苯环上亲电取代反应的定位规律及应用。
  2. 理解苯的结构与其芳香性的关系；理解苯环上亲电取代反应活性的差异。
  3. 了解多环芳烃及稠环芳烃的结构及应用。
- **能力目标**
  1. 能对常用的芳烃及衍生物进行命名。
  2. 能判断一元取代苯环上进行亲电取代反应的主要产物及反应活性的大小。
  3. 能运用芳环取代反应特点及其定位规律，设计最佳合成路线。
- **素质目标**
  1. 通过苯的结构知识点，引出科学家凯库勒的事迹，引导学生学习科学家为追求真理，刻苦钻研、持之以恒的精神。
  2. 通过有机化学与化工类、制药类专业的联系，培养学生基本化学素养。

课前导学

若遇到苯泄漏事件，如何利用苯的性质采用科学的方法进行处理？合成洗涤剂的主要成分是对十二烷基苯磺酸钠，工业上是如何制备的呢？泡沫塑料能瞬间溶解，是真的吗？在许多公共场所，都有"禁止吸烟"的提醒，仅仅是因为香烟中有尼古丁吗？在本章的内容里你会找到答案。

课前测验

多选题
1. 苯分子中的主要键型是（   ）。
   A. σ 键　　　　B. π 键　　　　C. 大 π 键　　　　D. 共轭 π 键
2. 能用来鉴别苯和甲苯的试剂是（   ）。
   A. 溴水　　　　B. 高锰酸钾　　C. 重铬酸钾　　　D. 硝酸银
3. 下列化合物比苯的硝化反应活性强的是（   ）。
   A. 氯苯　　　　B. 甲苯　　　　C. 苯酚　　　　　D. 硝基苯

在有机化合物中，有一类物质最早是从植物胶提取的，它们往往都有香味，在结构上都含有苯环，且有独特的化学性质，这类物质称为"芳香族化合物"，这就是"芳香"二字的由来。

随着研究的深入，发现芳香族化合物名不符实，许多没有香味，有的也不含苯环，只是它的名字沿用至今而已，现在人们将具有特殊稳定性的不饱和环状化合物统称为芳香化合物。

本章主要讨论含有苯环的碳氢化合物。

第一节　苯的结构

一、凯库勒构造式

苯既是芳香族化合物的母体，也是芳香烃中最简单、最重要的物质，要掌握芳香烃的特性，首先要了解苯的结构。

科学家根据元素分析和分子量的测定，证明苯的分子式为 C_6H_6。

1865 年德国化学家凯库勒（Kekule）首先提出了苯的环状结构，即 6 个碳原子在同一平面上彼此连结成环，每个碳原子上都结合着 1 个氢原子。为了满足碳的四价，凯库勒正式提出如图 5-1 所示的单、双键交替的构造式，这个式子称为凯库勒结构式。

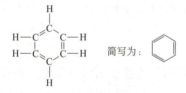

图 5-1　苯的凯库勒结构式

> 🌐 **思政案例**
>
> **化学史上著名的梦（凯库勒与苯环）**
>
> 19 世纪化学界的一大难题是解释苯的结构，由于苯分子中的氢原子太少，无法用碳原子的直链结构解释。
>
> 1861 年德国化学家凯库勒（1829—1896）开始研究苯的结构。他善于运用模型方法，把化合物的性能与结构联系起来。
>
> 1864 年冬天，他的苦心研究终于有了结果，解决这个难题的灵感来自他的一个梦。
>
> 他曾记载道："我坐下来写教科书，但工作没有进展。我的思想开小差了，我把椅子转向炉火，打起瞌睡来。原子又在我眼前跳跃起来，像蛇一样不停旋转，突然蛇头咬住了蛇尾。这个形状在我的眼前旋转着，像是电光一闪，我醒了。花了这一夜的剩余时间，我作出了这个假想。"

> 凯库勒提出的苯的结构是 19 世纪有机化学理论中的重要成就之一。
>
> 正是由于凯库勒这种日复一日废寝忘食、刻苦钻研的精神和持之以恒的毅力，才有了化学史上这个著名的梦。

不过它无法解释以下问题：其一，在上式中既然有 3 个双键，为什么苯不能发生像烯烃一样的加成反应？其二，根据上式，苯的邻二元取代物应有两种异构体，但事实只有一种。

苯分子中不是简单的碳碳单键和碳碳双键，即便如此，凯库勒关于苯分子的六元环状结构的提出实属一个非常重要的假设，至今我们仍用凯库勒式来表示苯分子的结构。

二、闭合共轭体系

科学家们利用 X 射线衍射法证明了苯分子是平面六边形构型，即 6 个碳原子和 6 个氢原子在同一个平面上，键长完全平均化，如图 5-2 所示。

近代杂化轨道理论认为，苯分子中的 6 个碳原子形成了闭合的共轭体系，即环状大 π 键，如图 5-3 所示，从而使得苯环具有高度对称性与特殊的稳定性。

23.动画：苯分子的结构

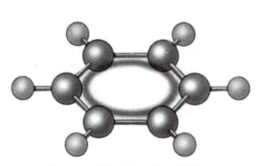

图 5-2　苯分子的 σ 键球棒模型

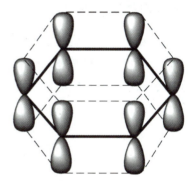

图 5-3　苯分子的环状大 π 键模型

关于苯的结构及它的表达方法已经讨论了 170 多年了，至今还没有得到满意的结论，这仍然是科学家研究的热点。出于习惯和解释问题的方便，文献和书刊中常见的苯的表达式有 2 种，一种是沿用凯库勒式表示苯的结构，另一种为了描述苯分子中完全平均化的大 π 键，用内部带一个圆圈的正六边形表示，圆圈强调了电子云的均匀分布，体现了键长的平均化及苯环的完全对称性。

 思考和练习

1.苯分子的构型是什么？

2.苯分子中含有碳碳双键，为何不易发生加成及氧化反应？

第二节 单环芳烃的分类、异构与命名

根据分子中所含苯环的数目和连接方式，芳香烃可分为如下几类：

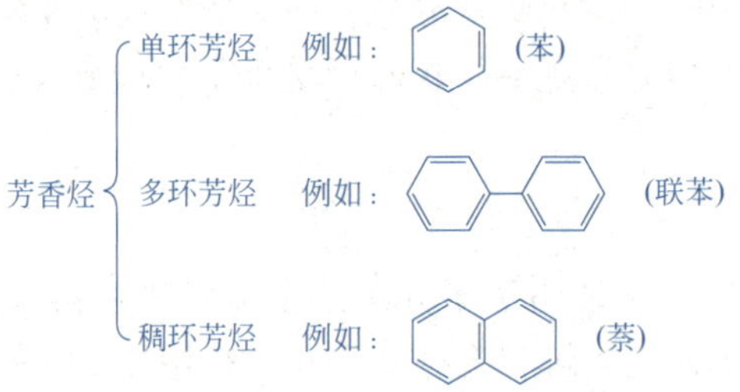

$$\text{芳香烃}\begin{cases}\text{单环芳烃} & \text{例如：} \bigcirc \text{（苯）}\\ \text{多环芳烃} & \text{例如：} \bigcirc\!\!-\!\!\bigcirc \text{（联苯）}\\ \text{稠环芳烃} & \text{例如：} \bigcirc\!\!\bigcirc \text{（萘）}\end{cases}$$

其中，单环芳烃是指分子中含有一个苯环的芳烃。本节主要讨论单环芳烃。

一、单环芳烃的分类

单环芳烃又可分为苯、烷基苯和不饱和烃基苯三类。

苯是最简单的单环芳烃，当苯环上的氢原子被不同的烷基取代时，可得到烷基苯。苯和烷基苯互为同系物，它们的通式为 C_nH_{2n-6}（$n \geqslant 6$）。例如：

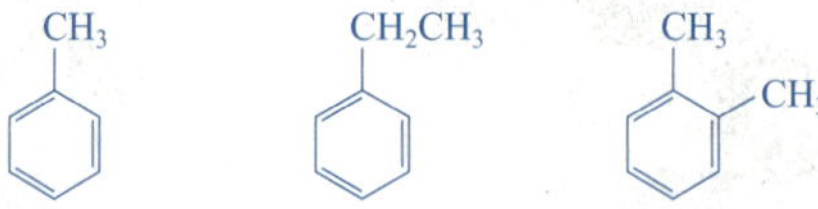

甲苯　　　乙苯　　　邻二甲苯

不饱和烃基苯是与苯环相连的侧链上含有 $C=\!\!=\!C$ 或 $C\!\!\equiv\!\!C$ 键。例如：

苯乙烯　　　苯乙炔

二、单环芳烃的同分异构

单环芳烃的异构主要是构造异构，它有以下两种情况。

1. 苯环上的侧链异构

当苯环上的侧链有 3 个以上碳原子时，可能出现碳链排列方式不同而产生构造异构现象。如：

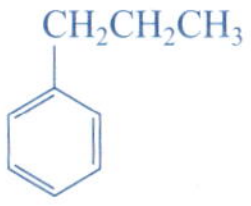

正丙苯 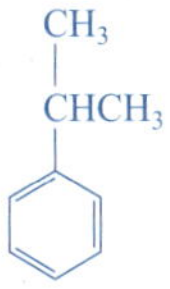　　　　　异丙苯

2. 侧链在环上位置异构

当苯环上连有两个或两个以上侧链时，就会因侧链在环上位置不同而产生异构现象。如：

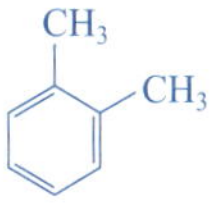

邻二甲苯 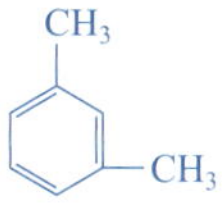　　　　　间二甲苯 　　　　　对二甲苯

三、单环芳烃的命名

1. 一烷基苯

当苯环上只有一个构造简单的烷基时，为一烷基苯。

命名时以苯环为母体，烷基作取代基，称为"某烷基苯"，"基"字常省略。若侧链为不饱和烃基（如烯基或炔基等），则以不饱和烃为母体命名，苯环作为取代基。如：

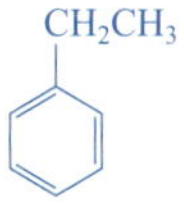

乙苯 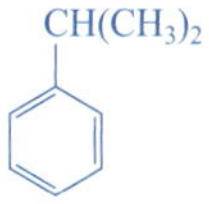　　　　　异丙苯 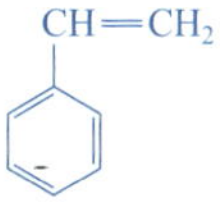　　　　　苯乙烯 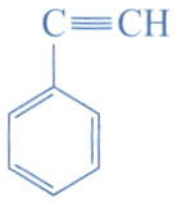　　　　　苯乙炔

2. 二烷基苯

当苯环上有两个或两个以上烷基时，可用阿拉伯数字标明烷基的位置。

苯环上有两个取代烷基时，也可用"邻"（o）、"间"（m）和"对"（p）标明两个取代基的相对位置。

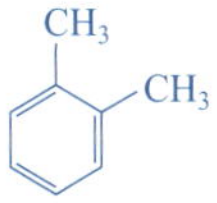

1,2-二甲苯　　　1,3-二甲苯　　　1,4-二甲苯　　　3-叔丁基甲苯
（邻二甲苯）　　（间二甲苯）　　（对二甲苯）　　（间叔丁基甲苯）
（o-二甲苯）　　（m-二甲苯）　　（p-二甲苯）　　（m-叔丁基甲苯）

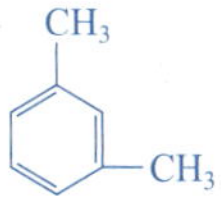

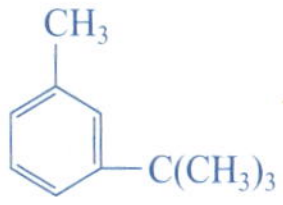

苯环上有两个不同取代烷基时，则选择小基团与苯一起做母体，大基团做取代基。

例如，间叔丁基乙基甲苯的命名，是将小基团甲基和苯看成一个整体，称为甲苯，叔丁基做取代基，如此命名而来。

3. 三烷基苯

苯环上有3个取代烷基时，则用阿拉伯数字表示取代基的位置，若3个取代烷基相同，则可用"连""偏""均"标明取代基的相对位置。如：

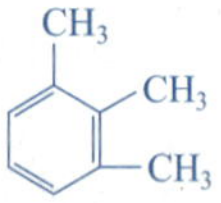

1,2,3-三甲苯
(连三甲苯)

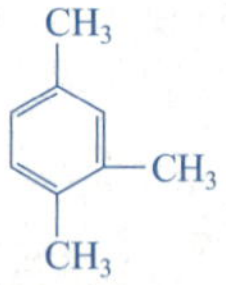

1,2,4-三甲苯
(偏三甲苯)

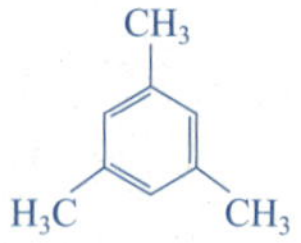

1,3,5-三甲苯
(均三甲苯)

若 3 个取代烷基不同，则不可用"连""偏""均"标明取代基的相对位置。例如"偏"，它会有不同形式的异构。例如 1,4-二甲基-2-乙基苯，若将 2 号位的乙基与 4 号位的甲基调换位置，从基团的相对位置上看，依然是"偏"，但它的名称就成了 1,2-二甲基-4-乙基苯。

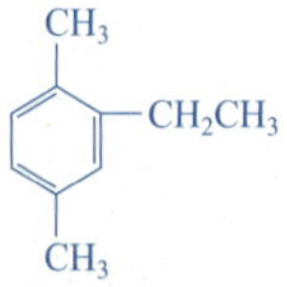

1,4-二甲基-2-乙基苯

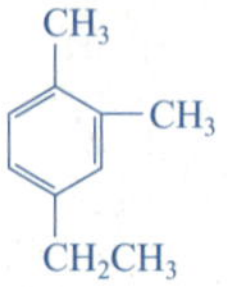

1,2-二甲基-4-乙基苯

4. 复杂烷基苯及不饱和烃基苯

当苯环上连有构造复杂的烷基时，则将苯环作取代基，烷基碳链作母体。若侧链有两个或两个以上不饱和烃基时，则以苯环为母体。

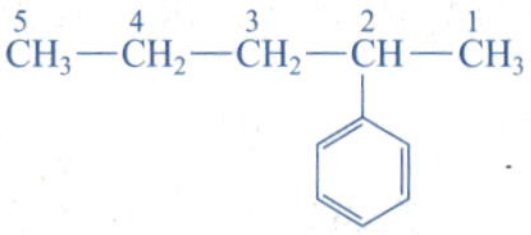

2-苯基戊烷

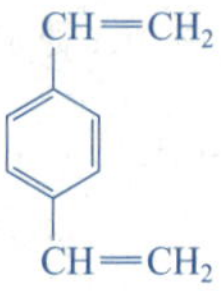

对二乙烯苯

5. 芳基

芳烃分子中的 1 个氢原子被去掉后，所余下的基团称为芳基，常用 Ar 表示。

如：苯分子去掉 1 个氢原子后余下的基团叫作苯基（ 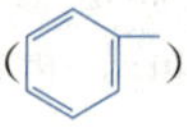 ），用 ph-表示；甲苯去掉 1 个甲基上的氢原子后余下的基团叫作苯甲基或苄基（ 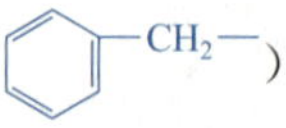 ）；甲苯分子中去掉 1 个邻位苯环上的氢原子后余下的基团叫作邻甲苯基（ 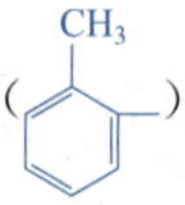 ）。

四、芳烃衍生物的命名

苯环上的氢原子被其他原子或基团取代后生成的化合物叫作芳烃的衍生物。芳烃衍生物的命名一般有以下几种情况。

1. 苯环为母体

当苯环上连有简单的烷基或环烷基、—X（卤原子）、—NO_2（硝基）时，侧链作为取代基，以苯环为母体命名为"某某苯"。例如：

间二硝基苯

对二溴苯

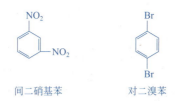

2. 苯环为取代基

当苯环上连有如—COOH（羧基）、—SO_3H（磺基）、—OH（羟基）、—OR（烃氧基）、—CHO（醛基）、—COR（酰基）、—NH_2（氨基）、—CN（氰基）等官能团时，苯环作为取代基，以官能团作为母体命名为“苯某某”。例如：

苯甲醚

苯甲腈

苯乙酮

苯磺酸

苯胺

邻苯二甲酸(1,2-二甲苯酸)

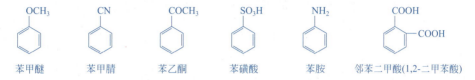

3. 多个官能团，按优先次序

当苯环上连多个不同官能团时，需按官能团的优先次序确定母体。

（1）选母体　按官能团的优先次序表选择母体，在表 5-1 中排在前面的官能团作母体，将其命名为“某某苯”或“苯某某”，其他官能团作为取代基。

（2）对苯环编号　首先确定母体官能团作为第 1 位；若有多个第 1 为可供选择时，按“最低系列原则”确定第 1 位。编号顺序也是按“最低系列原则”确定。

表 5-1　主要官能团的优先次序表（按优先递降排列）

类别	官能团	类别	官能团	类别	官能团
羧酸	—COOH	醛	—CHO	炔烃	—C≡C—
磺酸	—SO_3H	酮	>C=O	烯烃	>C=C<
羧酸酯	—COOR	醇	—OH	醚	—OR
酰氯	—COCl	酚	—OH	烷烃	—R
酰胺	—$CONH_2$	硫醇，硫酚	—SH	卤化物	—X
腈	—CN	胺	—NH_2	硝基化合物	—NO_2

根据它们的香味和来源，许多芳香烃衍生物有俗名。

2-羟基苯甲酸甲酯
(水杨酸甲酯，冬青油香精)

4-羟基-3-甲氧基苯甲醛
(香草醛，香草精油)

5-甲基-2-异丙基苯酚
(百里酚，百里精油)

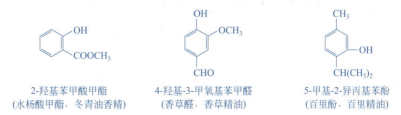

思考和练习

1. 推导分子式为 C_9H_{12} 的芳烃的同分异构体并命名。
2. 命名下列化合物。

(1) 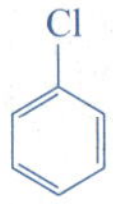 氯苯 (2) 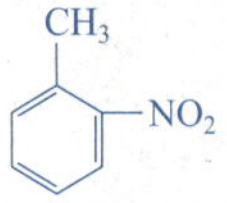 邻甲基硝基苯 (3) 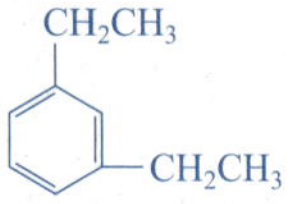 间二乙苯

第三节 单环芳烃的物理性质

苯和其他单环芳烃一般为无色液体，不溶于水，易溶于有机溶剂，液态芳烷烃本身也是良好的溶剂。它们的相对密度比水小，一般在 0.86~0.93 之间，沸点随分子量升高而升高，闪点偏低，易燃易爆。芳香烃一般都有毒性，尤其是苯的毒性较大，长期吸入它们的蒸气，会损害造血器官及神经系统。常用单环芳烃的物理常数见表 5-2。

表 5-2 常用单环芳烃的物理常数

名称	闪点/℃	熔点/℃	沸点/℃	相对密度（d_4^{20}）
苯	−11.0	5.5	80.1	0.8765
甲苯	4.4	−95.0	110.6	0.8669
邻二甲苯	17.4	−25.2	144.4	0.8802（10℃）
间二甲苯	25.0	−47.9	139.1	0.8642
对二甲苯	25.0	13.3	138.3	0.8611
乙苯	15.0	−95.0	136.2	0.8670
苯乙烯	34.4	−30.6	146.0	0.9060
苯乙炔	31.0	−44.8	142.0	0.9300

第四节 单环芳烃的化学性质

由于苯分子是平面正六边形构型，它含有闭合大 π 键，使得苯分子异常稳定，从而具有易于取代、难以加成和氧化的性质，称为"芳香性"。这是芳香族化合物共有的特性。

一、苯环上的亲电取代反应

由亲电试剂进攻反应的负电中心引起的取代反应，称为亲电取代。

1. 卤化反应

有机化合物分子中的氢被卤素取代的反应称为卤化反应。

在铁粉或路易斯酸（卤化铁、卤化铝等）的催化下，氯或溴原子可取代苯环上的氢，主要生成氯苯或溴苯。

$$\text{C}_6\text{H}_6 + \text{Cl}_2 \xrightarrow[\text{或Fe}]{\text{FeCl}_3} \text{C}_6\text{H}_5\text{Cl} + \text{HCl}$$

$$\text{C}_6\text{H}_6 + \text{Br}_2 \xrightarrow[\text{或Fe}]{\text{FeBr}_3} \text{C}_6\text{H}_5\text{Br} + \text{HBr}$$

在卤化反应中，卤素的活性顺序是：$F_2 > Cl_2 > Br_2 > I_2$。其中，氟化反应太剧烈，反应不易控制而无实际意义。碘的活性太低，不易发生反应。因此，单环芳烃的卤化反应主要是与氯和溴的反应。

2. 硝化反应

有机化合物分子中的氢被硝基（—NO_2）取代的反应称为硝化反应。

苯与浓硝酸及浓硫酸的混合物（混酸）共热后，苯环上的氢原子被硝基取代，生成硝基苯。

$$\text{C}_6\text{H}_6 + \text{HO—NO}_2 \xrightarrow[50\sim60\,^\circ\text{C}]{\text{浓H}_2\text{SO}_4} \text{C}_6\text{H}_5\text{NO}_2 + \text{H}_2\text{O}$$

24. 微课：苯的硝化反应及应用

在此反应中，浓硫酸除了起催化作用外，还是脱水剂。

3. 磺化反应

有机化合物分子中的氢被磺酸基（—SO_3H）取代的反应称为磺化反应。

苯与浓硫酸或发烟硫酸共热，苯环上的氢原子被磺酸基取代，生成苯磺酸。

$$\text{C}_6\text{H}_6 + \text{HO—SO}_3\text{H} \xrightleftharpoons{\triangle} \text{C}_6\text{H}_5\text{SO}_3\text{H} + \text{H}_2\text{O}$$

25. 微课：苯的磺化反应及应用

苯磺酸是有机强酸，易溶于水，其酸性可与无机强酸相比，是重要的有机合成原料。

制备苯磺酸时，常使用过量的苯，反应时不断蒸出苯-水共沸物，以利于正向反应进行。

磺化反应是可逆反应，苯磺酸与水共热可脱去磺酸基，这一性质常被用来在苯环的某些特定位置引入某些基团，即利用磺酸基占据苯环上的某一位置，待新的基团引入后，再将磺酸基水解脱除。

4. 傅-克（Friedel-Crafts）反应

1877 年法国化学家傅瑞德（C. Friedel）和美国化学家克拉夫茨（J. M. Crafts）发现了制备烷基苯和芳酮的反应，常简称为傅-克反应。前者又叫傅-克烷基化反应；后者又叫傅-克酰基化反应。

（1）烷基化反应 芳香族化合物的烷基化反应在碳碳键的形成反应中发挥着重要作用。在此基础上，科学家们还发现了烷烃的异构化及汽油的重构化等烷基化反应。

生产、生活中会用到烷基化反应。例如一次性餐盒、汽车保险杠的 ABS 工程塑料、制造轮胎所需的丁苯橡胶等，这些物质中不可或缺的材质是聚苯乙烯，

26. 微课：苯环上的烷基化反应

而生产它的原料是乙苯。乙苯是无色油状液体，微溶于水，易溶于有机溶剂，具有麻醉与刺激作用，是重要的医药原料。

如何制备乙苯呢？

将苯和溴乙烷或乙烯在氯化铝催化下，则生成乙苯，此反应属于烷基化反应。

$$\text{C}_6\text{H}_6 + \text{C}_2\text{H}_5\text{Br} \xrightarrow{\text{AlCl}_3} \text{C}_6\text{H}_5\text{C}_2\text{H}_5 + \text{HBr}$$

$$\text{C}_6\text{H}_6 + \text{CH}_2\text{=CH}_2 \xrightarrow{\text{AlCl}_3} \text{C}_6\text{H}_5\text{C}_2\text{H}_5$$

凡在有机化合物分子中引入烷基的反应，称为烷基化反应。反应中提供烷基的试剂叫烷基化剂，它可以是卤代烷、烯烃和醇。芳烃与烷基化剂在催化剂作用下，芳环上的氢原子可被烷基取代。

芳烃烷基化反应传统上使用的催化剂是无水三氯化铝，但由于三氯化铝在使用时还需加入盐酸作助催化剂，腐蚀性较大，目前使用了一些固体催化剂，如分子筛、离子交换树脂等，此外 $FeCl_3$、$SnCl_4$、$ZnCl_2$、BF_3、HF、H_2SO_4 等均可作为该反应的催化剂。

烷基化反应还有如下几点特性：

① 当烷基化剂含有 3 个或 3 个以上直链碳原子时，就易获得碳链异构化产物。

$$\text{C}_6\text{H}_6 + \text{CH}_3\text{CH}_2\text{CH}_2\text{Cl} \xrightarrow{\text{AlCl}_3} \text{C}_6\text{H}_5\text{CH(CH}_3\text{)}_2 + \text{HCl}$$

② 烷基化反应中，当苯环上引入 1 个烷基后，反应可继续进行，得到多烷基取代物，只有当苯过量时，才以一元取代物为主。

③ 当苯环上已有硝基、羧基、酰基等吸电子基团时，苯的烷基化反应不再发生。

（2）酰基化反应 凡在有机化合物分子中引入酰基（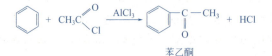）的反应，称为酰基化反应。反应中提供酰基的试剂叫酰基化剂，常用的酰基化剂主要是酰卤和酸酐。

27. 微课：苯环上的酰基化反应

$$\text{C}_6\text{H}_6 + \text{CH}_3\text{COCl} \xrightarrow{\text{AlCl}_3} \text{C}_6\text{H}_5\text{COCH}_3 + \text{HCl}$$

苯乙酮

苯乙酮为无色液体，有类似山楂的香味，微溶于水，易溶于有机溶剂。用于制造香皂、果汁和香烟的添加剂，医药上用于生产甲喹酮。

酰基化反应还有如下几点特性：

① 酰基化反应不发生异构化。

② 酰基化反应不能生成多元取代物。

鉴于以上 2 个特点，傅-克酰基化反应在制备上很有价值，工业生产及实验室常用它来制备芳酮。这不仅是合成芳酮的重要方法之一，同时也是芳烃烷基化的一个重要方法，因为生成的酮可以将羰基还原为亚甲基，而得到烷基化的芳烃。

③ 当苯环上已有硝基、羧基、酰基等吸电子基团时，酰基化反应也不能发生。

所以硝基苯是傅-克反应很好的溶剂。

二、苯同系物侧链上的取代反应

苯环除了可与卤素发生环上取代反应外,还可发生侧链的卤代反应,该反应是在光照或加热的条件下,卤素取代苯环侧链α-碳上的氢原子,属于自由基取代反应。

$$\text{C}_6\text{H}_5\text{CH}_3 \xrightarrow[\text{光}]{\text{Cl}_2} \text{C}_6\text{H}_5\text{CH}_2\text{Cl} \xrightarrow[\text{光}]{\text{Cl}_2} \text{C}_6\text{H}_5\text{CHCl}_2 \xrightarrow[\text{光}]{\text{Cl}_2} \text{C}_6\text{H}_5\text{CCl}_3$$

苯氯甲烷　　苯二氯甲烷(氯化苄)　　苯三氯甲烷

$$\text{C}_6\text{H}_5\text{CH}_2\text{CH}_3 + \text{Cl}_2 \xrightarrow{\text{光}} \text{C}_6\text{H}_5\text{CHClCH}_3$$

1-苯基-1-氯乙烷

三、氧化反应

1. 苯环氧化

苯环一般较稳定,不易被氧化,但在激烈的条件下也可发生氧化反应。例如:

$$2\,\text{C}_6\text{H}_6 + 9\text{O}_2 \xrightarrow[450\,^\circ\text{C}]{\text{V}_2\text{O}_5} 2\begin{array}{c}\text{H-C-C}\\\text{H-C-C}\end{array}\!\!\!\!\!\!\begin{array}{c}\text{O}\\ \\ \text{O}\end{array}\!\!\text{O} + 4\text{H}_2\text{O} + 4\text{CO}_2$$

顺丁烯二酸酐

这是工业上生产顺丁烯二酸酐的主要方法。顺丁烯二酸酐又名马来酸酐或失水苹果酸酐,为无色结晶粉末,有强烈的刺激气味。用于制备聚酯树脂、马来酸及脂肪和油类的防腐剂。

2. 侧链氧化

有α-H的烷基苯,在强氧化剂(高锰酸钾、重铬酸钾)作用下,都能使侧链发生氧化反应,且无论侧链长短,氧化产物均为苯甲酸。

$$\text{C}_6\text{H}_5\text{CH}_3 \xrightarrow[\text{H}^+]{\text{KMnO}_4} \text{C}_6\text{H}_5\text{COOH}$$

$$\text{间-CH}_3\text{CH}_2\text{-C}_6\text{H}_4\text{-CH(CH}_3)_2 \xrightarrow[\text{H}^+]{\text{K}_2\text{Cr}_2\text{O}_7} \text{间-HOOC-C}_6\text{H}_4\text{-COOH}$$

对于侧链无α-H的烷基苯,则不能发生此类氧化反应。

用酸性高锰酸钾作氧化剂时,随着苯环侧链氧化的发生,高锰酸钾的紫色逐渐褪去,用此反应可鉴别苯环侧链有无α-H。

思考和练习

1. 完成下列化学反应式。

(1)  C₆H₆ + CH₃CH₂OH $\xrightarrow{AlCl_3}$

(2) C₆H₆ + CH₃COCCH₃ (O O) 或 (CH₃CO)₂O $\xrightarrow{AlCl_3}$

2. 判断下列化学反应式对与错。

(1) 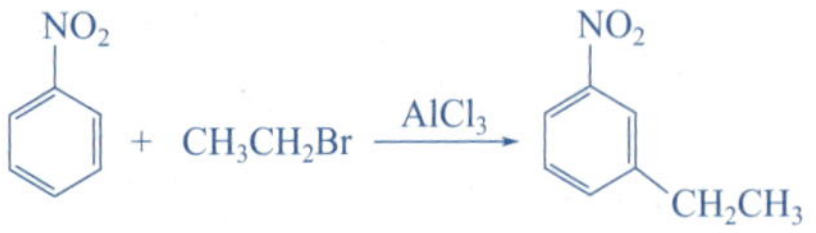 硝基苯 + CH₃CH₂Br $\xrightarrow{AlCl_3}$ 间位-CH₂CH₃硝基苯

(2) 硝基苯 + CH₃CCl (O) $\xrightarrow{AlCl_3}$ 间位-COCH₃硝基苯

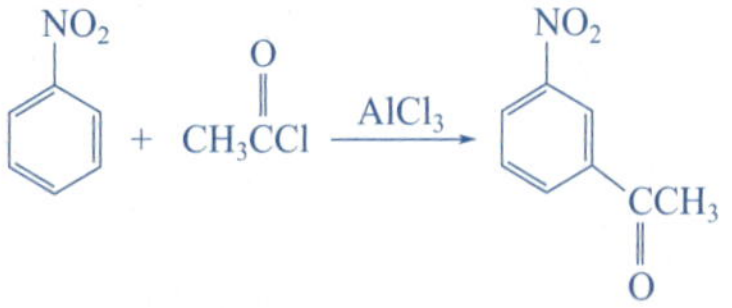

第五节 苯环上亲电取代反应的定位规律及应用

一、定位基的含义

苯环上原有基团即为定位基。例如，氯苯中的氯原子，甲苯中的甲基，硝基苯中的硝基，对甲苯磺酸中的甲基和磺酸基都是定位基。

28. 微课：苯环上的定位基及其分类

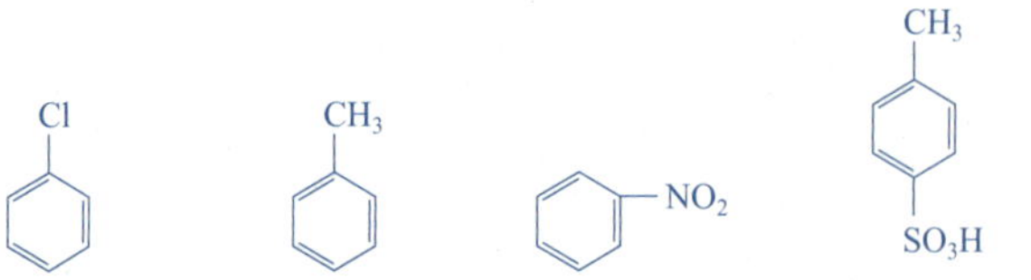

氯苯　甲苯　硝基苯　对甲苯磺酸

二、定位基的分类

根据不同定位基所确定引入基团的位置不同，定位基分为两类。

1. 邻对位定位基（第一类定位基）

从对引入基团位置的影响上看，当苯环上已有这类基团之一，再进行取代反应时，第2个基团主要进入它的邻位和对位，产物主要是邻位和对位两种二元取代物，如图5-4所示。

2. 间位定位基（第二类定位基）

从对引入基团位置的影响上看，当苯环上已有这类基团之一，再进行取代反应时，第 2 个基团主要进入它的间位，如图 5-5 所示。

图 5-4　邻对位定位基　　　　　　　图 5-5　间位定位基

三、定位规律

定位基对新引入基团进入苯环的位置以及物质的反应活性，都有一定的影响。

29. 微课：苯环上的亲电取代定位规律

1. 决定位置，预测产物

（1）邻对位定位基　常见的邻对位定位基有：—CH_3（甲基）、—CH_2CH_3（乙基）、—R（烷基）、—OH（羟基）—X（Cl，Br）等。

① 卤化反应。

$$\text{C}_6\text{H}_6 + \text{Cl}_2 \xrightarrow{\text{FeCl}_3 \text{ 或 Fe}} \text{C}_6\text{H}_5\text{Cl} + \text{HCl}$$

苯和氯气在氯化铁或铁催化下，生成氯苯，苯环上引入了氯原子。

$$\text{C}_6\text{H}_5\text{CH}_3 + \text{Cl}_2 \xrightarrow{\text{FeCl}_3} \text{邻氯甲苯} + \text{对氯甲苯}$$

甲苯和氯气的反应，依据甲基是邻对位定位基，可推测出主要产物为邻氯甲苯和对氯甲苯。

② 硝化反应。

$$\text{C}_6\text{H}_6 + \text{HO}-\text{NO}_2 \xrightarrow[50\sim60℃]{\text{浓}H_2SO_4} \text{C}_6\text{H}_5\text{NO}_2 + \text{H}_2\text{O}$$

硝化反应是一个十分有用的取代反应。例如，广泛使用的烈性炸药 TNT（2,4,6-三硝基甲苯）是由甲苯分阶段硝化制备的。

$$\text{甲苯} + \text{浓}HNO_3 \xrightarrow[55℃]{\text{浓}H_2SO_4} \text{邻硝基甲苯} + \text{对硝基甲苯}$$

$$\xrightarrow[80℃]{HNO_3/H_2SO_4} \text{2,4-二硝基甲苯} + \text{2,3-二硝基甲苯}$$

$$\xrightarrow[110℃]{HNO_3/H_2SO_4} \text{2,4,6-三硝基甲苯}$$

③ 磺化反应。烷基苯的磺化反应比苯容易进行。例如，甲苯与浓硫酸在常温下即可发生磺化反应，主要产物是邻甲苯磺酸及对甲苯磺酸，而在100～120℃时反应，对甲苯磺酸为主要产物。

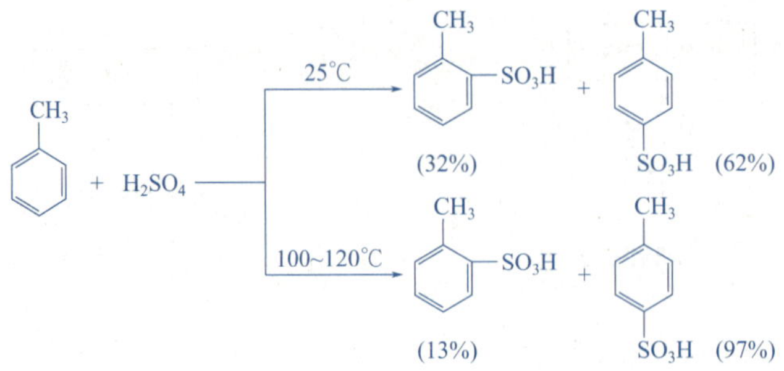

$$\text{甲苯} + H_2SO_4 \xrightarrow{25℃} \text{邻甲苯磺酸}(32\%) + \text{对甲苯磺酸}(62\%)$$

$$\text{甲苯} + H_2SO_4 \xrightarrow{100\sim120℃} \text{邻甲苯磺酸}(13\%) + \text{对甲苯磺酸}(97\%)$$

磺化反应受温度影响显著，低温为邻对位产物，高温主要产物在对位。在合成中，经常采用高温磺化占位的方法，通过占据对位提高邻位的产率。

（2）间位定位基 常见的间位定位基有：—NO_2（硝基）、—COOH（羧基）、—CHO（醛基）、—COR—（酰基）、—SO_3H（磺酸基）等。

例如：

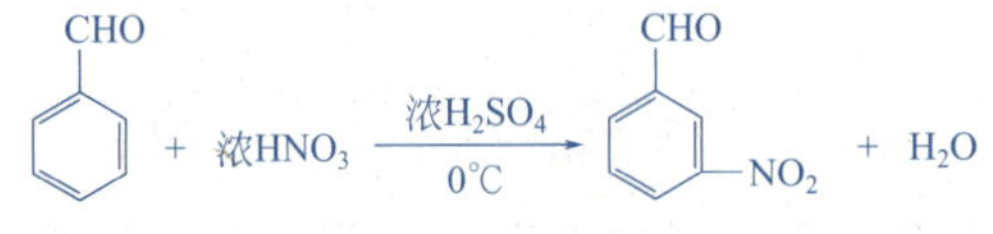

$$\text{苯甲醛} + \text{浓}HNO_3 \xrightarrow[0℃]{\text{浓}H_2SO_4} \text{间硝基苯甲醛} + H_2O$$

间硝基苯甲醛是强心急救药阿拉明（也叫间羟胺）的重要原料。

2. 决定活性，比较强弱

以硝化反应为例，比较苯、甲苯、硝基苯的反应温度及引入硝基的位置。

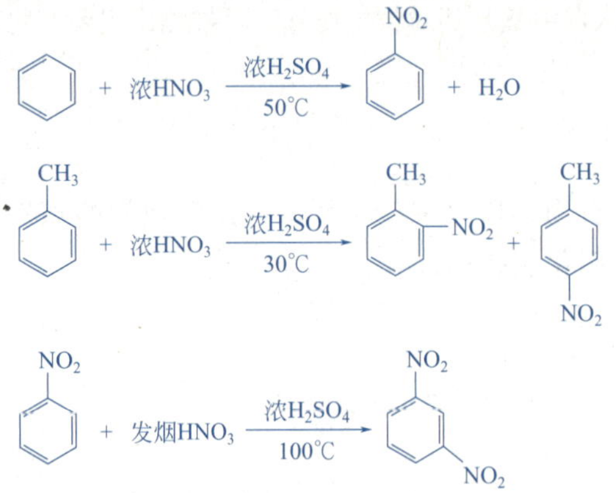

$$\text{苯} + \text{浓}HNO_3 \xrightarrow[50℃]{\text{浓}H_2SO_4} \text{硝基苯} + H_2O$$

$$\text{甲苯} + \text{浓}HNO_3 \xrightarrow[30℃]{\text{浓}H_2SO_4} \text{邻硝基甲苯} + \text{对硝基甲苯}$$

$$\text{硝基苯} + \text{发烟}HNO_3 \xrightarrow[100℃]{\text{浓}H_2SO_4} \text{间二硝基苯}$$

从以上三个反应式看出，定位基除了对新引入基团有定位的作用外，还影响反应活性。甲基活化了苯环，使其活性增强，反应容易进行；硝基钝化了苯环，使其活性减弱，所以反应不易进行。

常见邻对位定位基按照它们对苯环活化作用由强到弱排列如下：

—OH（羟基）＞—OCH_3（甲氧基）＞—CH_3（烷基）＞—Cl（卤原子，弱钝化），它们属于致活基团，—X除外。

常见间位定位基按照它们对苯环钝化作用由强到弱排列如下：
—NO_2（硝基）＞—SO_3H（磺酸基）＞—COOH（羧基）＞—COR（酰基）＞—$CHCl_2$（二氯甲基）等，它们属于致钝基团。

越排在前面的间位定位基对苯环的钝化作用越强，其相应化合物反应活性越差。

例如：将下列化合物发生硝化反应的活性由强到弱排列成序。

A. ⌬—CH_3　　B. ⌬　　C. ⌬—COOH　　D. ⌬—Cl

【解析】
A 的定位基甲基是邻对位定位基，活化苯环，使其活性增强，所以 A＞B。D 的定位基氯原子是邻对位定位基，但它对苯环有弱钝化作用，使其活性略有减弱，所以 B＞D。C 的定位基硝基是间位定位基，但它对苯环有强钝化作用，使其活性减弱，所以 D＞C。因此，这四种化合物硝化反应活性由强到弱的顺序是：A＞B＞D＞C。

3. 定位规律

定位基既决定新引入基团进入苯环的位置，又影响亲电取代反应进行的难易，称为定位基的定位效应，也叫定位规律。

四、定位规律的应用

30. 微课：苯环上亲电取代定位规律的应用

若要有效地合成各类芳香族化合物，需要巧妙利用取代基的定位规律，合理地确定取代基进入苯环的先后次序，从而实现合成的目的。

【例 1】 以甲苯为原料，设计合成具有广泛用途的化工医药原料——间硝基苯甲酸。

⌬—CH_3 → ⌬(COOH, NO_2)

问题 1　如何实现苯环上增加及改变的基团？

⌬—CH_3 → ⌬(COOH ← 甲基氧化, NO_2 ← 硝化)

问题 2　先硝化还是先氧化？

方案 1　先硝化。甲苯硝化，甲基为定位基，甲基是邻对位定位基，主要产物是硝基在邻对位，它在间位的产率太低，不可行。

方案 2　先氧化。甲基氧化变羧基，羧基为间位定位基，再硝化，主产物硝基在羧基的间位，与产物一致，可行。

合成路线如下：

⌬—CH_3 $\xrightarrow{KMnO_4 / H^+}$ ⌬—COOH $\xrightarrow{浓HNO_3 / 浓H_2SO_4}$ ⌬(COOH, NO_2)

梳理思路：找到变化—想出反应—确定次序—整理路线。

【例2】 邻硝基乙苯是制备抗炎药依托度酸的原料。试以苯为原料，设计由苯合成邻硝基乙苯的路线。

苯 → 邻硝基乙苯（C_2H_5，NO_2）

问题 如何实现苯环上增加及改变的基团？

苯 → 邻位含 CH_2CH_3（烷基化）和 NO_2（硝化）的产物

方案1

苯 $\xrightarrow[\text{无水AlCl}_3]{\text{CH}_3\text{CH}_2\text{Br}}$ 乙苯 $\xrightarrow[\text{浓H}_2\text{SO}_4]{\text{浓HNO}_3}$ 邻硝基乙苯

乙基是邻对位定位基，硝化时，硝基既在邻位又会在对位。这两种产物占的比例接近，沸点也接近；邻位的产率低，且分离困难，不可行。

方案2 可行。

苯 $\xrightarrow[\text{无水AlCl}_3]{\text{CH}_3\text{CH}_2\text{Br}}$ 乙苯 $\xrightarrow[100℃]{\text{浓H}_2\text{SO}_4}$ 对乙基苯磺酸（SO_3H）$\xrightarrow[\text{浓H}_2\text{SO}_4]{\text{浓HNO}_3}$ 邻硝基产物（含 SO_3H）$\xrightarrow[H^+]{H_2O}$ 邻硝基乙苯（甲基氧化）

如何提高邻位产物的比例呢？

利用烷基苯高温磺化对位产物比例高的特点，进行占位，占据对位；通过这种办法，提高邻位产率。

占位用到的磺酸基，利用磺化反应可逆的特点，在稀酸条件下水解，可去掉磺酸基。

在生产实践和科学实验中，通过定位规律的应用，可以预测反应的主要产物，确定合理的合成路线，得到产率较高和容易分离的化合物。

思考和练习

完成下列化学反应式。

(1) 乙苯 + Cl_2 $\xrightarrow{FeCl_3}$

(2) 氯苯 + Br_2 $\xrightarrow{FeBr_3}$

(3) 甲苯 + 浓HNO_3 $\xrightarrow[30℃]{\text{浓H}_2\text{SO}_4}$

(4) ![Cl-benzene] + 浓HNO₃ $\xrightarrow[\triangle]{浓H_2SO_4}$

(5) ![NO₂-benzene] + 发烟HNO₃ $\xrightarrow[100℃]{浓H_2SO_4}$

(6) ![COOH-benzene] + Cl₂ $\xrightarrow{FeCl_3}$

第六节　重要的芳香烃

一、苯

苯是无色易挥发易燃液体，有特殊芳香气味，有毒。熔点5.5℃，沸点80.1℃，不溶于水，易溶于有机溶剂，也是一种良好的溶剂，溶解有机分子和一些非极性的无机分子的能力很强。

苯能与水生成恒沸物，沸点为69.25℃，含苯91.2%。因此，在有水生成的反应中常加苯蒸馏将水分离出来。

苯主要来源于煤焦油和石油的芳构化。

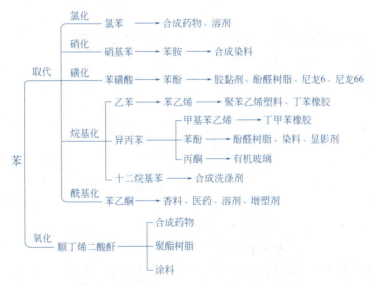

苯是世界上使用最广泛的化学物质之一。苯主要用于制造卤苯、乙苯、异丙苯、苯乙烯和硝基苯等，继而合成医药、油漆、洗涤剂、橡胶、塑料、有机玻璃、涂料等产品。

苯易挥发，其蒸气毒性大。一般苯慢性中毒时对造血器官及神经系统的损伤最为严重，在高浓度苯的环境里会急性中毒，表现为头晕无力、肌体痉挛等症状。因此环保型油漆、涂料、黏合剂等产品不再用苯作溶剂。

二、甲苯

甲苯是无色液体，气味与苯相似。沸点为 110.6℃，闪点 4.4℃（闭口），易挥发，易燃，不溶于水，易溶于常用的有机溶剂（如乙醇、乙醚、氯仿、丙酮等）。甲苯有毒，毒性小于苯，但刺激症状比苯严重，通过呼吸道对人体造成危害。

甲苯主要来源于煤焦油和石油的铂重整。它可通过其特性制备苯、苯甲醛、苯甲酸等，继而合成 TNT 炸药、油墨、黏合剂、杀虫剂、表面活性剂和制药的溶剂等产品。

三、二甲苯

混合二甲苯主要用来生产溶剂（主要用于油漆、涂料等）、航空汽油添加剂、杀虫剂、涂料和油墨等。也是合成邻苯二甲酸、苯酐、二苯甲酮、树脂、染料、聚酯纤维、涤纶、农药、医药和香料的原料。

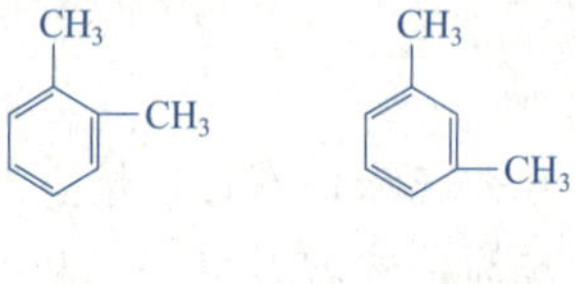

混合二甲苯是无色液体，有邻、间、对 3 种异构体，有芳香气味。沸程为 137～140℃，易燃、易挥发，不溶于水，与乙醇、氯仿或乙醚能任意混合。二甲苯有毒，毒性小于苯。混合二甲苯由分馏煤焦油的轻油、轻汽油催化重整或由甲苯经歧化而制得。

四、苯乙烯

苯乙烯是一种液体化工原料，是最简单、最重要的不饱和芳烃。

苯乙烯不溶于水，溶于乙醇、乙醚。

聚苯乙烯常被用来制作泡沫塑料制品，并可以和其他橡胶类型高分子材料共聚生成各种不同力学性能的产品。

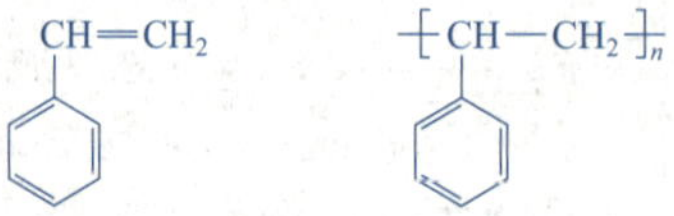

> **学习卡片**
>
> **泡沫塑料能瞬间溶解，是真的吗？**
>
> 聚苯乙烯泡沫塑料，目前广泛地用于制造一次性杯子、塑料袋、塑料餐具、包装材料和其他日用品。每年泡沫塑料产生的垃圾量非常巨大。由于其降解速度非常缓慢，给人类带来长期的环境问题。

为此，我国开始用可降解塑料来替代传统的塑料，例如在生产过程中加入添加剂（如淀粉、改性淀粉或其他纤维素、光敏剂、生物降解剂等），来达到降低稳定性的目的，大多数可降解塑料在一般环境中暴露 3 个月后开始变薄、失重、强度下降，逐渐裂成碎片。

那除了替代，还有什么办法可以尽快让聚苯乙烯溶解呢？

2021 年 8 月 7 日央视财经频道在"是真的吗"栏目中播出的"泡沫塑料能瞬间溶解"为我们揭开了谜底。

这个实验用到了相似相溶的原理。泡沫塑料是由一种叫作聚苯乙烯的塑料发泡而成，通常是在聚苯乙烯里填充大量的气泡。而在指甲油与汽油里，都包含了一些与聚苯乙烯物理化学性质相似的成分，这些物质可以在一定程度上溶解泡沫塑料。

第七节　稠环芳烃

两个或两个以上的苯环以共用两个相邻碳原子的方式相互稠合而成的芳烃称为稠环芳烃。稠环芳烃一般是固体，且大多为致癌物质。其中比较重要的是萘、蒽、菲，它们是合成染料、药物等的重要化合物。

一、萘

1. 萘的结构和命名

（1）结构　萘的分子式为 $C_{10}H_8$，是最简单的稠环芳烃。1820 年首次从煤焦油中蒸出。

通过 X 射线测定，萘分子为平面结构，两个苯环共用两个碳原子互相稠合在一起，萘的构造式及分子模型如图 5-6、图 5-7 所示。

与苯相似，萘环上的每个碳原子都是 sp^2 杂化，形成共轭大 π 键，垂直于萘环平面。由于萘分子中键长平均化程度没有苯高，使萘的稳定性比苯差，反应活性比苯高。

图 5-6　萘分子的构造式

图 5-7　萘分子的球棒模型

（2）命名　萘的 10 个碳原子上的电子云分布不同，其中 1、4、5、8 位为最高，又称 α 位，2、3、6、7 位次之，又称 β 位。编号如下，在命名时也以此编号为准。

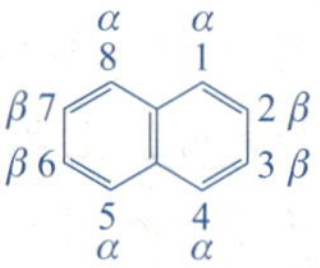

因此，萘的一元取代物有两种，即 α 取代物和 β 取代物。命名时可以用阿拉伯数字标明取代基的位次，也可用 α、β 字母标明取代基的位次。如：

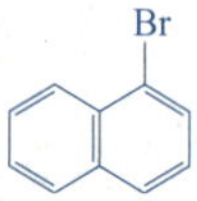

1-溴萘
α-溴萘

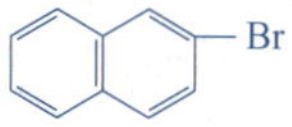

2-溴萘
β-溴萘

萘的二元取代物的异构体更多，两个取代基相同的二元取代物可有 10 种，两个取代基不同时则有 14 种。萘的二元取代物的命名可以参照下例：

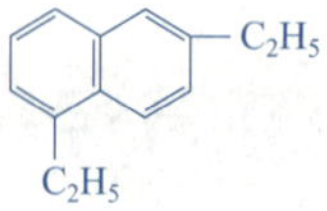

1,6-二乙基萘

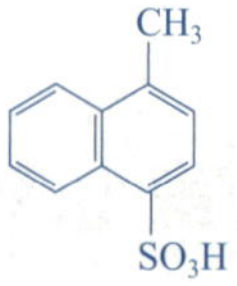

4-甲基-1-萘磺酸

2. 萘的性质

萘是白色片状晶体，熔点 80.5℃，沸点 218℃，不溶于水，溶于有机溶剂。有特殊气味，可防蛀。易升华。萘的化学性质活泼，易取代，难加成。

萘是有机化工八大原料之一，广泛用作制备染料、树脂、溶剂等的原料，也用作驱虫剂（如卫生球或樟脑丸）。

二、蒽和菲

蒽和菲都是由 3 个苯环稠合而成的稠环芳烃。其中，蒽的 3 个苯环直线稠合排列，菲的 3 个苯环角式稠合排列。两者的分子式均为 $C_{14}H_{10}$，互为同分异构体。它们的构造式及分子中碳原子的编号如下：

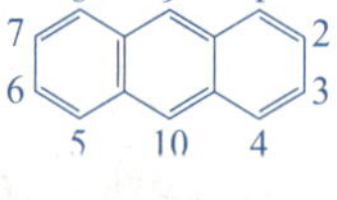

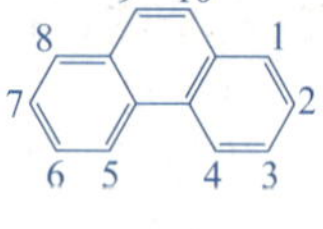

蒽和菲都可以从煤焦油中得到。蒽是浅蓝色有荧光的针状晶体；菲是白色有荧光的片状晶体，有毒。

蒽和菲都比萘更容易发生氧化及还原反应，无论氧化或还原，反应都发生在 9、10 位，反应产物分子中都具有两个完整的苯环。蒽醌的衍生物是某些天然药物的重要原料，多氢菲的基本结构也存在于多种甾体药物中。因此，蒽和菲都是重要的医药原料。

本章小结

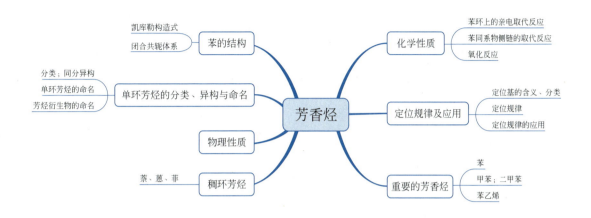

课后习题

1. 填空题

(1) 苯分子的构型是_____，形成了一个_____体系，使苯分子异常稳定，从而具有易于取代，难以加成和氧化的特性，这种特性称之为_____性。

(2) 苯中含有少量的环己烯，可采用_____将其在室温下洗涤除去。

(3) 二甲苯的三个异构体中，一元硝化产物只有一种的是_____。

(4) 当苯环上连有_____基团时，难以发生烷基化和酰基化反应。

(5) 聚苯乙烯是一种性能优良的塑料，其单体的构造式是_____。

(6) 甲苯的磺化反应在_____条件下，主要生成对位产物。芳烃不溶于浓硫酸，但磺化后生成的苯磺酸却可以溶解在硫酸中，利用这一性质可_____。

(7) C_9H_{12} 的芳烃异构体中，不能被酸性高锰酸钾氧化成芳香族羧酸的芳烃构造式是_____。

2. 选择题

(1) 下列化合物中，亲电取代反应活性最强的是（　　）。

A.  ⌬　　B. 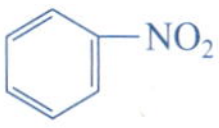 ⌬-NO₂　　C. 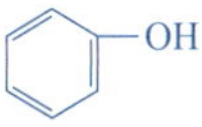 ⌬-OH　　D. 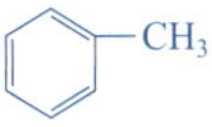 ⌬-CH₃

(2) 下列基团中能使苯环钝化程度最大的是（　　）。

A. —NH₂　　B. —Cl　　C. —NO₂　　D. —COOH

(3) 下列烷基苯中，不宜由苯通过烷基化反应直接制取的是（　　）。

A. 异丙苯　　B. 叔丁苯　　C. 乙苯　　D. 正丙苯

(4) 由苯合成 [COOH, Cl, NO₂ 取代的苯], 下列最佳合成路线是（　　）。

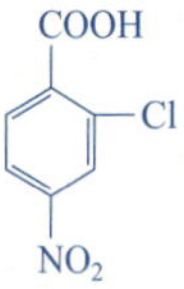

A. 烷基化、硝化、氯代、氧化 B. 烷基化、氯代、硝化、氧化
C. 氯代、烷基化、硝化、氧化 D. 硝化、氯代、烷基化、氧化

3. 命名下列化合物

(1) 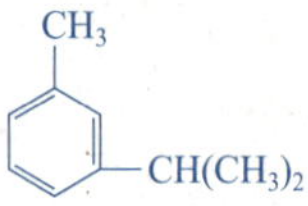 间甲基异丙基苯结构
(2) 1-甲基-2-乙基-4-丙基苯结构
(3) 邻硝基苯甲酸结构
(4) 2-甲基-1,3,5-三硝基苯结构
(5) 二苯基甲基甲烷结构
(6) 2-苯基丁烷结构
(7) 对氯氯苄结构
(8) 对十二烷基苯磺酸钠结构

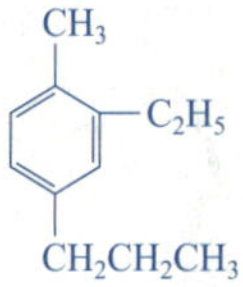

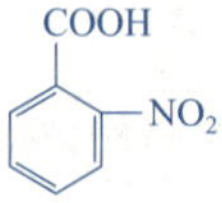

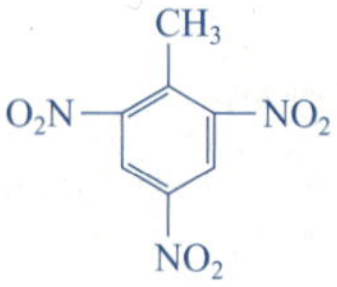

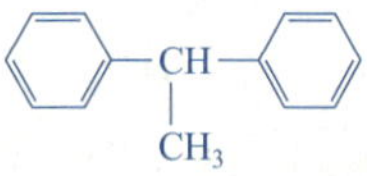

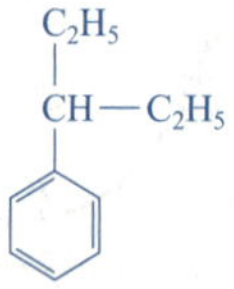

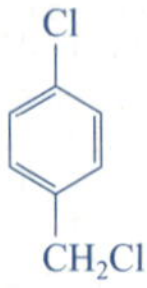

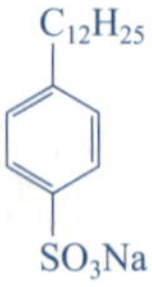

4. 写出下列化合物的构造式

(1) 叔丁苯　　　(2) 邻二甲苯　　　(3) 苯乙烯　　　(4) 苯乙炔
(5) 4-氯-2,3-二硝基甲苯　　　(6) 间硝基苯酚
(7) 对溴甲苯　　　(8) 间甲氧基苯甲酸

5. 比较下列各组化合物进行硝化反应的活性

(1) 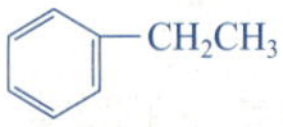 苯乙基、苯磺酸、苯、氯苯

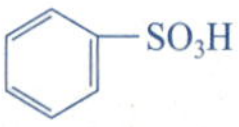

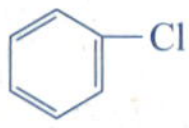

(2) 苯甲醚、苯酚、硝基苯、溴苯

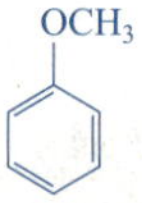

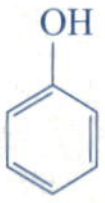

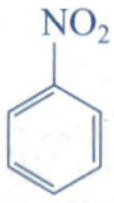

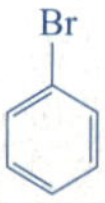

(3) 邻二甲苯、甲苯、对甲基苯甲醚、对甲基苯甲酸

(4) 对二氯苯、对氯乙酰苯胺、对硝基氯苯、对氯苯磺酸

6. 完成下列化学反应式

(1) 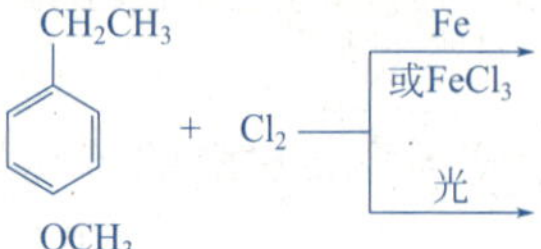 乙苯 + Cl_2 $\xrightarrow[\text{光}]{\text{Fe 或 FeCl}_3}$

(2) 苯甲醚 + H_2SO_4(浓) ⟶

(3) 异丙苯 + $(CH_3CO)_2O$ $\xrightarrow{AlCl_3}$

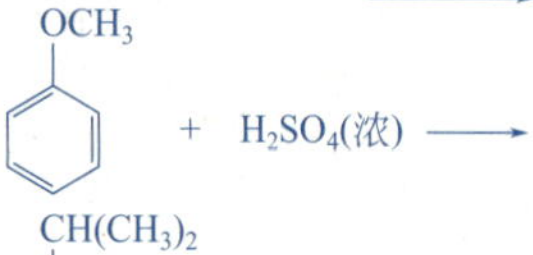

(4) 对二异丙苯 $\xrightarrow[H^+]{KMnO_4}$

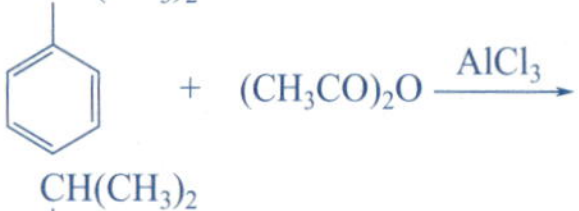

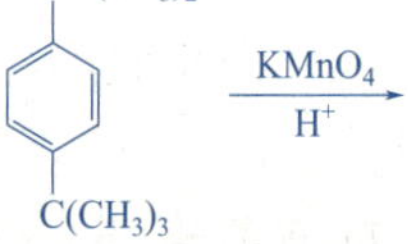

7. 下列转变中有无错误，若有，请说明原因并给予纠正

(1) 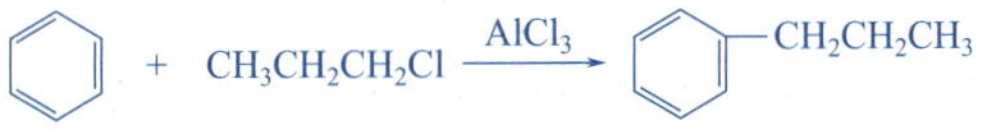 C₆H₅H + CH₃CH₂CH₂Cl —AlCl₃→ C₆H₅-CH₂CH₂CH₃

(2) 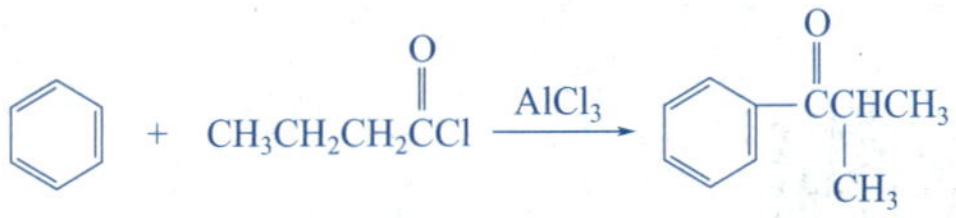 C₆H₅H + CH₃CH₂CH₂COCl —AlCl₃→ C₆H₅-CO-CH(CH₃)-CH₃

(3) 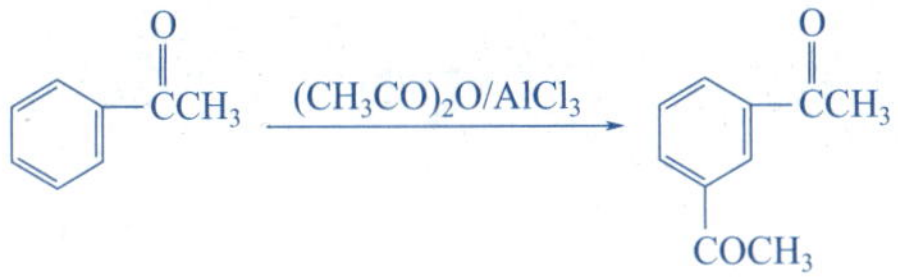 C₆H₅-COCH₃ —(CH₃CO)₂O/AlCl₃→ 间-二乙酰基苯 (3-COCH₃ 取代的苯乙酮)

(4) 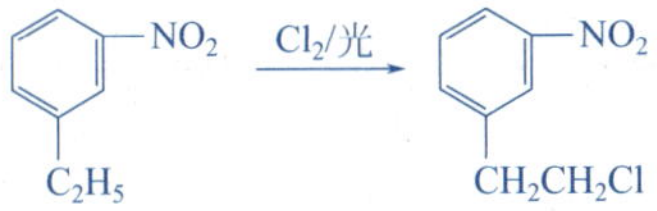 邻-硝基乙苯 —Cl₂/光→ 邻-硝基(α-氯乙基)苯 (NO₂, CH₂CH₂Cl 间位)

(5) 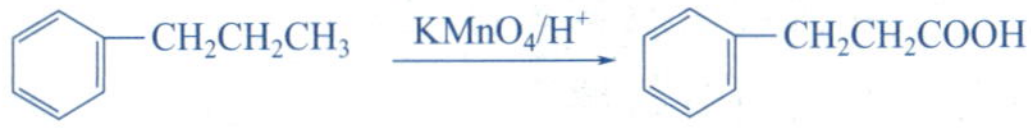 C₆H₅-CH₂CH₂CH₃ —KMnO₄/H⁺→ C₆H₅-CH₂CH₂COOH

8. 以苯或烷基苯及其他无机试剂为原料，设计合成下列化合物的路线

(1) 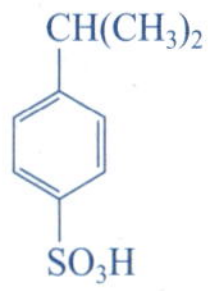 对异丙基苯磺酸 [CH(CH₃)₂ 对位 SO₃H]

(2) 邻氯苯甲酸 [COOH 邻位 Cl]

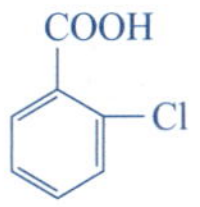

(3) 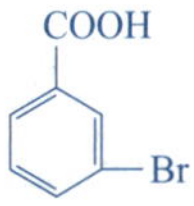 间溴苯甲酸 [COOH 间位 Br]

(4) 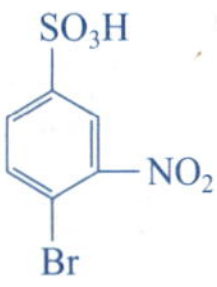 2-硝基-4-溴苯磺酸 [SO₃H, NO₂, Br]

9. 推断有机化合物的结构

(1) 分子式为 C_9H_{12} 的芳烃 A，以高锰酸钾氧化后得二元羧酸。将 A 硝化，只得到两种一硝基产物。试推测该芳烃构造式并写出各步反应式。

(2) 化合物 A 的分子式为 C_9H_{10}，能使溴水褪色。A 经催化加氢得到 B (C_9H_{12})，将 B 与高锰酸钾的酸性溶液作用得到二元芳酸 C($C_8H_6O_4$)，C 发生硝化反应仅得到一种产物 D。试推测 A、B、C、D 的构造式并写出各步反应式。

10. 鉴别下列各组化合物

(1) 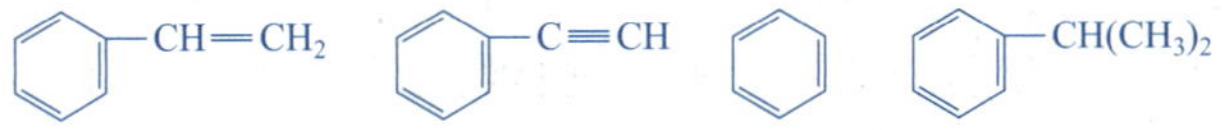 C₆H₅-CH=CH₂   C₆H₅-C≡CH   C₆H₅-CH(CH₃)₂

(2) 环己烯   环戊基-C≡CH   环己烷   甲苯

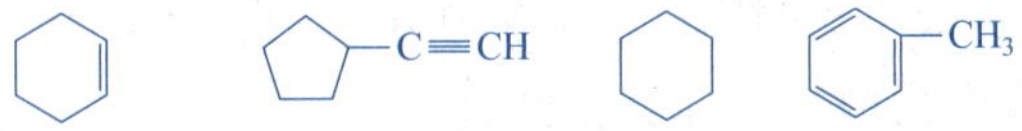

第六章 立体异构

学习目标

- **知识目标**
  1. 掌握有机物构象异构、顺反异构、对映异构现象及构型标记方法。
  2. 理解旋光度测定法对旋光性物质的定性和定量分析原理。
  3. 了解分子立体构型对其理化性质和生理活性的影响。
- **能力目标**
  1. 能命名有机物立体异构构型，能判断简单分子是否有旋光性。
  2. 会表示有机物的顺反异构体及旋光异构体。
  3. 能利用旋光度与比旋光度的关系式，对旋光性物质进行定性和定量分析。
- **素质目标**
  1. 通过对映异构知识点，引出"海豹儿事件"，引导学生要崇尚真理，敬畏生命，遵守职业道德。
  2. 通过有机化学与化工类、制药类专业的联系，培养学生基本化学素养。

课前导学

CH_3CH_3 表示乙烷，可是它不是一种纯净物，它有千千万万个异构体，为什么会这样呢？世界卫生组织建议，每天来自反式脂肪酸的热量不超过食物总热量的1%（大致相当于2g），过多摄入有害健康。什么是反式脂肪酸呢？药物"左氧氟沙星"为什么有个"左"字，而"右旋布洛芬"是一个"右"字？在本章的内容里你会找到答案。

课前测验

多选题

1. 下列各组化合物互为对映异构体的是（ ）。
    A. D-葡萄糖与L-葡萄糖 B. R-乳酸与S-乳酸
    C. 顺-2-丁烯与反-2-丁烯 D. 环己烷的船式构象与椅式构象
2. 依据次序规则，下列基团按优先次序排在前两位的是（ ）。
    A. —CH_2OH B. —COOH C. —OH D. —Cl
3. 下列情况中能确定分子具有手性的是（ ）。
    A. 分子不具有对称面 B. 分子不具有对称中心
    C. 分子与其镜像不能重合 D. 分子含有一个手性碳原子

同分异构体可分为构造异构和立体异构两大类。由分子中各个原子相互连接的顺序和结合方式不同而产生的异构称为构造异构体；分子的构造式相同，但分子中各个原子或基团在空间的排列方式不同而产生的异构称为立体异构体，它又可分为构象异构和构型异构（又分为顺反异构和对映异构）。

第一节　构象异构

由于单键可以"自由"旋转，使分子中的原子或基团在空间产生不同的排列，叫作构象。分子的构造式相同，而具有不同构象的化合物互称为构象异构体。

常用来表示构象的方式有两种：透视式和纽曼（Newman）投影式。以乙烷为例，如图 6-1 所示。

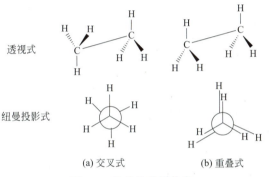

图 6-1　乙烷的典型构象

一、乙烷的构象异构

1. 乙烷的构象

31. 动　画：
乙烷的构象

由于乙烷的 C—C 键可自由旋转，乙烷的构象异构体有无限种，但典型的构象只有两种（图 6-1）。其中，图 6-1（a）代表交叉式构象，图 6-1（b）代表重叠式构象，其余构象介于图 6-1（a）和图 6-1（b）之间。

透视式是从分子侧面观察的，能直接反映出碳、氢原子和它们的空间排列；纽曼投影式则是沿着碳碳键观察得出的，式中 ⊥ 代表离观察点较近（前面）的碳原子，这些键中的一个通常被画成竖直朝上； Y 代表后面的碳原子，每个碳原子上的 3 个 C—H 键呈 120°角，与这个碳原子相连的键被投影到圆圈的外缘上。如沿 C—C 键轴旋转，就会由重叠式转为交叉式，反之亦然。

2. 乙烷的优势构象

在交叉式中，两个碳原子上的氢原子的距离最远，相互间的排斥力最小，因而能量最低，是最稳定的构象，也叫优势构象。在重叠式中，两个碳原子上的氢原子两两相对，距离最近，相互的排斥力最大，因而能量最高，最不稳定。重叠式构象能量约比交叉式构象能量大 12.6kJ/mol。这个能值较小，室温下的热能就足以使这两种构象之间以极快的速度互相转变，因此可以把乙烷看作是交叉式与重叠式以及介于二者之间的无限个构象异构体的平衡混合物。在室温下，我们不可能分离出某个构象异构体。在一般情况下，乙烷的主要存在形式是交叉式。

任何分子都在稳定构象中待的时间最长。用 X 射线衍射分析方法及核磁共振方法测定表明，乙烷分子在低温时是以最稳定的交叉式构象存在的。

二、正丁烷的构象异构

1. 正丁烷的构象

如果将正丁烷以 C2—C3 单键为轴旋转，根据两个碳原子上所连接的两个甲基的空间相对位置，可以写出 4 种典型的构象式，如图 6-2 所示。

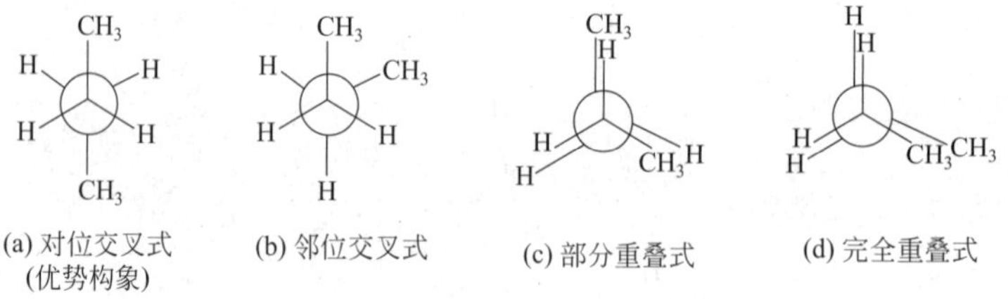

(a) 对位交叉式
(优势构象)
(b) 邻位交叉式
(c) 部分重叠式
(d) 完全重叠式

图 6-2 正丁烷的典型构象

2. 正丁烷的优势构象

这 4 种典型的构象式中，由于空间排布中基团的斥力不同，它们的能量也不同，因此有不同的稳定性，其中对位交叉式能量最低，为稳定的优势构象。

三、环己烷的构象异构

1918 年德国化学家 E. Mohr（恩斯特·莫尔）提出：环己烷的 6 个碳原子不在一个平面上，而是形成了椅式和船式两种折叠的环系。在这两种环系中，碳原子可以保持 sp^3 的正常键角。

1. 环己烷的船式和椅式构象

在环己烷分子中，碳原子是 sp^3 杂化。要使碳碳键角保持 109.5°，环己烷分子中的 6 个碳原子可以有两种典型的空间排列形式：一种像椅子故叫椅式，另一种像船故叫船式，如图 6-3 所示。

无论船式或椅式，环中 C2、C3、C5、C6 都在一个平面上，船式中 C1、C4 在平面同侧，椅式中 C1、C4 在平面异侧。

环己烷的椅式构象和船式构象，可通过碳碳键的扭动而相互翻转，椅式构象和船式构象在常温时处于相互翻转的动态平衡。船式环己烷的能量比椅式环己烷的能量高 29.7kJ/mol，所以椅式环己烷是稳定的优

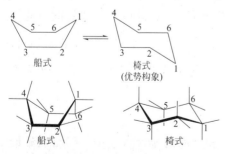

图 6-3 环己烷的典型构象

势构象。

为什么椅式环己烷比船式环己烷稳定呢？

因为在椅式构象中，所有相邻碳原子上的氢原子都处于交叉式的位置，再加上环的两个对角上的氢原子距离最大，既没有角张力，也没有扭转张力。这些因素共同导致椅式构象的高稳定性。在船式构象中 C2 和 C3 之间、C5 和 C6 之间的碳氢键则处于全重叠式的位置，存在着扭转张力。另外在船式构象中，船头和船尾的两个碳氢键是内向伸展的，两个氢原子距离较近，相互拥挤，因此能量较高。所以，环己烷及其衍生物在一般情况下都以椅式存在。

2. 椅式构象中的直立键和平伏键

在环己烷的椅式构象中，我们来看看碳原子与氢原子的空间排列。

（1）**碳原子** C1、C3、C5 构成一个平面，C2、C4、C6 构成一个平面，两个平面是平行的。

（2）**氢原子** 环己烷有 12 个氢原子，分别成形成 12 个 C—H 键，分为两组。

一组与两平面垂直的键，称为直立键（用 a 表示），共有 6 个，其中 3 个方向朝上，3 个方向朝下，相邻的呈上下交替变化；另一组与两平面几乎平行且与 a 键形成约为 109.5°夹角的键，称为平伏键（用 e 表示）。

可见同一个碳原子上的两个碳氢键分别为 a 键和 e 键，如图 6-4 所示。

3. 环己烷衍生物的优势构象

以 a 键相连的氢原子之间的距离比以 e 键相连的氢原子之间距离近，因此取代环己烷的构象较复杂。如甲基环己烷中，甲基在 a 键时，受到 C3 及 C5 两个 a 键上的氢的排斥作用，内能较高，不太稳定。而甲基在 e 键时［见图 6-5（a）］，没有上述情况，内能较低，比较稳定。因此，甲基以 e 键与环相连的为优势构象。

图 6-4 环己烷椅式构象中的直立键和平伏键　　图 6-5 甲基环己烷的典型构象

> **学习卡片**
>
> ### 葡萄糖中的椅式构象
>
> 在自然界中，万物的存在遵循能量最低原理，有机物的同分异构体也不例外，在一般情况下，有机物是以优势构象为主要存在形式（或唯一存在形式）。自然界的己糖都是以六环的椅式优势构象存在。
>
> β-D-(＋)-葡萄糖的优势构象

思考和练习

1. 写出1,4-二溴丁烷的纽曼投影式。
2. 写出乙基环己烷的优势构象。

第二节 顺反异构

一、顺反异构现象

1. 烯烃的构型式

表达烯烃构型的式子，称为烯烃的构型式。乙烯、丙烯的构型式见表6-1。

表6-1 乙烯、丙烯的构造式及对比

化合物	构造式	构型式
乙烯	$CH_2\!=\!CH_2$	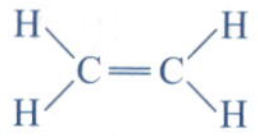
丙烯	$CH_2\!=\!CH\!-\!CH_3$	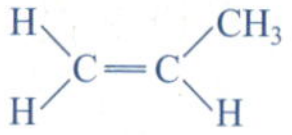

2. 顺反异构现象

2-丁烯（$CH_3\!-\!CH\!=\!CH\!-\!CH_3$）的构型式有如下两种：

(a) 顺-2-丁烯　　　　(b) 反-2-丁烯

32. 动画：烯烃的顺反异构产生条件

（a）式中两个甲基（或氢原子）分别位于双键的同侧，称为顺式，即顺-2-丁烯；（b）式中两个甲基（或氢原子）在双键的两侧（异侧），称为反式，即反-2-丁烯。二者的分子式和构造式相同，但构型式不同。由其物理常数的差异，说明二者是两种不同的化合物，互为同分异构体，见表6-2。

表6-2 2-丁烯的物理常数

化合物	沸点/℃	熔点/℃	相对密度（d_4^{20}）	偶极矩/D（德拜）
顺-2-丁烯	3.5	−139.3	0.6213	0.33
反-2-丁烯	0.9	−105.5	0.6042	0

造成2-丁烯存在立体异构的原因，是因为双键中的π键不能旋转。因此，这两个不能自由旋转的碳原子上所连接的原子或基团，在空间就有不同的排列方式，即不同的构型。

这种由于原子或基团位于分子中双键的同侧或异侧而引起的异构现象叫作顺反异构现象。这两种异构体称为顺反异构体，也称几何异构体。

既然 2-丁烯的顺反异构现象是碳碳双键不能旋转造成的，那么是不是所有的烯烃都有顺反异构体？

研究发现，乙烯、丙烯没有顺反异构体。

能产生顺反异构体的必须是每个双键碳原子上各自连接的两个原子或基团不相同。例如：

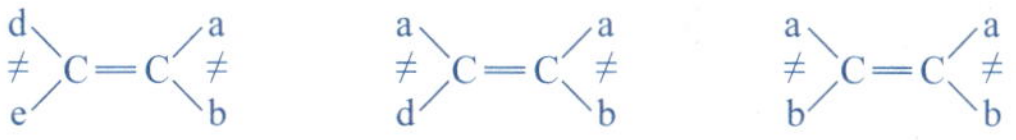

如果同一个双键碳原子上所连接的两个基团相同，就没有顺反异构体，例如：

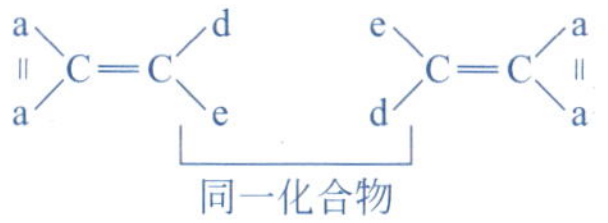

在脂环类化合物中，由于环的存在，使环上碳碳 σ 键的自由旋转受到阻碍。当环上两个或两个以上的碳原子各自连有两个不相同的原子或基团时，就有顺反异构现象。与烯烃相似，当两个（或两个以上）相同基团在环的同一侧时，称为顺式；当两个（或两个以上）相同基团在环的异侧时，称为反式。例如：

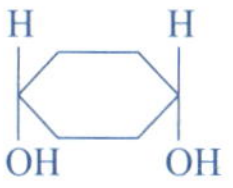

顺-1,4-环己二醇(m.p·161℃) 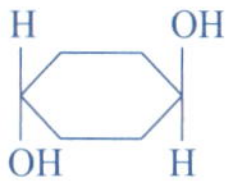　　反-1,4-环己二醇(m.p·300℃)

综上所述，形成顺反异构体必须具备以下两个条件：
① 分子中必须存在旋转受阻的结构因素（一般指碳碳双键或环）。
② 双键的两个碳原子或脂环上的两个或两个以上的碳原子上，各自连有两个不同的原子或基团。

二、顺反异构体的命名

1. 习惯命名法（顺反命名法）

原则为：
相同原子或基团位于双键（或环平面）同侧的，称为顺式；
相同原子或基团位于双键（或环平面）异侧的，称为反式。

33. 动画：顺反异构体的命名方法

例如：

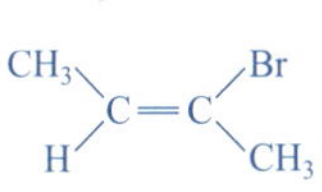

反-2-溴-2-丁烯 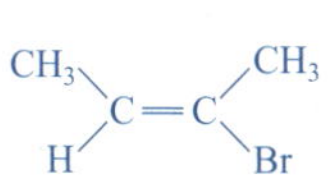　　顺-2-溴-2-丁烯 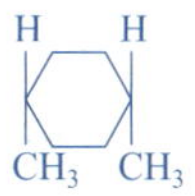　　顺-1,4-二甲基环己烷 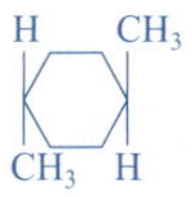　　反-1,4-二甲基环己烷

若碳碳双键上连的 4 个基团都不相同，它存在顺反异构现象，但是无法用习惯命名法命

名，所以这种命名法有局限性。

2. 系统命名法（Z/E 标记法）

Z 为德语 Zusammen 的字头（是"在一起"的意思）；E 为德语 Entgegen 的字头（是"相反"的意思）。

原则为：

优先原子或基团位于双键（或环平面）同侧的，称为顺式；

优先原子或基团位于双键（或环平面）异侧的，称为反式。

原子序数大的基团为优先基团，原子序数小的基团为非优基团。

常见原子优先次序是 I>Br>Cl>S>O>N>C>H（">"表示"优于"）。

方法：先比较与双键碳原子直接相连的两个原子的原子序数；若相同，再比较与此原子直接相连的其他原子的原子序数。先比较各组中最大者，再依次比较第二个、第三个；直到分出先后。

例如：

(Z)-2-溴-2-丁烯(反式)　　　(E)-2-溴-2-丁烯(顺式)

例如：比较—$CH_2CH_2CH_3$ 和—$CH_2CH(CH_3)_2$，在两个基团中与第一个碳直接相连的都是 [C，H，H]。无法分辨优先顺序，再看第二个碳，—$CH_2CH_2CH_3$ 中与第二个碳相连的是 [C，H，H]，而—$CH_2CH(CH_3)_2$ 中与第二个碳相连的是 [C，C，H]，所以—$CH(CH_3)_2$>—$CH_2CH_2CH_3$。

当取代基是不饱和基团时，则看作是它以单键和 2 个或 3 个相同原子相连接。例如：

—C≡N 看作是　　　　　　—C≡CH 看作是

所以，—C≡N>—C≡CH

学习卡片

反式脂肪酸

植物油（如花生油、豆油、香油等）和动物油（如猪油、牛油等）都属于油脂。油脂是直链高级脂肪酸的甘油酯，即由脂肪酸和甘油组成。脂肪酸分为饱和的与不饱和的，在不饱和脂肪酸中有顺式与反式之分。

食品中的反式脂肪酸主要来源于植物油的氢化工艺，是为了延长保质期，改善口味而添加。查看食品配料表，"精炼棕榈油、起酥油、人造奶油、麦淇淋、人造酥油、代可可脂、植脂末……"这些都是反式脂肪酸的代名词。它们存在于冰淇淋、奶油蛋糕、饼干、奶茶、薯片等食物中。

按照国家规定，若食品中反式脂肪酸含量超过 0.3g/100g，必须标注；若低于 0.3g/100g，可标注"0"。0，不等于没有，只是少。

多吃油脂会发胖，在同等质量条件下，反式脂肪酸促进肥胖的"力度"是脂肪总体效应的 7 倍。它会引起腹部肥胖，导致多种疾病发生。

除了摄入过多反式脂肪酸对健康有害之外，高脂肪、高糖、高热量也都是健康杀手，我们不能掉以轻心。

自然界中许多物质存在顺反异构现象。例如，我们能感受到光明是视网膜中的视感细胞、视锥细胞能感知光线的缘故，其中涉及视黄醛分子顺反构型的转换；顺-1,4-聚异戊二烯橡胶与天然橡胶性能相近，而反式的橡胶原子排列比较对称，柔顺性较差，不适合做橡胶材料；还有维生素 A 分子中的双键全部为反式构型；具有降血脂作用的花生四烯酸分子中的双键则全部为顺式构型。

思考和练习

1. 判断下列化合物有无顺反异构，有则写出其构型式。
(1) 1-戊烯　(2) 2-戊烯　(3) 甲基环己烷　(4) 1,4-二甲基环己烷
2. 命名下列化合物。

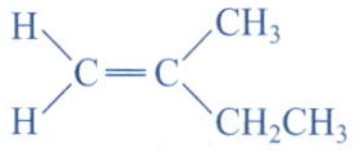

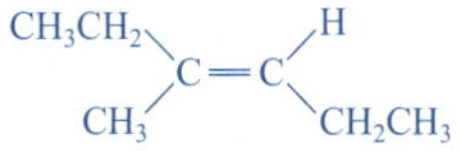

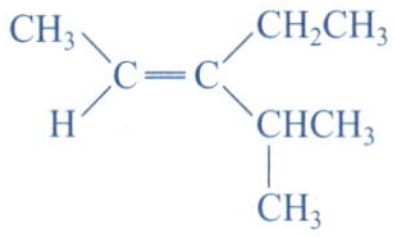

第三节　对映异构

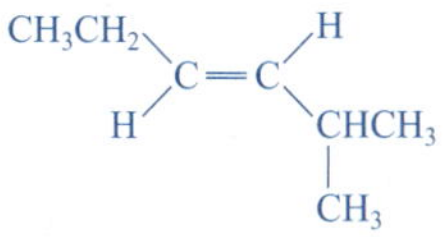

对映异构是指空间构型非常相似却不能重合，相互间呈实物与镜像对映关系的异构现象。它们就像人的左、右手，非常相似而不能重叠，互为实物与镜像对映关系，因此又把这种特征称为手性。对映异构体都能表现出一种特殊的物理性质——旋光性。

一、物质的旋光性

1. 平面偏振光和旋光性

光是一种电磁波，其振动方向与传播方向互相垂直。普通光的光波在所有与其传播方向垂直的平面上振动。当普通光通过一个起偏镜（尼科尔棱镜）时，只有在与棱镜晶轴平行的平面上振动的光能够通过，其他方向的光被"滤"掉了，得到这种只在某一个平面上振动的光叫平面偏振光，简称偏振光，如图 6-6 所示。

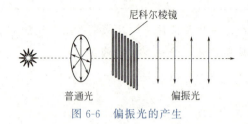

图 6-6　偏振光的产生

当偏振光通过水、乙醇、丙酮、乙酸等物质时,其振动平面不发生改变,也就是说水、乙醇、丙酮、乙酸等物质对偏振光的振动平面没有影响。而当偏振光通过葡萄糖、乳酸、氯霉素等物质(液态或溶液)时,其振动平面就会发生一定角度的旋转,如图 6-7 所示。物质的这种使偏振光的振动平面发生旋转的性质叫作旋光性,具有旋光性的物质叫作旋光性物质或光学活性物质。

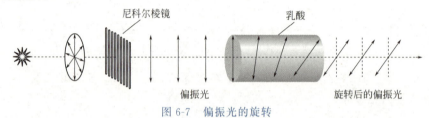

图 6-7　偏振光的旋转

能使偏振光的振动平面向右(顺时针方向)旋转的物质叫作右旋物质,反之叫作左旋物质。通常用(+)表示右旋,用(-)表示左旋。

2. 旋光度与比旋光度

偏振光通过旋光性物质时,其振动平面旋转的角度叫作旋光度,用"α"表示,如图 6-8 所示。

34. 动画：旋光仪工作原理

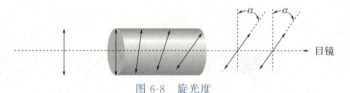

图 6-8　旋光度

旋光度及旋光方向可用旋光仪测定,如图 6-9 所示。旋光仪主要由光源、起偏镜、盛液管、检偏镜和目镜等几部分组成。一般用单色光如钠光灯作光源,起偏镜用来产生偏振光,检偏镜带有刻度盘,用来检测物质的旋光度和旋光方向,如图 6-10 所示。

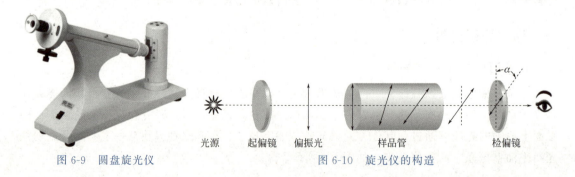

图 6-9　圆盘旋光仪　　　　图 6-10　旋光仪的构造

由旋光仪测得的旋光度与盛液管长度、被测样品浓度、所用溶剂、测定时温度和光源波长都有关系。

为了比较不同物质的旋光性，通常把被测样品的浓度规定为 1g/mL，盛液管的长度规定为 1dm，这时测得的旋光度叫比旋光度。它是旋光性物质的物理常数，可在物理常数手册中查到。一般用 $[\alpha]$ 表示，同时要注明所用溶剂（水为溶剂时可略）、测定温度、光源波长。例如，在 20℃ 时用钠光灯作光源，测得葡萄糖的水溶液是右旋的，其比旋光度是 52.5°，则表示为：$[\alpha]_D^{20}=+52.5°$。在同样条件下，测得酒石酸的乙醇溶液的比旋光度为：$[\alpha]_D^{20}=+3.79°$（乙醇）。

但实际上，测定物质的旋光度时，不一定在上述规定的条件下进行，盛液管可以是任意长度，被测样品的浓度也不是固定不变的，因此比旋光度要按下式进行换算：

$$[\alpha]_\lambda^t = \frac{\alpha}{cL}$$

式中　α——用旋光仪所测的旋光度；

　　　c——溶液的浓度，g/mL；若被测样品为纯液体时，用密度 ρ 代替；

　　　L——盛液管的长度，dm；

　　　λ——测定时光源的波长，用钠光灯作光源时，用 D 表示；

　　　t——测定时的温度，℃。

【例 1】 某一物质的水溶液浓度为 1g/mL，使用 10cm 长的盛液管，以钠光灯为光源，20℃ 时测得其旋光度为 +2.62°，试计算该物质的比旋光度。若将其稀释成 0.5g/mL 的水溶液，计算它的旋光度是多少？

解：10cm＝1dm

$$[\alpha]_D^{20} = \frac{\alpha}{cL} = \frac{+2.62}{1 \times 1} = +2.62°$$

若将溶液稀释，由于比旋光度 $[\alpha]$ 是定值，不变化。

所以，$\alpha = [\alpha]cL = +2.62 \times 0.5 \times 1 = +1.31°$

【例 2】 使用钠光灯和 1dm 的盛液管，在 20℃ 时测得乳酸水溶液的旋光度为 +7.6°，计算乳酸水溶液的浓度。（$[\alpha]_D^{20}=+3.8°$）

解：根据公式 $[\alpha]_\lambda^t = \frac{\alpha}{cL}$

得　$c = \frac{\alpha}{[\alpha]_D^{20} L} = \frac{+7.6}{+3.8 \times 1} = 2\text{mol/L}$

二、物质的旋光性与分子结构的关系

1. 分子的旋光性、手性与对映异构体

大量事实表明，凡是具有手性的物质都具有旋光性。

那么，什么是手性物质呢？

以乳酸为例，我们在运动的过程中产生的酸痛，是肌肉组织缺氧导致代谢跟不上而产生乳酸堆积的表现，这种乳酸是右旋乳酸，而葡萄糖发酵得到的乳酸是左旋乳酸，这两种乳酸

35. 动画：手性

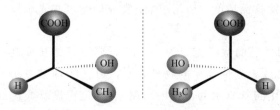

图 6-11 乳酸分子模型

分子的构型如图 6-11 所示。

这两种乳酸分子,就好像人的左右手,虽然分子构造相同,却不能重叠,二者互为实物与镜像的关系。这种与自身镜像不能重叠的分子,叫作手性分子。

凡是手性分子,必有互为镜像关系的两种构型,这种互为镜像关系的构型异构体叫作对映异构体。可见,手性分子必然存在着对映异构现象。

2. 对称因素

分子是否具有手性,与分子的对称性有关。

分子的对称因素包括点(对称中心)、面(对称面)和线(对称轴)。

不存在任何对称因素的分子称为不对称分子,不对称分子一定是手性分子,具有旋光性。一般来讲,不存在对称面和对称中心的分子是手性分子,即具有旋光性,但不一定是不对称分子。

(1) **对称面** 假设有一个平面,它可以把分子分割成互为镜像的两部分,这个平面就叫作对称面。例如 1,1-二溴乙烷和 E-1-氯-2-溴乙烯的分子中各自存在着一个对称面,二者不是手性分子,如图 6-12 所示。

(2) **对称中心** 当假想分子中有一个点与分子中的任何一个原子或基团相连线后,在其连线反方向延长线的等距离处遇到一个相同的原子或基团,这个假想点即为该分子的对称中心。图 6-13 中箭头所指处,因此它们也不是手性分子。

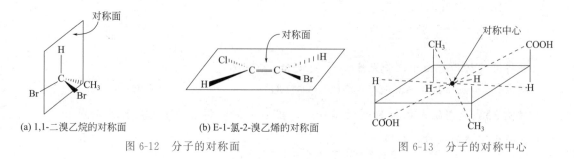

(a) 1,1-二溴乙烷的对称面   (b) E-1-氯-2-溴乙烯的对称面

图 6-12 分子的对称面   图 6-13 分子的对称中心

3. 手性碳原子

在乳酸($CH_3CHCOOH$)分子中,有一个饱和碳原子连接了—H、—CH_3、—OH 和
                |
               OH

—COOH 4 个不同的原子或基团。这种连有 4 个不同的原子或基团的饱和碳原子,叫作手性碳原子或不对称碳原子,通常用 C^* 表示。只含有一个手性碳原子的分子没有任何对称因素,所以是手性分子。

三、含一个手性碳原子化合物的对映异构

1. 对映异构体与外消旋体

乳酸是只含一个手性碳原子的化合物,有旋光性,它的两种不同的空间构型是一对对映

异构体。

实验证明，它们使偏振光振动平面旋转的角度相同，但方向相反，分别是左旋和右旋体，用（−）-乳酸和（＋）-乳酸表示，其比旋光度为：右旋乳酸 $[\alpha]_D^{20}=+3.8°$，左旋乳酸 $[\alpha]_D^{20}=-3.8°$。

在非手性条件下，对映异构体的物理性质和化学性质是相同的。如乳酸的右、左旋体的熔点都是 53℃，25℃时的 pK_a 值都是 3.79。

在生物体内手性环境中，对映异构体不仅反应活性不同，生理作用也不相同。如人体所需的糖类都是 D 构型，所需的氨基酸都是 L 构型；右旋的维生素 C 具有抗坏血酸的作用，但左旋的维生素 C 则无此功效，并且右旋的维生素 C 营养价值高，更利于人体吸收。

将对映体的左、右旋体等量混合组成的体系，用旋光仪测得其无旋光性。这种由等量的左旋体和右旋体组成的无旋光性的体系叫外消旋体，用（±）表示。外消旋体不仅没有旋光性，而且其他的物理性质与对映体也有差异。如从酸奶、西红柿汁中分离出的乳酸都是外消旋体，其熔点为 16.8℃。外消旋体的化学性质与对映体基本相同，但在生物体内，左、右旋体各自保持并发挥自己的功效。

学习卡片

自然界中的手性物质

自然界中的许多化合物以对映体的形式存在，例如天然的丙氨酸是一种含量丰富的氨基酸，它以一对对映体的形式存在。乳酸在血液和肌肉中以左旋形式存在，在酸奶、一些水果中以外消旋体形式存在。

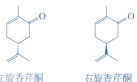

左旋香芹酮　　右旋香芹酮

香芹酮对映体的香气有显著差异，右旋香芹酮具有芫荽的香味，而左旋香芹酮则有留兰香的香味。二者可用作牙膏、香皂、口香糖等添加剂，亦可用于化妆品和医药。

大自然的手性世界还能展现显著的"立体选择性"。例如，常见的蜗牛的壳主要是右旋的（它的螺旋外壳是顺时针方向）。左旋对映异构体形式很罕见，仅是右旋体的 1/20000。

思政案例

海豹儿事件

1960 年，欧洲暴发"海豹儿事件"，即新生儿畸形比率异常升高。调查结果发现这与名为"沙利度胺（又称反应停）"的药有关，其中右旋体有中枢镇静作用，可用来缓解孕妇的呕吐现象，而左旋体则有强烈的致畸性。据统计因沙利度胺产生畸形的婴儿有 1 万多例。

如今它又给麻风结节性红斑和多发性骨髓瘤患者带去了新的希望。沙利度胺的前世今生也是人类药物研发史的一个缩影。只有在药物研发和临床试验过程中更加全面、规范、严谨，才能够最大程度地避免类似事件的发生。"海豹儿事件"警示我们要崇尚真理、敬畏生命、遵守职业道德。

2. 构型的表示方法

对映异构体在结构上的区别在于原子或基团在空间的相对位置不同,一般的平面表达式无法表示,因此采用透视式和费歇尔投影式表示。

(1) 透视式 透视式是将手性碳原子置于纸平面上,与手性碳原子相连的4个键,有3种不同的表示法:用细实线表示处于纸平面上,用楔形实线表示伸向纸面前方,用楔形虚线表示伸向纸面后方。例如,乳酸分子的一对对映体可表示如下:

(2) 费歇尔(Fischer)投影式 费歇尔投影式是利用分子模型在纸面上投影得到的表达式,投影原则如下:

① 以手性碳原子为投影中心,画十字线,十字线的交叉点代表手性碳原子。

② 一般把分子中的碳链放在竖线上,且把氧化态较高的碳原子(即命名时编号最小的碳原子)放在上端,其他两个原子或基团放在横线上。

③ 竖线上的原子或基团表示指向纸平面的后方,横线上的原子或基团表示指向纸平面的前方。

例如,乳酸分子的一对对映体用模型和费歇尔投影式分别表示如下:

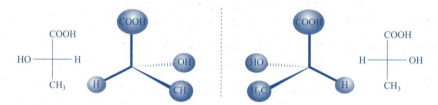

3. 构型标记法

构型的标记方法,一般采用D/L标记法和R/S标记法。

(1) D/L标记法 根据系统命名原则,在 X—C(R)(R')—H 型的构型异构体中,将其主链竖向排列,以氧化态较高的碳原子(或命名中编号最小的碳原子)放在上方,写出费歇尔投影式。取代基(X为非氢原子或基团)在碳链右边的为D型,在左边的为L型。例如:

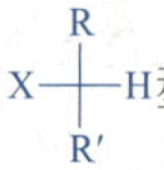

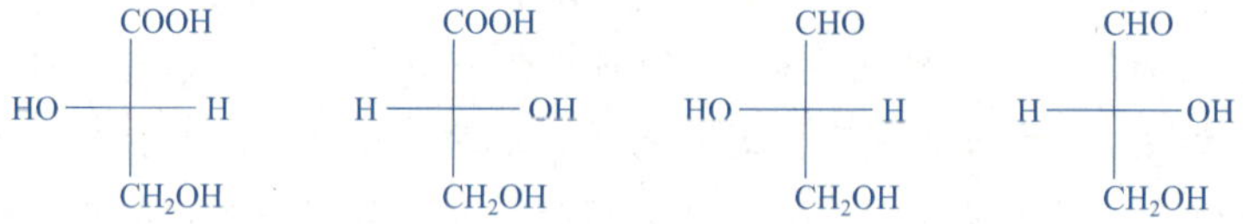

L-(+)-甘油酸   D-(−)-甘油酸   L-(−)-甘油醛   D-(−)-甘油醛

D/L标记法只能表示分子中一个手性碳原子的构型。对于含有多个手性碳原子的化合物,用这种标记法并不合适。目前,除氨基酸、糖类仍使用这种方法以外,其他化合物都采用了国际通用的R/S标记法。

(2) R/S标记法 是根据手性碳原子所连4个原子或基团在空间的排列来标记的,其原则如下:

① 根据次序规则，将手性碳原子上所连的 4 个原子或基团（a，b，c，d）按优先次序排列。设：a＞b＞c＞d。

② 将次序最小的原子或基团（d）放在距离观察者视线最远处，并令其（d）和手性碳原子及眼睛三者成一条直线，这时，其他 3 个原子或基团（a，b，c）则分布在距眼睛最近的同一平面上。

③ 按优先次序观察其他 3 个原子或基团的排列顺序，如果 a＞b＞c 按顺时针排列，该化合物的构型称为 R 型；如果 a＞b＞c 按逆时针排列，则称为 S 型，如图 6-14 所示。

图 6-14　R/S 标记法

（3）费歇尔投影式 R/S 构型的判断方法

① 当化合物的构型以费歇尔投影式表示时，确定构型的方法是：当优先次序中最小原子或基团处于投影式的竖线上时，如果其他 3 个原子或基团按顺时针由大到小排列，该化合物的构型是 R 型；如果按逆时针排列，则是 S 型。例如：

$$
\begin{array}{cc}
\text{CH}_3\text{CH}_2 \underset{\text{OH}}{\overset{\text{H}}{-\!\!\!-\!\!\!-}} \text{CH}_3 & \text{CH}_3\text{CH}_2 \underset{\text{H}}{\overset{\text{OH}}{-\!\!\!-\!\!\!-}} \text{CH}_3 \\
R\text{-}2\text{-丁醇} & S\text{-}2\text{-丁醇}
\end{array}
$$

② 当优先次序中最小的原子或基团处于投影式的横线上时，如果其他 3 个原子或基团按顺时针由大到小排列，该化合物的构型是 S 型；如果按逆时针排列，则是 R 型。例如：

$$
\begin{array}{cc}
\text{H} \underset{\text{CH}_2\text{OH}}{\overset{\text{CHO}}{-\!\!\!-\!\!\!-}} \text{OH} & \text{HO} \underset{\text{CH}_2\text{OH}}{\overset{\text{CHO}}{-\!\!\!-\!\!\!-}} \text{H} \\
R\text{-甘油醛} & S\text{-甘油醛}
\end{array}
$$

费歇尔投影式是画手性分子的一种简便的方法。我们能够在平面上旋转 180°，可保持构型不变；若旋转 90°则会改变构型为其对映体。把最优先的基团放在费歇尔投影式的顶端，可以容易地确定其构型。

> **思考和练习**
>
> 1. 测定比旋光度有什么意义？
> 2. 命名下列化合物。
>
> (1) $\text{H} \underset{\text{CH(CH}_3)_2}{\overset{\text{CH}_3}{-\!\!\!-\!\!\!-}} \text{CH}_2\text{CH}_3$
>
> (2) $\text{CH}_3\text{CH}_2 \underset{\text{CH}_3}{\overset{\text{H}}{-\!\!\!-\!\!\!-}} \text{Cl}$

本章小结

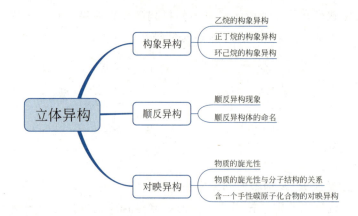

课后习题

1. 填空题

(1) 有机化学中，立体异构是指构造式相同，但由于分子中原子_____不同而产生的异构现象，包括构型异构和构象异构两种类型。其中构型异构又分为_____和_____两类。

(2) 环己烷有两种典型的构象分别是_____构象和_____构象，其中_____构象最稳定。

(3) 由于碳碳双键中_____键的存在限制了碳碳双键的自由旋转，当构成双键的两个碳原子上或环的两个碳原子上分别连有_____时，就会产生顺反异构体。

(4) 顺反命名法（习惯法）的命名原则是要确定_____的原子或基团是否在双键（或环）的同侧或异侧，而 Z/E 命名法（系统法）的命名原则则是要确定_____的原子或基团是否在双键（或环）的同侧或异侧，二者没有必然联系。

(5) 对映异构是指分子的空间构型相似，但却不能_____，彼此间呈实物与_____的对映关系的异构现象。该特征如同人的左右手一般，相似却不能重合，因此又称为手性，具有手性的物质都表现一种特殊的物理性质，即具有_____。

(6) 对映体中的一对左右旋体，它们使偏振光旋转的角度_____，但方向_____。在非手性环境中，对映体的物理性质和化学性质_____。将左右旋体等量混合，其旋光性_____，该混合物叫_____。

(7) 只含一个 C* 的化合物_____（是或否）手性化合物，存在_____对对映体。

2.选择题

(1) 下列情况中能确定分子具有手性的是（　　）。
A. 分子不具有对称面　　　　　B. 分子不具有对称中心
C. 分子与其镜像不能重合　　　D. 分子不含有手性碳原子

(2) 有关比旋光度叙述或表达不正确的是（　　）。

A. $[\alpha]_\lambda^t = -\dfrac{\alpha}{cL}$

B. 利用比旋光度，可以比较不同物质旋光活性的大小

C. 室温下，把被测样品的浓度规定为 1g/mL，盛液管的长度规定为 1dm，这时测定的旋光度叫作比旋光度

D. 已知葡萄糖溶液的 $[\alpha]_D^{20} = +52.5°$，那么当它的溶液浓度为 2g/mL 时，$[\alpha]_D^{20} = +105.0°$

(3) 下列化合物中与 (H—C(CH₃)(C₂H₅)—OH Fischer投影式) 为同一物质的是（　　）。

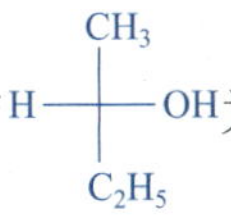

A. 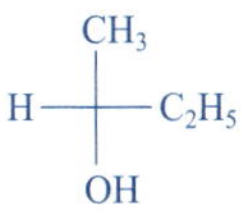 CH₃—C(H)(OH)—C₂H₅　　B. CH₃—C(HO)(C₂H₅)—H　　C. C₂H₅—C(HO)(CH₃)—H　　D. 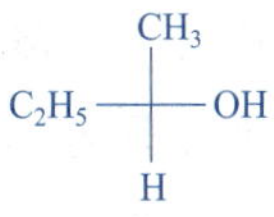 CH₃—C(C₂H₅)(H)—OH

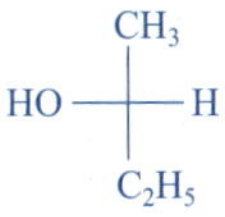

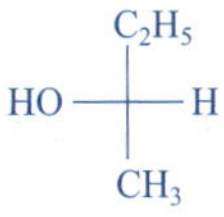

3.写出下列化合物的构造式并判断是否存在顺反异构体

(1) 2,3-二氯-2-丁烯　　　　　(2) 1,3-二溴环戊烷

(3) 2-甲基-2-戊烯　　　　　　(4) 2,2,5-三甲基-3-己烯

(5) 1-苯基丙烯

4.根据下列化合物的名称，写出相应的构型式，并用 Z/E 构型标记法命名

(1) 顺-3-甲基-2-戊烯　　　　　(2) 反-4,4-二甲基-2-戊烯

(3) 顺-3,4-二甲基-3-己烯　　　(4) 反-1,3-二乙基-1-氯环己烷

5.推断结构

某烯 A（C_6H_{12}）具有旋光性，催化加氢后生成的烷烃 B（C_6H_{14}）没有旋光性，试写出 A 和 B 的构造式。

第七章 卤代烃

学习目标

- 知识目标
  1. 掌握卤代烃的分类、命名、化学性质及应用。
  2. 理解卤代烃结构与性质之间的关系。
  3. 了解重要卤代烃的性质及在生产、生活中的应用。
- 能力目标
  1. 能命名典型卤代烃；能根据物理性质，判断其分离方法。
  2. 能鉴别伯、仲、叔卤代烃及乙烯型、烯丙型卤代烃。
  3. 能运用卤代烃的化学性质进行简单的有机合成。
- 素质目标
  1. 通过氯乙烯的用途知识点，引出我国和中亚大国乌兹别克斯坦在"一带一路"合作项目中的聚氯乙烯工程，深刻认识我国的大国担当精神。
  2. 通过有机化学与化工类、制药类专业的联系，培养学生基本化学素养。

课前导学

卤代烃为什么被称作有机物的桥梁？卤代烃与烯烃之间有怎样的相互转换关系？用聚氯乙烯做成的塑料袋来盛放热的食品更安全卫生，这种说法是真的吗？有机金属化合物能发生哪些反应？在本章的内容里你会找到答案。

课前测验

多选题

1. 下列物质是烃的衍生物的是（　　）。
   A. 溴乙烷　　B. 乙醇　　C. 乙酸　　D. 氯化苄
2. 下列物质号称"塑料王"的是（　　）。
   A. 聚乙烯　　B. 聚氯乙烯　　C. 聚四氟乙烯　　D. 特氟龙
3. 卤代烷能发生的化学反应类型有（　　）。
   A. 取代反应　　B. 加成反应　　C. 消除反应　　D. 与金属 Mg 反应

烃分子中的氢原子被卤原子取代后生成的化合物称为卤代烃，常用 RX 或 ArX 表示。X 表示卤素（F、Cl、Br、I），其中卤原子为官能团。

第一节　卤代烃的分类、异构和命名

一、卤代烃的分类

卤代烃的分类

根据卤代烃分子烃基结构不同，可分为：饱和卤代烃（卤代烷烃）、不饱和卤代烃、卤代芳香烃。例如：

CH_3CH_2Br　　　　　$CH_2=CHCl$　　　　　氯苯（苯环上一个Cl）

溴乙烷　　　　　　　　氯乙烯　　　　　　　　氯苯
（饱和卤代烃）　　　（不饱和卤代烃）　　　（芳香族卤代烃）

根据卤代烃分子中卤原子数目不同，可分为：一卤代烃、二卤代烃和多卤代烃。例如：

CH_3Cl　　　　　　CH_2Cl_2　　　　　　CHI_3

一氯甲烷　　　　　　二氯甲烷　　　　　　三碘甲烷（碘仿）
（一卤代烃）　　　　（二卤代烃）　　　　（多卤代烃）

根据卤代烃分子卤原子数目不同，可分为：伯、仲、叔卤代烃，也称为 1°（一级）、2°（二级）、3°（三级）卤代烃。

$CH_3CH_2CH_2Cl$　　　　CH_3CHCH_3　　　　$CH_3\underset{Cl}{\overset{CH_3}{\underset{|}{\overset{|}{C}}}}CH_3$
　　　　　　　　　　　　　　$|$
　　　　　　　　　　　　　Cl

1-氯丙烷　　　　　　（仲卤代烃）　　　　（叔卤代烃）
（伯卤代烃）

二、卤代烃的同分异构

烷烃分子中的氢原子被卤原子取代后生成的化合物称为卤代烷。这里只讨论卤代烷的构造异构。

例如，分子式为 C_4H_9Cl 的化合物，具有下列 4 种异构体。

(1) $CH_3CH_2CH_2CH_2Cl$　　　　　　(2) $CH_3CH_2CHCH_3$
　　　　　　　　　　　　　　　　　　　　　　　　　$|$
　　　　　　　　　　　　　　　　　　　　　　　　Cl

(3) CH_3CHCH_2Cl　　　　　　　　　(4) CH_3
　　　　$|$　　　　　　　　　　　　　　　　$|$
　　　CH_3　　　　　　　　　　　　　CH_3CCH_3
　　　　　　　　　　　　　　　　　　　　　$|$
　　　　　　　　　　　　　　　　　　　　　Cl

三、卤代烃的命名

1. 习惯命名法

根据卤原子所连的烃基的名称将其命名为"某烃基卤"。例如：

$CH_3CH_2CH_2CH_2Cl$　　　　$(CH_3)_3CBr$　　　　环己基-I

正丁基氯　　　　　　　叔丁基溴 　　　　　环己基碘

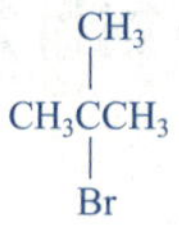

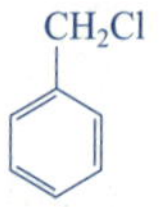

苄基氯(苯甲基氯，氯化苄)　　　$CH_2=CHCH_2Cl$

　　　　　　　　　　　　　　烯丙基氯

2. 系统命名法

把卤代烃看作烃的卤素衍生物，即以烃为母体，卤原子只作为取代基。

因此，其命名原则与相应烃的原则相同，命名原则如下：

（1）**选主链**　选含有卤素原子的最长碳链作主链（母体），卤原子作为取代基；

（2）**编号**　靠近取代基一端给主链碳原子编号；

（3）**写名称**　根据主链碳原子数目称"某烷""某烯""某炔"；将取代基的位次、名称写在母体名称之前。不同基团，按原子序数的顺序排列。例如：

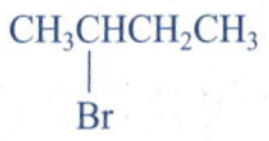

2-溴丁烷 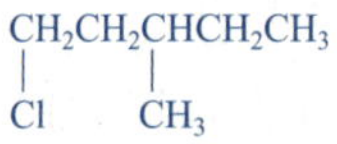　　　3-甲基-1-氯戊烷 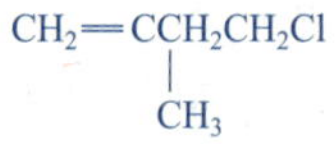　　　3-甲基-4-氯-1-丁烯

氯苯 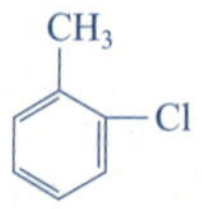　　　　　邻氯甲苯 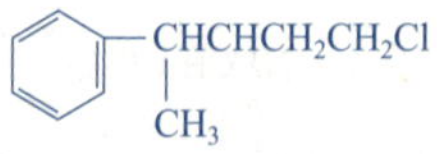　　　　3-苯基-1-氯丁烷

📝 思考和练习

写出下表中的烃的一元卤代物，并命名。

烃	CH_4	CH_3CH_3	$CH_2=CH_2$	 环己烷	 甲苯
卤代烃					
名称					

第二节 卤代烃的物理性质

一、状态

在常温常压下,4个碳以下的氟代烷、氯甲烷、氯乙烷、溴甲烷、氯乙烯为气体,其余多为液体,高级或一些多元卤代烃为固体。多数卤代烃是无色的,但碘代烃见光易产生游离的碘而常带红棕色,因此储存需用棕色瓶装并且要避光。不少卤代烃带香味,但其蒸气有毒,应防止吸入。

二、沸点

在同一系列的卤代烃中,沸点随着碳原子数的增加而升高。在烃基相同的一元卤代烃中,沸点的变化规律是:RI>RBr>RCl。在同碳的卤代烷中,支链愈多的卤代烷沸点愈低。此外,由于卤代烃中的C—X键有极性,其沸点比分子量相近的烃高。

三、密度

卤代烃的相对密度是值得注意的物理性质。一氟代烃和一氯代烷烃的相对密度小于1,其余卤代烃的相对密度多数大于1。此外,在一卤代烷烃的同系列中,相对密度随着碳原子数的增加反而降低,这是卤素在分子中所占比例逐渐减小的缘故。

四、溶解性

卤代烃不溶于水,易溶于醇、醚、烃等有机溶剂。许多卤代烃本身就是良好的溶剂,例如常用氯仿、四氯化碳从水层中提取有机物。

五、毒性

卤代烃一般比烃类的毒性大,卤代烃经皮肤吸收后,侵犯神经中枢或作用于内脏器官,引起中毒。使用卤代烃的工作场所应保持良好的通风。常见卤代烃的物理常数见表7-1。

表7-1 常见卤代烃的物理常数

名称	闪点/℃	熔点/℃	沸点/℃	相对密度(d_4^{20})
氯甲烷	<-50	-97	-24	0.920
溴甲烷	-44	-93	4	1.732
碘甲烷	-28	-66	42	2.279
二氯甲烷	不易燃物	-96	40	1.326
三氯甲烷	不燃物	-64	62	1.489

续表

名称	闪点/℃	熔点/℃	沸点/℃	相对密度（d_4^{20}）
四氯甲烷	不燃物	−23	77	1.594
1-氯丙烷	−20	−123	47	0.890
2-氯丙烷	−32	−117	36	0.860
氯乙烯	<−17.8	−154	−14	0.911
溴乙烯	<−8	−138	16	1.517
氯苯	28	−45	132	1.107
氯化苄	65	−39	179	1.100

第三节　卤代烃的化学性质

卤代烃（RX）在自然界存在极少，多数是人工合成。卤原子（—X）使 RX 较 RH（烃）分子更活泼，能发生多种化学反应，生成很多有机物，被称为有机物的桥梁。

一、取代反应

1. 水解

卤代烷不溶于水，水解反应很慢，并且是一个可逆反应。为了加速反应并使反应进行到底，通常用强碱（KOH 或 NaOH）的水溶液与卤代烃共热，使卤原子被羟基（—OH）取代而生成醇。

36. 微课：卤代烃的取代反应

$$R\!\!-\!\!X + H\!\!-\!\!OH \xrightarrow[\triangle]{NaOH} R\!\!-\!\!OH + NaX$$

例如：$CH_3CH_2Br + H_2O \xrightarrow[\triangle]{NaOH} CH_3CH_2OH + NaBr$

用途：一般常用醇来制备卤代烃，但此反应适合制备结构复杂的醇。

例如，工业上制戊醇。

$$C_5H_{11}Cl + NaOH \xrightarrow[\triangle]{H_2O} C_5H_{11}OH + NaCl$$

产物杂醇油是各种醇（异戊醇、异丁醇、活性醇等）的混合物，可以用作香料、增塑剂、涂料的溶剂等。

2. 氰解

卤代烷与氰化钠（或氰化钾）的醇溶液共热，卤原子被氰基（—CN）取代而生成腈。

$$R\!\!-\!\!X + Na\!\!-\!\!CN \xrightarrow[\triangle]{ROH} R\!\!-\!\!CN + NaX$$

例如，工业上用溴乙烷与氰化钾作用制取丙腈。

$$CH_3CH_2\!-\!Br + K\!-\!CN \xrightarrow[\triangle]{CH_3CH_2OH} CH_3CH_2CN + KBr$$

反应特点：产物比原料增加了 1 个碳原子，在有机合成中用于增长碳链。

适用范围：只适用于卤代甲烷或伯卤代烃，因氰化钾具有较强碱性，与仲、叔卤代烃反应的主产物是消除产物——烯烃。

【例】以乙烯为原料合成丙酸。

【分析】可以通过倒推的方法确定合成思路。产物比原料多 1 个碳原子，借助引入—CN 的反应；而—CN 由 RX 与氰化钠取代制取；—RX 又通过乙烯与氢溴酸加成得来。

$$CH_2\!=\!CH_2 \xrightarrow{HBr} CH_3CH_2Br \xrightarrow{NaCN} CH_3CH_2CN \xrightarrow{H_2O} CH_3CH_2COOH$$

3. 氨解

卤代烷与氨在醇溶液中共热，卤原子被氨基（—NH$_2$）取代而生成胺。

$$R\!-\!X + H\!-\!NH_2 \xrightarrow[\triangle]{ROH} R\!-\!NH_2 + HX$$

这是工业上制取伯胺的方法之一。例如，1-溴丁烷与过量的氨反应生成正丁胺。

$$CH_3CH_2CH_2\!-\!Br + H\!-\!NH_2 \xrightarrow[\triangle]{C_2H_5OH} CH_3CH_2CH_2CH_2NH_2 + NH_4Br$$

正丁胺可用作石油产品添加剂、彩色相片显影剂。还可用于合成乳化剂、农药及治疗糖尿病的药物。

4. 醇解

卤代烷与醇钠的相应醇溶液作用，卤原子被烷氧基（RO—）取代而生成醚。

此反应称为威廉姆逊（Williamson）反应，是制备混醚和芳香醚最好的方法。使用时最好选用卤代甲烷或伯卤代烃，否则主产物是消除产物——烯烃。

$$R\!-\!X + Na\!-\!OR' \xrightarrow{ROH} R\!-\!OR' + NaX$$

例如，工业上用溴甲烷和叔丁醇钠反应制取甲基叔丁基醚。

$$CH_3\!-\!Br + Na\!-\!OC(CH_3)_3 \xrightarrow{\triangle} CH_3OC(CH_3)_3 + NaBr$$

甲基叔丁醚是一种新型的高辛烷值汽油调和剂，可以代替有毒的四乙基铅，减少环境污染，提高汽油的使用安全性和质量。

5. 与硝酸银-乙醇溶液反应

卤代烷与硝酸银的乙醇溶液作用，卤原子被—ONO$_2$ 取代生成硝酸酯和卤化银沉淀。

$$R\!-\!X + AgONO_2 \xrightarrow{乙醇} RONO_2 + AgX\!\downarrow$$

各类卤代烃的活性次序为：
① 叔卤代烃＞仲卤代烃＞伯卤代烃；
② R—I＞R—Br＞R—Cl。

室温下叔卤代烷、碘代烷、仲溴代烷，立刻生成卤化银沉淀；伯溴代烷、伯氯代烷、仲氯代烷，加热有沉淀生成。利用反应活性差异，可鉴别伯、仲、叔三种不同类型的卤代烃。

二、消除反应

37. 微课：卤代烃的消除反应

卤代烷与强碱的醇溶液共热，分子中的 C—X 键和 β-C—H 键发生断裂，脱去一分子卤化氢而生成烯烃。这种从有机物分子中相邻的两个碳上脱去 HX（或 X_2、H_2、NH_3、H_2O）等小分子，形成不饱和化合物的反应，称为消除反应。例如：

$$CH_3CH_2\overset{\beta}{C}H\overset{\alpha}{C}H_2 \xrightarrow[\triangle]{KOH/C_2H_5OH} CH_3CH_2CH=CH_2 + KX + H_2O$$
（虚线框内为 H X）

仲卤代烷和叔卤代烷在消除卤化氢时，反应可在不同的 β-碳原子上进行，生成多种不同产物。例如：

$$CH_3-\overset{\beta'}{C}H-\overset{\alpha}{C}H-\overset{\beta}{C}H_2 \xrightarrow[\triangle]{KOH/C_2H_5OH} \begin{cases} CH_3CH_2CH=CH_2 \quad 1\text{-丁烯} \quad 19\% \\ CH_3CH=CHCH_3 \quad 2\text{-丁烯} \quad 81\% \end{cases}$$

实验证明，卤原子主要是与含氢较少的 β-碳原子上的氢脱去卤化氢。这一经验规律称为查依采夫（Saytzeff）规律。

卤代烷发生消除反应的活性顺序为：叔卤代烃＞仲卤代烃＞伯卤代烃。

实际上，卤代烷的消除和取代是同时进行的竞争反应。哪一种占优势，与卤代烷的分子结构及反应条件如试剂的碱性、溶剂的极性、反应温度等有关。

一般规律是：伯卤烷、稀碱、强极性溶剂及较低温度有利于取代反应；叔卤烷、浓的强碱、弱极性溶剂及高温有利于消除反应。

例如，叔卤代烷与醇钠反应主要产物是烯烃而不是醚。

$$\underset{\underset{CH_3}{|}}{\overset{\overset{CH_3}{|}}{CH_3C}}-Br + CH_3O-Na \xrightarrow{\triangle} CH_2=\underset{}{\overset{\overset{CH_3}{|}}{C}}-CH_3 + CH_3OH + NaBr$$

三、与金属镁反应

卤代烷在绝对乙醚（无水、无醇的乙醚，又称无水乙醚或干醚）中与金属镁作用，生成有机镁化合物——烷基卤化镁，称为格利雅（Grignard）试剂，简称格氏试剂，可用通式 RMgX 表示。例如：

$$CH_3CH_2CH_2CH_2Br + Mg \xrightarrow{\text{无水乙醚}} CH_3CH_2CH_2CH_2MgBr$$
(94%)
正丁基溴化镁

$$CH_3CH_2CHCH_3 + Mg \xrightarrow{\text{无水乙醚}} CH_3CH_2CHMgBr$$
$$\quad\quad |\quad\quad\quad\quad\quad\quad\quad\quad\quad\quad\quad\quad |$$
$$\quad\quad Br\quad\quad\quad\quad\quad\quad\quad\quad\quad\quad\quad CH_3$$
(78%)
仲丁基溴化镁

一般伯卤代烷产率高，仲卤代烷次之，叔卤代烷最差。当烷基相同时，各种卤代烷的活性顺序为：RI＞RBr＞RCl。

在烃基卤化镁分子中，由于碳原子的电负性（2.5）比镁的电负性（1.2）大得多，C—Mg 键是很强的极性键，性质非常活泼，可与醛、酮、二氧化碳、含活泼氢的化合物等多种试剂反应。

由于格氏试剂遇到含活泼氢的化合物会立即分解，所以制备格氏试剂时要在隔绝空气的条件下，使用无水、无醇的绝对乙醚作溶剂。

用格氏试剂与含活泼氢的化合物（如水、醇、氨等）反应可制备烷烃；也可以定量分析水、醇等含有活泼氢的物质。具体方法是：通过 CH_3MgI 与样品作用产生的 CH_4 的体积来计算样品的纯度或计算出被测化合物中所含活泼氢原子的数目。例如：

$$CH_3MgX \xrightarrow{\text{无水乙醚}} \begin{cases} H-OR \rightarrow CH_4 + Mg(OR)X \\ H-OH \rightarrow CH_4 + Mg(OH)X \\ H-OCOR \rightarrow CH_4 + Mg(OCOR)X \\ H-NH_2 \rightarrow CH_4 + Mg(NH_2)X \\ H-X \rightarrow CH_4 + MgX_2 \end{cases}$$

另外，格氏试剂与醛、酮、二氧化碳的反应可用于制备醇、醛、酮、羧酸等一系列重要化合物，在理论研究及有机合成上都很重要。

思政案例

化学家格林尼亚

维克多·格林尼亚，法国化学家，因发明了格氏试剂于 1912 年获得诺贝尔化学奖。他有着一个传奇而励志的人生。

格林尼亚 1871 年出生于法国一个很有名望的造船主之家，小时候是一个不学无术的纨绔子弟，终日游手好闲。21 岁时遭到巴黎一位女伯爵的鄙夷和羞辱，他开始反省自己。选择离家来到里昂，经过波尔韦教授的精心辅导和自己的刻苦努力，进入里昂大学插班学习。由于异常勤奋和见解精辟，他得到有机化学家巴比埃的青睐，巴比埃亲自指导格林尼亚研究金属有机化合物。1901 年格林尼亚发明了格氏试剂。

格氏试剂使合成大量的不同类型的化合物有了可能，对当时的有机化学发展产生了重要的影响。

格林尼亚浪子回头，用拼搏和钻研，实现了从纨绔子弟到化学家的完美逆袭，改写了自己的人生。

思考和练习

1. 完成下列化学反应式。

(1) 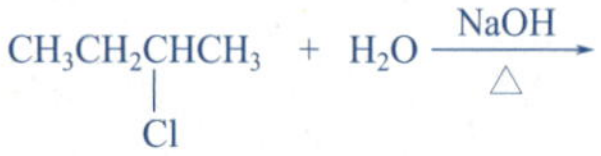 $CH_3CH_2CHCH_3$ (Cl) + H_2O $\xrightarrow[\triangle]{NaOH}$

(2) $C_6H_5CH_2Cl$ + H_2O $\xrightarrow[\triangle]{NaOH}$

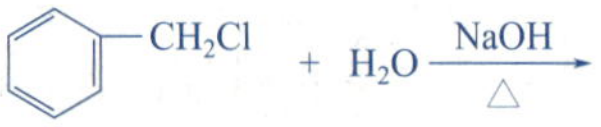

(3) CH_3CH_2I $\xrightarrow{NaCN/CH_3CH_2OH}$

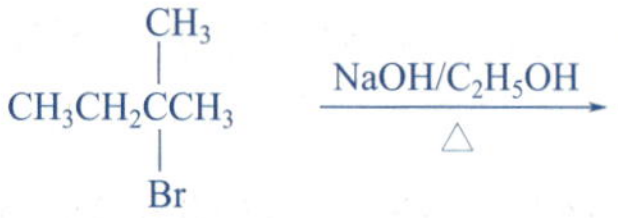

(4) $CH_3CH_2CCH_3$ (CH_3)(Br) $\xrightarrow[\triangle]{NaOH/C_2H_5OH}$

(5) $CH_3CHCHCH_3$ (CH_3)(Cl) $\xrightarrow[\triangle]{NaOH/C_2H_5OH}$

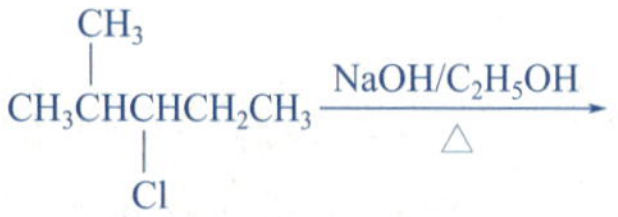

2. 用简便的化学方法鉴别下列化合物

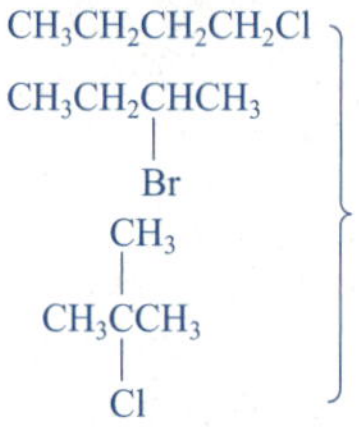

$CH_3CH_2CH_2CH_2Cl$
$CH_3CH_2CHCH_3$ (Br)
CH_3CCH_3 (CH_3)(Cl)

第四节 卤代烯烃和卤代芳烃

一、卤代烯烃和卤代芳烃的分类

根据分子中卤原子与双键碳原子或芳环的相对位置不同,将卤代烯烃和卤代芳烃分为以下三种类型。

1. 乙烯型卤代烃

卤原子直接与双键碳原子或芳环相连的卤代烃,称为乙烯型卤代烃。

$CH_3CH=CHBr$ C_6H_5-Br 环戊烯-Br

2. 烯丙型卤代烃

卤原子与双键或芳环仅相隔一个饱和碳原子的卤代烃,称为烯丙型卤代烃。

$$\underset{\alpha}{\bigcirc}\!\!-Br \qquad \underset{\alpha}{\bigcirc}\!\!-CH_2Cl \qquad CH_3\overset{\alpha}{C}HBrCH=CH_2$$

3. 孤立型卤代烃

卤原子与双键或芳环相隔两个及以上饱和碳原子的卤代烃，称为孤立型卤代烃。

$$CH_2=CHCH_2CH_2Cl \qquad \bigcirc\!\!-CH_2CH_2Br$$
4-氯-1-丁烯   1-苯基-2-溴乙烷

二、不同结构的卤代烯烃和卤代芳烃反应活性的差异

不同类型的卤代烃由于卤原子与双键或芳环的相对位置不同，导致化学反应活性有很大差异。

1. 乙烯型卤代烃很不活泼

乙烯型卤代烃的化学性质很不活泼。例如，氯乙烯即使在加热或煮沸时，也不与 $AgNO_3/C_2H_5OH$ 溶液反应。利用这一性质可鉴别卤代烷与乙烯型卤代烃。

2. 烯丙型卤代烃非常活泼

烯丙型卤代烃的化学性质非常活泼。例如，烯丙基氯在室温下，可迅速与 $AgNO_3/C_2H_5OH$ 溶液反应，析出 AgCl 白色沉淀。此反应可鉴别烯丙型卤代烃。

$$CH_2=CHCH_2Cl + AgNO_3 \xrightarrow{C_2H_5OH} CH_2=CHCH_2ONO_2 + AgCl\downarrow$$

烯丙基氯非常容易发生水解、醇解等取代反应。

$$CH_2=CHCH_2Cl + H_2O \xrightarrow{NaOH} \underset{\text{烯丙醇}}{CH_2=CHCH_2OH}$$

烯丙醇又称丙烯醇、乙烯甲醇、蒜醇。无色液体，有刺激性气味，溶于水。是制备甘油的原料，也用于制备增塑剂、树脂、医药等。

3. 孤立型卤代烃的活性与卤代烷相似

孤立型卤代烃中的卤原子与双键或苯环相隔较远，相互影响较小，因此其卤原子的活性与相应伯、仲、叔卤代烷的性质相似。

不同类型卤代烃与 $AgNO_3/C_2H_5OH$ 溶液反应活性为：烯丙型＞孤立型＞乙烯型。

思考和练习

完成下列化学反应式。

(1) $\underset{}{\bigcirc}\!\!\overset{Cl}{\underset{Br}{}}\!\! \xrightarrow[CH_3CH_2OH]{NaCN}$

(2) $CH=CHCHCH_3 \atop \ \ |\ \ \ \ \ \ \ \ |\ \ \ \ \atop Cl\ \ \ \ \ \ \ Cl$ $\xrightarrow[NaOH]{H_2O}$

第五节 重要的卤代烃

一、氯代甲烷

甲烷和氯气反应的 4 种主要产物属于卤代烃,它们有不同的性质与用途。例如,一氯甲烷(CH_3Cl)是气体,常用作制冷剂;二氯甲烷(CH_2Cl_2)是液体,可用作树脂和塑料工业的溶剂;三氯甲烷($CHCl_3$)俗称氯仿,它是优良的溶剂,也是一种麻醉剂,曾用于外科手术;四氯甲烷(CCl_4),也称四氯化碳,是一种良好的不燃溶剂,能溶解油脂、橡胶、蜡等多种有机物,可用作衣物干洗剂。

二、氯乙烯和聚氯乙烯

氯乙烯常温下是无色气体,沸点 $-13.8℃$。不溶于水,易溶于多种有机溶剂,与空气形成爆炸性混合物,爆炸极限 3.6%~26.4%。长期高浓度接触可引起许多疾病,并可致癌。

氯乙烯最大的工业用途是制聚氯乙烯塑料。目前工业上生产氯乙烯主要采用如下方法:

$$n\text{CH}_2=\underset{\underset{\text{Cl}}{|}}{\text{CH}} \xrightarrow[50\sim60℃, 0.5\text{MPa}]{\text{引发剂}} {+\text{CH}_2-\underset{\underset{\text{Cl}}{|}}{\text{CH}}+}_n$$

聚氯乙烯是目前我国产量最大的塑料,简称 PVC,可用作农业薄膜、工业管材、皮革制品、救生用具中的泡沫衬垫、鞋垫、隔声绝缘材料、门窗、雨衣等。但聚氯乙烯制品不耐热,不耐有机溶剂,而且在使用过程中由于其缓慢释放有毒物质而不可盛放食品。

三、四氟乙烯和聚四氟乙烯

四氟乙烯为无色气体,沸点 $76.3℃$。不溶于水,可溶于多种有机溶剂。

四氟乙烯主要用途是合成聚四氟乙烯。

$$n\text{CF}_2=\text{CF}_2 \xrightarrow{\text{催化剂}} {+\text{CF}_2-\text{CF}_2+}_n$$

聚四氟乙烯商品名称为特氟龙(PTFE),号称"塑料王",是一种应用广泛、性能非常稳定的塑料。它耐高温,可在 260℃ 高温下长期使用;耐低温,在 $-268℃$ 低温下短期使用,具有良好的机械韧性,即使温度下降到 $-196℃$,也可保持 5% 的伸长率;耐腐蚀,不与强酸强碱(包括"王水")反应。它是一种非常有用的工程和医用塑料。

四、氯苯(　)

氯苯为无色透明液体,有不愉快的苦杏仁味。沸点 $131.7℃$,不溶于水,溶于乙醇、乙醚、氯仿等有机溶剂。

化学性质不活泼，一般条件不发生化学反应。

氯苯由苯氯化制得；是重要化工原料，主要用于制备苯酚、苯胺、硝基氯苯、苦味酸等；用作燃料、医药、有机合成中间体。

五、氯化苄

氯化苄又称苄基氯、苯氯甲烷；为无色液体，有强烈刺激性气味。沸点179.4℃，不溶于水，溶于乙醇、乙醚、氯仿等有机溶剂。

化学性质非常活泼，易发生化学反应。

工业上，氯化苄在光照的条件下，将氯气通入沸腾的甲苯中，再经减压分馏制得。

$$C_6H_5CH_3 + Cl_2 \xrightarrow{h\nu} C_6H_5CH_2Cl + HCl$$

氯化苄是重要化工原料，是制染料、香料、药物、合成树脂等的原料。

六、氟利昂

氟利昂是氟氯代烷烃的总称（商品名）。氟利昂类气体是最常见的制冷剂，它们具备加压容易液化，汽化热大，安全性高，不燃、不爆、无嗅、无毒等优良性能。利用它们不同的沸点可用于不同的制冷设备。如家用冰箱用CCl_2F_2，它是无色、无臭的气体，沸点$-29.8℃$；冷库用$CClF_3$和CHF_3；空调器用$CClF_2CClF_2$等。

氟利昂最早先被应用于制作气溶胶罐的推进剂，广泛用于香水、化妆品、农药、涂料、头发喷雾剂等。

因为氟利昂排放到大气中会破坏臭氧层，导致地球上的生物受到严重紫外线的伤害。现在氟利昂已被其他的环境友好型的卤代化合物代替。

本章小结

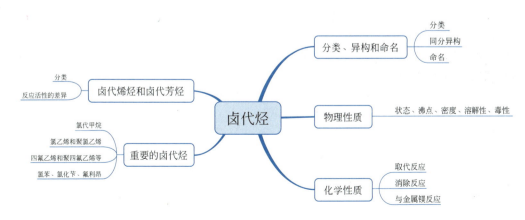

课后习题

1. 填空题

(1) 据与卤原子相连的碳原子类型不同，可将卤代烷分为_____、_____、_____卤代烷；卤代烯烃或卤代芳烃可分为三类，即_____卤代烃，_____卤代烃，_____卤代烃；_____卤代烃最活泼，_____卤代烃最稳定。

(2) 不对称烯烃与卤化氢加成时遵守_____规则；仲、叔卤代烷脱去卤化氢时遵守_____规则，即总是从含氢_____β-碳原子上脱去氢。

(3) 室温下，卤代烃与_____在_____中作用生成有机镁化合物——烷基卤化镁，简称_____，一般用_____表示。

2. 选择题

(1) 有关聚氯乙烯的叙述，下列错误的是（　　）。

A. 简称 PVC

B. 不导电，是包覆电线的材料

C. 比聚乙烯较难承受酸的腐蚀

D. 无毒，制成的塑料适于做食品包装袋

(2) 有"塑料王"之称的是（　　）。

A. 聚氯乙烯　　　　B. 聚丙烯　　　　C. 聚四氟乙烯　　　　D. 聚乙烯

(3) 制备乙基叔丁基醚的最佳途径是（　　）。

A. $(CH_3)_3CBr + CH_3CH_2ONa$

B. $(CH_3)_3COH + CH_3CH_2OH$

C. $CH_3CH_2Br + (CH_3)_3CONa$

D. $(CH_3)_3CF + CH_3CH_2ONa$

3. 命名与写构造式

(1) CH$_3$CH$_2$CHCH$_3$
　　　　｜
　　　　Cl

(2) CH$_3$CH$_2$CHCBr
　　　　　　｜
　　　　　　CH$_3$
　　　　（附 CH$_3$）

(3) 环己烯-Cl

(4) 甲苯-Br（间位）

(5) 对氯氯化苄

(6) 叔丁基氯

(7) 溴乙烷

(8) 氯仿

4. 完成下列化学反应式

(1) $CH_2=CHCH_3 \xrightarrow{HBr}$ 　　　$\xrightarrow{NaCN}$ 　　　$\xrightarrow{H_2O/H^+}$

(2) $CH_2=CH_2 \xrightarrow{HBr}$ 　　　$\xrightarrow[CH_3OH]{CH_3ONa}$

(3) 邻氯苄氯 $\xrightarrow[\text{干醚}]{Mg}$ 　　　$\xrightarrow{H_2O}$

(4)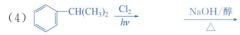

5. 鉴别下列各组化合物

(1) 1-溴-2-丁烯、2-氯-丙烷、1-溴环己烯、氯苯

(2)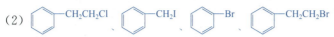

6. 推断结构

某具有旋光性的仲卤代烃 A，其分子式为 $C_5H_{11}Br$。A 与热的 $NaOH/H_2O$ 反应得到化合物 B，其分子式为 $C_5H_{12}O$。A 与热的 $NaOH/ROH$ 反应所得主要产物再与 HBr 加成得到无旋光性的叔卤代烃 C，其分子式为 $C_5H_{11}Br$。试推断 A、B、C 的构造式，并写出化合物 A 的 R 和 S 构型的费歇尔投影式。

第八章 醇、酚、醚

学习目标

- **知识目标**
  1. 掌握醇、酚、醚的命名和结构特点，理解它们在理化性质方面的差异。
  2. 掌握醇、酚、醚的鉴别方法、化学性质及应用。
- **能力目标**
  1. 能命名醇、酚、醚；能分析醇、酚、醚的特征反应并进行鉴别。
  2. 能理解氢键对醇、酚、醚的沸点和溶解性的影响。
  3. 会检验醚中过氧化物的存在、除去及储存方法。
- **素质目标**
  1. 通过含酚污水的化学处理知识点，增强学生的环保理念。
  2. 通过乙醚作溶剂的知识点，引出屠呦呦提取青蒿素所用溶剂也是乙醚话题，引导学生学习她追求真理、锲而不舍的精神，以身试药、不计名利的责任担当与感人事迹。

课前导学

你知道诺贝尔发明的是哪种炸药吗？这种炸药是如何制成的？美丽的密西西比河、莱茵河、伏尔加河、松花江都曾遭到含酚废水的污染，如何解决含酚废水问题呢？屠呦呦提取青蒿素用的溶剂是乙醚，如果你有幸成为其团队的一员，在使用乙醚时需要注意什么呢？在本章的内容里你会找到答案。

课前测验

多选题

1. 下列醇遇到重铬酸钾会变色的是（　　）。
   A. 甲醇　　　　B. 乙醇　　　　C. 异丙醇　　　　D. 叔丁醇
2. 下列化合物中能与 $FeCl_3$ 发生显色反应的是（　　）。
   A. 苯甲醇　　　B. 苯酚　　　　C. 水杨酸　　　　D. 阿司匹林
3. 环氧乙烷性质活泼，下列物质能与其发生化学反应的是（　　）。
   A. 水　　　　　B. 乙醇　　　　C. 苯酚　　　　　D. 乙基溴化镁

醇、酚、醚都是烃的含氧衍生物。

醇和酚的官能团都是羟基（—OH）。脂肪烃分子中的氢原子或芳香烃侧链上的氢原子被羟基取代后的化合物称为醇。芳环上的氢原子被羟基取代后的化合物则称为酚。在醚中，氧原子与两个烃基相连。

第一节 醇

一、醇的结构、分类与命名

1. 醇的结构

醇是分子中含—OH 官能团的有机化合物，常用通式 R—OH 表示。在醇分子中，C—O 键与 O—H 键是极性较强的共价键，因此醇比较活泼。乙醇分子结构如图 8-1 所示。

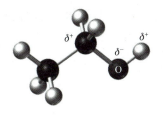

图 8-1 乙醇分子球棒模型

2. 醇的分类

醇是由烃基和羟基两部分组成的，可按烃的类型和羟基的数目进行分类。

（1）按烃基的类型，醇分为饱和醇、不饱和醇、脂环醇和芳香醇。

CH₃CH₂CH₂CH₂OH	CH₂=CHCH₂OH	环戊基-OH	苯基-CH₂OH
正丁醇	烯丙醇	环戊醇	苄醇
（饱和醇）	（不饱和醇）	（脂环醇）	（芳香醇）

（2）按羟基的数目可分为一元醇、二元醇和三元醇。二元醇以上的醇统称多元醇。如：

$$CH_3OH \qquad \underset{\underset{OH\ \ OH}{|\ \ \ |}}{CH_2-CH_2} \qquad \underset{\underset{OH\ \ OH\ \ OH}{|\ \ \ |\ \ \ |}}{CH_2-CH-CH_2}$$

　　甲醇　　　　　乙二醇　　　　　丙三醇
（一元醇）　　　（二元醇）　　　（三元醇）

（3）按羟基直接相连的碳原子类型，分为伯、仲、叔醇。如：

$$RCH_2OH \qquad \underset{\underset{OH}{|}}{R-CH-R'} \qquad \underset{\underset{OH}{|}}{\overset{\overset{R'}{|}}{R-C-R'}}$$

　一级醇（伯醇）　　二级醇（仲醇）　　三级醇（叔醇）

本章重点讨论的饱和一元醇，其通式为 $C_nH_{2n+1}OH$。

3. 醇的命名

醇是一个大家族，种类很多，命名方法常见的有三类。

（1）习惯命名法 简单烃基与羟基连在一起构成的醇，称为"烃基名称+醇"。例如：

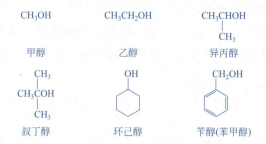

（2）系统命名法

① 选主链（母体）。选择连有羟基的最长碳链为主链，称"某醇"。

② 编号。靠近羟基一端编号，使羟基所连的碳原子位次最小。

③ 写名称。将取代基的位次、名称及羟基位次写在"某醇"前。如：

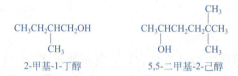

④ 不饱和醇的命名应选择包括羟基和不饱和键在内的最长碳链为主链，从靠近羟基的一端编号命名。名称为"a-某烯-b-醇"如：

$$CH_3CH=CHCHCH_3$$
$$|$$
$$OH$$

3-戊烯-2-丁醇

（3）俗名

醇类物质历史久远，至今还沿用一些俗名，见表 8-1。

表 8-1 常见一些醇的俗名

化合物构造式	系统/习惯命名	俗名
CH_3OH	甲醇	木醇/木精
CH_3CH_2OH	乙醇	酒精
CH_2OH $\|$ CH_2OH	乙二醇	甘醇
CH_2OH $\|$ $CHOH$ $\|$ CH_2OH	丙三醇	甘油
$HOCH_2-C(CH_2OH)_2-CH_2OH$	2,2-二羟甲基丙二醇	季戊四醇

二、醇的物理性质

1. 状态及气味

低级的饱和一元醇中，C_4 以下的醇都是无色透明带酒味的流动液体。比如，甲醇、丙醇、异丙醇均为液体。$C_5 \sim C_{11}$ 是具有不愉快气味的油状液体，C_{12} 以上的醇是无臭、无味的蜡状固体。

2. 沸点

（1）醇与卤代烷的沸点比较　醇的沸点比分子量相近的卤代烷沸点高很多，见表 8-2。

表 8-2　部分醇与卤代烃沸点比较

化合物	分子量	沸点/℃
甲醇（CH_3OH）	32.0	64.7
一氯甲烷（CH_3Cl）	50.5	−24.2
乙醇（CH_3CH_2OH）	46.0	78.3
氯乙烷（CH_3CH_2Cl）	64.5	12.3

这是由于醇形成了分子间氢键。从图 8-2 可以看出，氢键可以在一个乙醇羟基的氧原子和另外一个乙醇羟基的氢原子之间形成。醇分子间缔合成了一个大的网状体系，虽然氢键的键能（21～25kJ/mol）比氢氧共价键的键能（约 435kJ/mol）要弱得多，但是许多氢键结合在一起的强度足以阻止分子从液体中逃逸，这样就使得醇的沸点较高。

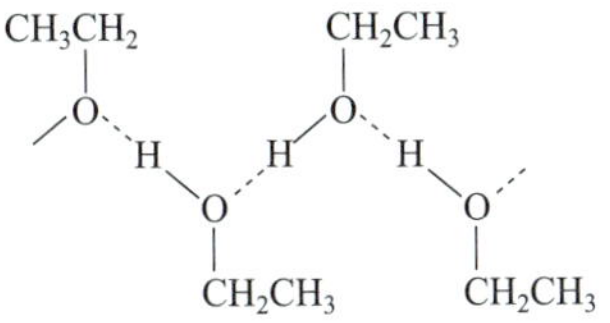

图 8-2　乙醇分子间的氢键（虚线为氢键）

（2）不同醇的沸点　直链饱和一元醇的沸点随分子量的增加而有规律地增高，每增加一个 CH_2 系差，沸点约升高 18～20℃。在醇的异构体中，直链伯醇沸点最高，支链越多，沸点越低。多元醇羟基越多，沸点越高。常见醇的物理常数见表 8-3。

表 8-3　一些常见醇的物理常数

名称	构造式	沸点/℃	熔点/℃	相对密度（d_4^{20}）	溶解度/（g/100g 水）
甲醇	CH_3OH	64.7	−93.9	0.7914	∞
乙醇	CH_3CH_2OH	78.3	−117.3	0.7893	∞
1-丙醇	$CH_3CH_2CH_2OH$	97.4	−126.5	0.8035	∞
异丙醇	$(CH_3)_2CHOH$	82.4	−89.5	0.7855	∞
正丁醇	$CH_3CH_2CH_2CH_2OH$	117.2	−89.5	0.8098	7.9
仲丁醇	$CH_3CH_2CH(OH)CH_3$	99.5	−89.0	0.8080	9.5
异丁醇	$(CH_3)_2CHCH_2OH$	108.0	−108.0	0.8018	12.5
叔丁醇	$(CH_3)_3COH$	82.3	25.5	0.7887	∞
1-戊醇	$CH_3(CH_2)_3CH_2OH$	137.3	−79.0	0.8144	2.7
1-己醇	$CH_3(CH_2)_4CH_2OH$	158.0	−46.7	0.8136	0.59

续表

名称	构造式	沸点/℃	熔点/℃	相对密度(d_4^{20})	溶解度/(g/100g 水)
烯丙醇	$CH_2=CHCH_2OH$	97.1	-129.0	0.8540	∞
环己醇	⬡—OH	161.1	25.1	0.9624	3.6
苯甲醇	⬡—CH_2OH	205.3	-15.3	1.0419	4
乙二醇	CH_2OHCH_2OH	198.0	-11.5	1.1088	∞
丙三醇	CH_2—CH—CH_2 │　　│　　│ OH　OH　OH	290.0（分解）	20.0	1.2613	∞

 企业案例

乙醇与异丙醇的分离

某企业员工不慎将乙醇倒入盛异丙醇的存储罐中，如何挽救呢？

查阅乙醇沸点 78.3 ℃，异丙醇沸点 82.4 ℃，利用这两种液态物质的沸点不同，用精馏（分馏）的方法分离，低沸点的乙醇先从精馏塔塔顶蒸出，高沸点的异丙醇留在塔底，从而实现分离，这样就最大程度减小了损失。

3. 溶解性

由于水与醇均具有羟基，水中的氢原子和醇羟基的氧原子可形成氢键，同时醇羟基的氢也可以和水中的氧原子形成氢键，缔合成一个整体。所以甲醇、乙醇和丙醇可与水以任何比例相溶。

随着醇中碳原子数的增多，羟基在分子中占的比例减小，其水溶性就降低，所以 $C_5 \sim C_{11}$ 是具有不愉快气味的油状液体，仅部分溶于水；C_{12} 以上的醇是无臭无味的蜡状固体，不溶于水。多元醇羟基越多，溶解度越大。比如乙二醇、丙三醇均能和水以任何比例相溶。

乙醇还具有可以溶解一些不溶于水的有机化合物的能力。比如，在日常烹饪中，添加一些酒可以帮助我们从香草、香料和食材中提取香味。

4. 结晶醇

醇和水的结构相似，使得二者的性质也有相似之处。

水和一些无机盐可以形成结晶水合物。例如，五水合硫酸铜（蓝矾）晶体（$CuSO_4 \cdot 5H_2O$）；六水合氯化镁晶体（$MgCl_2 \cdot 6H_2O$）。

低级醇可与一些无机盐（例如 $MgCl_2$、$CaCl_2$、$CuSO_4$）形成结晶状的结晶醇。例如六甲醇合氯化镁（$MgCl_2 \cdot 6CH_3OH$）、四乙醇合氯化钙（$CaCl_2 \cdot 4C_2H_5OH$）等。

结晶醇可溶于水，但不溶于有机溶剂。利用这一性质，可使醇与其他化合物分离或从反应产物中除去少量醇。

如工业用的乙醚中常含有少量乙醇，可利用乙醇与氯化钙生成结晶醇的性质，结晶醇不溶于乙醚，从而除去乙醚中少量的乙醇。

三、醇的化学性质

醇的官能团—OH，也是醇的反应中心。醇的化学反应主要发生在官能团羟基以及受羟基影响而比较活泼的 α-H、β-H 上。

1. 与活泼金属的反应

醇羟基中的 O—H 键是较强的极性键，氢原子很活泼，容易被活泼金属取代。低级醇和金属钠反应，生成醇钠和氢气。

$$R-OH + Na \longrightarrow RONa + \frac{1}{2}H_2 \uparrow$$

38. 微课：醇与活泼金属的反应

例如：$CH_3CH_2O-H + Na \longrightarrow CH_3CH_2O-Na + H_2 \uparrow$

此反应现象明显，反应前滴加 2 滴酚酞指示剂，随着反应的进行，溶液颜色变红，金属钠逐渐消失，并有气泡产生。

醇与金属钠的反应与水类似。水与金属钠反应十分剧烈，而醇与金属钠的反应要平缓很多。说明乙醇和水相比较，水分子中的氢原子更活泼。

$$2HO-H + 2Na \longrightarrow 2NaOH + H_2 \uparrow$$

不同结构的醇与金属钠反应快慢有差异，因此常用来鉴别 C_6 以下的醇。

各类醇与金属钠反应的活性顺序为：甲醇＞伯醇＞仲醇＞叔醇。

醇钠非常活泼，常在有机合成中用作强碱。醇钠遇水发生水解，生成醇钠和氢氧化钠。

$$RONa + HOH \rightleftharpoons NaOH + ROH$$

反应是可逆的，平衡偏向于生成醇的一边。实际生产中制备醇钠是从反应物中不断把水除去，使反应向生成醇钠的方向进行。

2. 与氢卤酸的反应

醇与氢卤酸反应，—OH 被 —X 取代，生成卤代烃和水。这是制备卤代烃的重要方法之一。

$$ROH + HX \rightleftharpoons RX + H_2O$$

39. 微课：醇与氢卤酸的反应

反应是可逆的，常通过增加一种反应物用量或移去某一生成物使平衡向正反应方向移动，以提高产量。

农业上用来给仓储谷物的仓库进行熏蒸杀虫的杀虫剂——溴乙烷，可以采用这种方法制备。选择用乙醇作原料与氢溴酸反应，生成溴乙烷和水。这是工业上制备卤代烃的方法之一。

$$CH_3CH_2OH + HBr \rightleftharpoons CH_3CH_2Br + H_2O$$

醇与氢卤酸的反应快慢与氢卤酸的种类及醇的结构有关。

不同的氢卤酸与同一种醇反应的活性为：HI＞HBr＞HCl。

不同的醇与同一种氢卤酸反应的活性为：烯丙醇＞叔醇＞仲醇＞伯醇＞甲醇。

无水氯化锌的浓盐酸溶液，称卢卡斯（Lucas）试剂。Lucas 试剂与不同的醇反应，生成的小分子卤烷不溶于水，会出现分层或浑浊；并且不同结构的醇反应快慢不同。

$$\underset{\underset{CH_3}{|}}{\overset{\overset{CH_3}{|}}{CH_3-C-OH}} + HCl \xrightarrow[20℃]{ZnCl_2} \underset{\underset{CH_3}{|}}{\overset{\overset{CH_3}{|}}{CH_3-C-Cl}} + H_2O$$

立刻浑浊，分层

$$\underset{\overset{OH}{|}}{CH_3CHCH_2CH_3} + HCl \xrightarrow[20℃]{ZnCl_2} \underset{\overset{Cl}{|}}{CH_3CHCH_2CH_3} + H_2O$$

放置片刻后浑浊，分层

$$CH_3CH_2CH_2CH_2-OH + HCl \xrightarrow[20℃]{ZnCl_2} CH_3CH_2CH_2CH_2-Cl + H_2O$$

加热后浑浊，分层

注意：此方法只适用于鉴别含 6 个碳以下的伯、仲、叔醇异构体，因为高级一元醇本身不溶于 Lucas 试剂。

某些醇与氢卤酸反应，会发生重排，生成与反应物结构不一样的卤代烃。这主要是由于反应过程中生成的碳正离子不稳定，重排为较稳定的碳正离子，再与卤离子作用得产物。

此外，醇与三卤化磷或亚硫酰氯（$SOCl_2$，也叫氯化亚砜）也可与醇反应制卤代烃。

例如，丙醇与三碘化磷（红磷与碘单质）一起加热，可生成 1-碘丙烷；正丁醇与氯化亚砜反应生成 1-氯丁烷。

$$CH_3CH_2CH_2OH + PI_3 \xrightarrow{85\sim 90℃} CH_3CH_2CH_2I$$

$$CH_3CH_2CH_2CH_2OH + SOCl_2 \xrightarrow{\triangle} CH_3CH_2CH_2CH_2Cl + SO_2\uparrow + HCl\uparrow$$

此法反应速度快、产率高，且副产物均为气体，易与氯代烷分离，常用于氯代烷的制备。

亚硫酰溴由于不稳定而很难得到，故不用它制溴代烷。

3. 与无机含氧酸的反应

醇与无机含氧酸反应，发生分子间脱水生成酯。

（1）与硫酸作用 醇与硫酸作用，是 C—O 键断裂，生成酸性和中性酯。例如，甲醇与浓硫酸反应，生成硫酸氢甲酯（酸性硫酸酯）。

$$CH_3-OH + H-OSO_3H \rightleftharpoons CH_3OSO_3H + H_2O$$

硫酸氢甲酯为酸性，在减压下蒸馏可得中性的硫酸二甲酯。

$$2CH_3OSO_3H \xrightarrow{减压蒸馏} (CH_3O)_2SO_2 + H_2SO_4$$

硫酸二甲酯为无色油状液体，其蒸气有剧毒，对呼吸器官和皮肤有强烈刺激作用，使用时应小心。它和硫酸二乙酯在有机合成中是重要的甲基化和乙基化试剂。

工业上以月桂醇（十二醇）为原料，与硫酸酯化后，由碱中和得十二烷基硫酸钠（月桂醇硫酸钠）。

$$C_{12}H_{25}OH + H_2SO_4 \xrightarrow{45\sim 55℃} C_{12}H_{25}OSO_3H + H_2O$$

$$C_{12}H_{25}OSO_3H + NaOH \longrightarrow C_{12}H_{25}OSO_3Na + H_2O$$

十二烷基硫酸钠为白色晶体，是阴离子型表面活性剂，可用于润湿剂、洗涤剂及牙膏发泡剂。

（2）与硝酸作用 　醇与硝酸反应，生成硝酸酯。例如：

$$\begin{matrix} CH_2-OH \\ | \\ CH-OH \\ | \\ CH_2-OH \end{matrix} + 3HONO_2 \xrightarrow[10\sim20℃]{H_2SO_4(浓)} \begin{matrix} CH_2-ONO_2 \\ | \\ CH-ONO_2 \\ | \\ CH_2-ONO_2 \end{matrix} + 3H_2O$$

三硝酸甘油酯即硝化甘油，无色或浅黄色液体，是一种烈性炸药，在医药上可扩张血管，作心绞痛的急救药。

思政案例

诺贝尔与安全炸药

1833 年诺贝尔出生于瑞典首都斯德哥尔摩，他一生主要从事硝化甘油系列炸药的研究和制造工作，被誉为"炸药大王"。

硝化甘油原是意大利化学家索布雷罗于 1847 年发明的，但由于不易控制，一直没有使用价值。诺贝尔父子决定改进硝化甘油。1867 年诺贝尔的工厂被炸毁，年仅 21 岁的弟弟被炸死，父亲被炸伤。

诺贝尔仍然继续进行实验，并在 1866 年发明了第二代硝化甘油炸药，第二代具有良好的稳定性和安全操作性，威力比第一代更大。

诺贝尔有着惊人的发明创造才能和毅力。在 1860 年至 1887 年间，他获得专利达 355 项之多，他的工厂几乎遍布五大洲几十个国家。

诺贝尔一生勤奋，把毕生的精力都献给了人类的科学事业。他十分富有，生活却十分俭朴，大部分时间在实验室中度过。

诺贝尔将其财产大部分作为基金，以其年息设立物理学、化学、生理学或医学、文学以及和平五种奖项，后增设经济学奖。

由于他为人类科学进步做出了巨大贡献，所以元素周期表中第 102 号元素"锘"就是为纪念这位伟大的科学家——诺贝尔命名的。

醇的无机酸酯具有多方面的用途。高级一元醇（含 8～18 个碳原子）的酸性硫酸酯盐 $ROSO_2ONa$ 具有去垢能力，可作洗涤剂。软骨中的硫酸软骨质具有硫酸酯的结构。核酸、磷酸酯类含有磷酸酯的结构。

4. 脱水反应

醇的脱水反应根据反应条件的不同，产物有所不同。例如，乙醇在较低温度下（浓 H_2SO_4 140℃/或 Al_2O_3 240℃）发生分子间脱水生成醚；在较高温度下（浓 H_2SO_4 170℃/或 Al_2O_3 360℃）发生分子内脱水生成烯烃。

常用的脱水剂有硫酸、氧化铝等。例如：

$$\begin{matrix} CH_2-CH_2 \\ | \quad\ \ | \\ H \quad\ OH \end{matrix} \xrightarrow[\text{或}Al_2O_3,360℃]{\text{浓}H_2SO_4,170℃} CH_2{=}CH_2 + H_2O \quad \text{分子内脱水}$$

$$CH_3CH_2-OH + H-OCH_2CH_3 \xrightarrow[\text{或}Al_2O_3,240℃]{\text{浓}H_2SO_4,140℃} CH_3CH_2OCH_2CH_3 + H_2O \quad \text{分子间脱水}$$

醇分子内脱水符合俄国科学家查依采夫（Saytzeff）提出的规则，即查依采夫规则：醇分子中的羟基与含氢少的 β-碳原子上的氢脱去一分子水，生成含烷基较多的烯烃。

$$CH_3CH_2CH_2CH_2CH_2OH \xrightarrow[140℃]{75\%H_2SO_4} CH_3CH_2CH_2CH=CH_2$$

$$CH_3CH_2\underset{OH}{\overset{|}{C}}HCH_3 \xrightarrow[100℃]{60\%H_2SO_4} CH_3CH=CHCH_3$$

$$CH_3-\underset{\underset{OH}{|}}{\overset{\overset{CH_3}{|}}{C}}-CH_3 \xrightarrow[80\sim 90℃]{20\%H_2SO_4} CH_3\overset{\overset{CH_3}{|}}{C}=CH_2$$

不同的醇脱水的活性也不同：叔醇＞仲醇＞伯醇。

5. 氧化和脱氢

（1）氧化反应 醇分子中由于羟基的影响，使 α-H 较活泼，易发生氧化反应，生成含羰基的化合物。氧化反应中常用的氧化剂为重铬酸钾和硫酸或高锰酸钾等。

伯醇先被氧化成醛，醛继续被氧化为羧酸。

40. 视频：
醇与重铬酸钾反应

$$RCH_2OH \xrightarrow{[O]} RCHO \xrightarrow{[O]} RCOOH$$

$$CH_3CH_2CH_2OH \xrightarrow[\triangle]{K_2Cr_2O_7+H_2SO_4} CH_3CH_2CHO$$

醛比醇更易氧化，如果要得到醛，必须把生成的醛立即从反应混合物中蒸出，如实验室中采取边滴加氧化剂边分馏得醛，以防继续氧化成羧酸。

仲醇被氧化成含有相同数目碳原子的酮，由于酮较稳定，不易被氧化，可用此方法合成酮。

$$R-\underset{\underset{OH}{|}}{\overset{|}{C}}H-R' \xrightarrow{[O]} R-\underset{\underset{O}{\|}}{C}-R'$$

$$CH_3CH_2\underset{\underset{OH}{|}}{C}HCH_3 \xrightarrow[90℃]{Na_2Cr_2O_7+H_2SO_4} CH_3CH_2\underset{\underset{O}{\|}}{C}CH_3$$

叔醇分子中没有 α-H，在通常情况下不被氧化。

醇被重铬酸钾和硫酸氧化成酸的同时，六价铬被还原为三价铬：

$$3C_2H_5OH+2\underset{\text{橙红}}{K_2Cr_2O_7}+8H_2SO_4 \longrightarrow 3CH_3COOH+2\underset{\text{绿色}}{Cr_2(SO_4)_3}+2K_2SO_4+H_2O$$

在此反应中溶液由橙红色转变为绿色。检查司机酒后驾车的老式"呼吸分析仪"就是据此原理设计的。

（2）脱氢反应 伯醇或仲醇的蒸气在高温下通过活性铜或银、镍等催化剂发生脱氢反应，分别生成醛和酮。如：

$$CH_3CH_2OH \underset{250\sim 350℃}{\overset{Cu}{\rightleftharpoons}} CH_3CHO+H_2$$

$$CH_3CHCH_3 \xrightarrow[500℃,0.3MPa]{Cu} CH_3CCH_3 + H_2$$
$$\quad\quad |\quad\quad\quad\quad\quad\quad\quad\quad\quad\quad ||$$
$$\quad\quad OH\quad\quad\quad\quad\quad\quad\quad\quad\quad O$$

叔醇分子中没有 α—H，不发生脱氢反应。

脱氢的实质是氧化。

> **学习卡片**
>
> **为什么有人酒后脸发红，有人脸发白？**
>
> 饮酒后酒中的乙醇进入身体，会通过血液循环到达肝脏。乙醇在肝脏中转化成乙醛，然后转化成乙酸，乙酸最后分解为水和二氧化碳，随尿液和呼吸排出体外。
>
>
>
> 这些转化需要借助相应的酶来实现。每个人肝脏内乙醇脱氢酶、乙醛脱氢酶的数量和活性，决定人们对酒精的分解能力和耐受程度。
>
> 乙醛是一种对人体有害的物质，具有使毛细血管扩张的功能，只有乙醇脱氢酶而没有乙醛脱氢酶的人，乙醛在人体内累积，代谢不掉就会脸红。
>
> 喝酒后脸色发白的人是因为体内缺乏乙醇脱氢酶和乙醛脱氢酶，大量的酒精进入血液，出现皮肤血管收缩，脸色发白等症状。
>
> 这两种情况及过量饮酒都会造成酒精中毒，严重时危及生命。

四、重要的醇

1. 甲醇（CH_3OH）

甲醇为无色透明有刺激性气味的液体，与水及许多有机溶剂混溶。最初是由木材干馏得到，因此俗称木醇或木精。在空气中的爆炸极限为 6%～36.5%。

甲醇有毒，内服 10mL 可致人失明，30mL 可致死。这是因为它的氧化产物甲醛和甲酸在体内不能同化利用所致。

甲醇是优良的溶剂，也是重要的化工原料，可用于合成甲醛、羧酸甲酯等其他化合物，也是合成有机玻璃和许多医药产品的原料；还可用作汽车、飞机的燃料。

近代工业是以合成气或天然气为原料，在高温高压和催化剂的作用下合成。

（1）以煤为原料

① 煤 $\xrightarrow[\triangle]{空气,H_2O}$ CO+H_2 　　② $CO+2H_2 \xrightarrow[250℃,50\sim100atm]{Cu\text{-}ZnO\text{-}Cr_2O_3} CH_3OH$

（2）以天然气为原料

① $CH_4+H_2O \xrightarrow[升温]{加压} CO+H_2$ 　　② $CO+2H_2 \xrightarrow[250℃,50\sim100atm]{Cu\text{-}ZnO\text{-}Cr_2O_3} CH_3OH$

2. 乙醇（CH_3CH_2OH）

乙醇为无色易燃液体，俗称酒精。能与水以任意比例互溶，并能溶解许多能溶于水的物质（如脂肪、树脂、色素等）。在空气中的爆炸极限为3%～18.9%。

乙醇是重要的化工原料，用途极为广泛，其制品已达300余种，是使用最多最普遍的有机溶剂。70%～75%的乙醇（又称医用酒精）杀菌效果最好，用来杀灭细菌或其他有害的微生物，因此乙醇被添加进外用酒精、漱口水中用作消毒剂。另外，乙醇还用于制备酊剂及提取中草药中的有效成分。

醇最早是以高粱、甘薯谷物等淀粉或糖蜜为原料发酵而得，这一方法沿用至今。

$$C_6H_{12}O_6 \xrightarrow{\text{酵母酶}} 2CH_3CH_2OH + 2CO_2$$

发酵得到的液体中，乙醇含量约为12%，可以直接饮用。通过蒸馏可以得到度数较高（如体积分数为38%～70%）的酒。经分馏可得95.6%的酒精。

目前工业制乙醇，主要是利用石油裂解气中的乙烯进行催化加水制得。

$$CH_2=CH_2 + H-OH \xrightarrow[300℃]{H_3PO_4} \underset{\underset{H}{|}}{CH_2}-\underset{\underset{OH}{|}}{CH_2}$$

如何制取无水乙醇？

95.57%（质量）乙醇与4.43%水组成一恒沸混合物，因此制备乙醇时，用直接蒸馏法不能将水完全去掉。

实验室制备无水乙醇常加入生石灰，使水分与生石灰结合后再进行蒸馏，所得产品仍含0.5%的水，再加金属钠或金属镁除去剩余的水分。

工业上制备无水乙醇，在普通酒精中加入一定量的苯进行蒸馏，64.9℃沸腾，蒸出苯、乙醇和水的三元恒沸混合物，以苯带水，将水蒸出；继续升高温度，68.3℃蒸出苯和乙醇的二元混合物，可将苯全部蒸出；最后升温到78.5℃，蒸出无水乙醇。

近年来，工业上也使用强酸性阳离子交换树脂（具有极性基团，能强烈吸水）来制取无水乙醇。

3. 乙二醇 ($\begin{matrix} CH_2OH \\ | \\ CH_2OH \end{matrix}$)

乙二醇俗称甘醇，是有甜味的无色黏稠液体。很易吸湿。能与水、乙醇和丙酮混溶。它是一种重要的工业化合物，是汽车防冻剂的主要成分。还可以制树脂、增塑剂、合成纤维（涤纶）、化妆品、炸药等。

工业上以乙烯为原料，经催化氧化制取环氧乙烷，再进一步水合制得乙二醇。

$$CH_2=CH_2 \xrightarrow[250\sim280℃]{O_2\text{空气},Ag} CH_2\underset{O}{-}CH_2 \xrightarrow[190\sim220℃,1.5MPa]{H_2O,H^+} \underset{\underset{OH}{|}}{CH_2}-\underset{\underset{OH}{|}}{CH_2}$$

4. 丙三醇 ($\begin{matrix} CH_2OH \\ | \\ CHOH \\ | \\ CH_2OH \end{matrix}$)

丙三醇为无色具有甜味的黏稠液体，俗称甘油。以酯的形式广泛存在于自然界中。丙三醇最早是由油脂水解而得的。

丙三醇与水能以任意比例混溶，具有很强的吸湿性，对皮肤有刺激性，作皮肤润滑剂时，应用水稀释。

甘油用途十分广泛，是重要的化工原料。用于制炸药（硝化甘油）、医用软膏、化妆品、润滑剂等。由于其具有良好的保湿性，可作为皮革、烟草的添加剂，使皮革保持柔软不硬化、烟草不过于干燥而很快燃尽。

近代工业以石油热裂气中的丙烯为原料，用氯丙烯法（氯化法）或丙烯氧化法（氧化法）制备。

5. 苄醇（$\underset{}{\bigcirc}\!-\!CH_2OH$）

苄醇又叫氯化苄或苯甲醇，是具有芳香气味的无色液体。稍溶于水，能与乙醇、乙醚、苯等混溶。长期置于空气中，易被氧化为苯甲醛而有苦杏仁气味，所以不宜久置。

用于制备花香油和药物，也用作香料的溶剂和定香剂。自然界中多数以酯的形式存在于香精油中，例如茉莉花油、风信子花油和秘鲁香脂中都含有此成分。

思考和练习

1. 乙二醇常用作汽车发动机的防冻剂。从它的构造式中，你能推出有关它的沸点和水溶性的信息吗？

2. 完成下列化学反应式。

(1) $CH_3OH + Na \longrightarrow$

(2) $CH_3CHOH\underset{|}{} + Na \longrightarrow$
    CH_3

(3) $CH_3CHOH\underset{|}{} + HBr \longrightarrow$
    CH_3

(4) $\bigcirc\!-\!CH_2OH + PBr_3 \longrightarrow$

(5) $CH_3CH_2OH \xrightarrow[400℃]{Al_2O_3}$

(6) $\underset{OH}{\text{正己基-CH-}} \xrightarrow[350℃]{Al_2O_3}$

第二节 酚

一、酚的结构、分类与命名

1. 酚的结构

酚是羟基（—OH）直接与苯环相连的芳香族化合物。酚羟基中氧原子为 sp^2 杂化，氧上两对孤对电子，一对占据 sp^2 杂化轨道，另一对占据未杂化的 p 轨道，并与苯环的大 π 键形成 p-π 共轭，如图 8-3 所示。

苯酚分子中的 p-π 共轭，使氧的 p 电子云向苯环移动，苯环电子云密度增加，受到活化而更易发生取代反应；另外，p 电子云的转移导致了氢氧之间电子云进一步向氧原子转移，使氢更易离去。

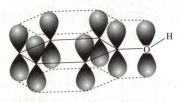

图 8-3　苯酚分子中的 p-π 共轭体系

2. 酚的分类和命名

据羟基的数目，可将酚分为一元酚、二元酚、三元酚等，含两个以上酚羟基的统称为多元酚。

（1）若苯环上没有比—OH 优先的基团，则—OH 与苯环一起为母体，环上其他基团为取代基，按位次和名称写在前面，称为"某酚"。如：

3-硝基苯酚(间硝基苯酚)　　　　2,4-二甲基苯酚

（2）若苯环上有比—OH 优先的基团，则—OH 作取代基。如：

邻羟基苯甲酸　　　　对羟基苯甲醛

二、酚的物理性质

1. 物态

苯酚俗称石炭酸，为无色棱形结晶，有特殊气味。由于易氧化，应装于棕色瓶中避光保存。大多数酚为结晶性固体，仅少数烷基酚为液体。纯的酚类化合物无色，氧化后呈红色或红褐色。

2. 熔、沸点

由于分子间氢键的形成，使酚类化合物的沸点较高。而熔点与分子的对称性有关，对称性大的酚，其熔点比对称性小的酚要高。

3. 溶解性

酚类化合物在水中有一定的溶解度，且羟基越多，在水中溶解度越大。酚能溶于乙醇、乙醚等。

4. 杀菌作用

苯酚能凝固蛋白质，有杀菌作用，但对皮肤有腐蚀性。它是使用最早的外科消毒剂，因为有毒，现已不用，但仍用苯酚系数衡量消毒剂的杀菌能力。

苯酚能凝固蛋白质，对皮肤有腐蚀性，使用时要小心，如果不慎触及皮肤，就会出现白

色斑点，应立即用蘸有酒精的棉花擦洗，直到触及部位不再呈白色，并不再有苯酚气味。常见酚的物理常数见表 8-4。

表 8-4　常见酚的物理常数

名称	熔点/℃	沸点/℃	溶解度/(g/100g 水)	pK_a（20℃）
苯酚	40.8	181.8	8.0	9.98
邻甲苯酚	30.5	191.0	2.5	10.29
间甲苯酚	11.9	202.2	2.6	10.09
对甲苯酚	34.5	201.8	2.3	10.26
邻硝基苯酚	44.5	214.5	0.2	7.21
间硝基苯酚	96.0	194（70mm）	1.4	8.39
对硝基苯酚	114.0	295.0	1.7	7.15
邻苯二酚	105.0	245.0	45.0	9.85
间苯二酚	110.0	281.0	123.0	9.81
对苯二酚	170.0	285.2	8.0	10.35
1,2,3-苯三酚	133.0	309.0	62.0	—
α-萘酚	96.0	279.0	难	9.34
β-萘酚	123.0	286.0	0.1	9.01

三、酚的化学性质

酚的化学反应主要发生在酚羟基和苯环上。

1. 弱酸性

酚羟基中的氢原子比较活泼，具有弱酸性。能与氢氧化钠溶液反应，生成可溶性的酚盐。

41. 微课：苯酚的弱酸性

$$\text{C}_6\text{H}_5\text{OH} + \text{NaOH} \longrightarrow \text{C}_6\text{H}_5\text{ONa} + \text{H}_2\text{O}$$

苯酚微溶于水，在冷水中溶解度小，溶液不澄清，当它遇到氢氧化钠溶液，发生酸碱中和反应，生成的苯酚钠溶于水，得到了透明的澄清溶液。

苯酚的 $pK_a=9.98$，碳酸的 $pK_a=6.38$。pK_a 值越小，物质的酸性越强。所以，苯酚是比碳酸还弱的弱酸。根据强酸强碱制弱酸弱碱的原理，通二氧化碳于苯酚钠水溶液中，苯酚即从碱液中游离出来。

$$\text{C}_6\text{H}_5\text{ONa} + \text{CO}_2 + \text{H}_2\text{O} \longrightarrow \text{C}_6\text{H}_5\text{OH} + \text{NaHCO}_3$$

工业上正是利用了酚的这种能溶于碱，而又可用酸将它从碱溶液中游离出来的性质，回收和处理含酚污水。

酚的酸性与芳环上所连的取代基有关。

当芳环上连有给电子基时，会使酚的酸性减弱，且给电子能力越强，酸性越弱；当芳环上连有吸电子基时，会使酚的酸性增强，且吸电子能力越强，酸性也越强。

> **思政案例**
>
> **处理含酚污水,建立良好生态环境**
>
> 一些企业在生产过程中会产生不同数量和性质的含酚废水。如果含酚废水不经处理排入水体,会对动植物及人类产生危害。
>
> 世界上有许多水体遭到含酚废水的污染,例如美国的密西西比河、欧洲的莱茵河、俄罗斯的伏尔加河、我国的松花江等。防止含酚废水对环境的污染已引起各个国家普遍重视。
>
> 解决含酚废水问题,主要有两个基本途径。一是改革工艺,降低废水含酚浓度或将废水循环重复使用,减少排出量。二是对废水进行回收利用。从废水中回收酚的方法之一,是利用挥发酚与水蒸气形成共沸物,使酚由水相转化为气相,从而使废水得以净化;并利用碱液回收粗酚,用这种方法回收的酚的质量好,不带其他污染物。

2. 成醚反应

与醇不同,酚不能发生分子间脱水反应。酚钠与卤代烷或硫酸二甲酯等烷基化试剂作用可生成酚醚,这是制备芳香醚的常用方法。

$$C_6H_5ONa + CH_3I \xrightarrow{\Delta} C_6H_5OCH_3 + NaI$$

$$C_6H_5ONa + (CH_3O)_2SO_2 \xrightarrow{OH^-} C_6H_5OCH_3 + CH_3OSO_3Na$$

苯甲醚又称大茴香醚,是具有芳香气味的无色液体,微溶于水,溶于乙醇、乙醚等有机溶剂。常用于溶剂、香料、驱虫剂及医药行业。

$$\beta\text{-C}_{10}H_7ONa + CH_3CH_2Br \xrightarrow[\Delta]{OH^-} \beta\text{-C}_{10}H_7OCH_2CH_3 + NaBr$$

β-萘酚钠和溴乙烷在碱作用下,生成 β-萘乙醚。β-萘乙醚是具有橙花香气的白色晶体。不溶于水,溶于乙醇。用于制皂用香精和普通花露水。

3. 成酯反应

醇与羧酸易生成酯,但酚不易与羧酸直接生成酯,需用酸酐或酰氯为原料。

$$C_6H_5OH + ClCOC_6H_5 \xrightarrow[40℃]{NaOH} C_6H_5OCOC_6H_5 + HCl$$

苯甲酰氯   苯甲酸苯酯

$$\text{水杨酸} + (CH_3CO)_2O \xrightarrow[80℃]{H_2SO_4} \text{阿司匹林} + CH_3COOH$$

乙酸酐   阿司匹林

苯甲酸苯酯是制备甾体激素类药物的中间体,也是有机合成的重要原料。

阿司匹林即乙酰水杨酸,是白色针状晶体,为解热镇痛药,也用于防治心脑血管病。

42. 视频:苯酚的显色反应

4. 与三氯化铁的显色反应

酚与三氯化铁溶液发生显色反应，生成带有颜色的配合物。不同的酚类化合物呈现不同的特征颜色（见表8-5），根据反应过程中的颜色变化可以鉴别酚。

表8-5 酚类化合物与三氯化铁的显色

化合物	显色	化合物	显色
苯酚	蓝紫	邻苯二酚	绿
邻甲苯酚	红	间苯二酚	蓝～紫
对甲苯酚	紫	对苯二酚	暗绿
邻硝基苯酚	红～棕	α-萘酚	紫
对硝基苯酚	棕	β-萘酚	黄～绿

5. 氧化反应

酚比醇容易氧化，不仅可用氧化剂如重铬酸钾等氧化，而且较长时间与空气接触，也可被空气中的氧气氧化，颜色逐渐变为粉红、红直至红褐色。苯被氧化时，羟基及其对位的碳氢键也被氧化，生成对苯醌：

$$\text{苯酚} \xrightarrow{[O]} \text{对苯醌} + H_2O$$

石油、橡胶和塑料等工业中，常加入少量酚作抗氧化剂。

6. 芳环上的亲电取代反应

由于—OH是强的致活基团，使酚的芳环上亲电取代反应比苯更易进行。

（1）**卤化反应** 在室温下苯酚与溴水立即反应，生成2,4,6-三溴苯酚白色沉淀。

$$\text{苯酚} + 3Br_2 \longrightarrow \text{2,4,6-三溴苯酚} \downarrow + 3HBr$$

反应的灵敏性很高，可用作酚类化合物的定性检验和定量检测。

（2）**硝化反应** 苯酚在室温下就可与稀硝酸作用，生成邻硝基苯酚和对硝基苯酚的混合物。

$$\text{苯酚} \xrightarrow[25℃]{20\%HNO_3} \text{对硝基苯酚} + \text{邻硝基苯酚}$$

对硝基苯酚是无色或淡黄色晶体，能溶于水和乙醇，有毒。它在医药上可作为合成对乙酰氨基酚的中间体。

邻硝基苯酚是浅黄色针状晶体，可形成分子内氢键，与对硝基苯酚相比，其沸点较低，挥发性强，水溶性小。

它们都是化工及医药的重要原料。在生产中用水蒸气蒸馏法将两种异构体分离。

四、重要的酚

苯酚、酚及其衍生物遍布自然界，有存在于植物中的，有存在于医药和除草剂的，还有许多是重要的化工原料。

1. 苯酚

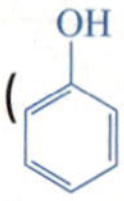

苯酚存在于煤焦油中，俗称石炭酸，为无色棱形结晶，有特殊气味，有毒。

由于其易氧化，应装于棕色瓶中避光保存。苯酚能凝固蛋白质，对皮肤有腐蚀性，并有杀菌作用。苯酚在外科消毒史上起过十分重要的作用，现在各种消毒剂消毒能力大小均以苯酚作为比较标准，称为石炭酸系数。

苯酚也是重要的工业原料，可用于制造塑料、染料、药物及照相显影剂。从煤焦油中分馏得到的苯酚，不能满足有机化工发展需要。

因此目前苯酚主要通过异丙苯氧化法、氯苯水解法、碱熔法进行合成。

2. 甲苯酚

甲苯酚有邻、间、对 3 种异构体。

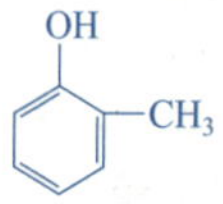

邻甲苯酚 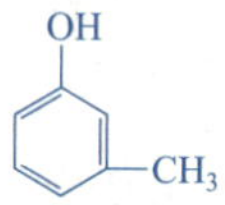　　间甲苯酚 　　对甲苯酚

它们的沸点相近，不易分离，在实际中常混合使用。甲苯酚有苯酚气味，毒性与苯酚相同，但杀菌能力比苯酚强，医药上用含 47%～53% 的肥皂水消毒，这种消毒液俗称"来苏尔"，由于它来源于煤焦油，也称作"煤酚皂溶液"。

3. 苯二酚及其衍生物

苯二酚有邻位、间位和对位 3 种异构体。

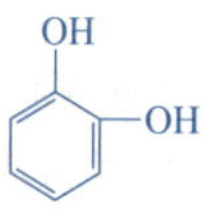

邻苯二酚 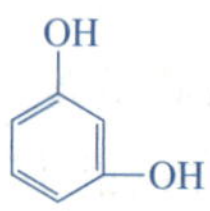　　间苯二酚 　　对苯二酚

邻苯二酚存在于许多植物中，称儿茶酚，又称焦儿茶酚。白色晶体，在空气和光照下变色，有毒。能升华，溶于水、乙醇、乙醚和氯仿。它是强还原剂、收敛剂，用于制药、染料，合成肾上腺素、黄连素等。

间苯二酚又称"雷琐辛"，无色晶体，在光及潮湿空气中变为红色。溶于水、乙醇和乙醚。具有抗细菌、抗真菌和角质促成作用，在医药上可用于治疗皮肤病。

对苯二酚又称氢醌。无色晶体，溶于热水、乙醇和乙醚。用作显像剂。

在生物体内，它们都以衍生物的形式存在。苯二酚不仅是重要的化工原料，也是重要的医药原料。

思考和练习

1. 试用化学方法鉴别下列化合物。
（1）甲苯和苯酚　　　　　（2）苯甲醇和苯酚
2. 纯净的苯酚是无色的，但实验室中一瓶已开封的苯酚试剂呈粉红色。试解释原因。

第三节　醚

一、醚的结构、分类与命名

1. 醚的结构和分类

醚是氧原子与两个烃基连接的化合物。可用通式 R—O—R′ 表示。C—O—C 叫醚键，是醚的官能团。

43. 微课：醚的结构、分类与命名

醚与水相似，醚中的氧原子也是 sp^3 杂化，醚可视为水分子中的两个氢原子被烃基取代的化合物。

饱和一元醚，其通式是 $C_nH_{2n+2}O$，与饱和一元醇的通式相同，同碳数的醇、醚互为官能团异构体。

醚分子中两个烃基相同，称"单醚"；两个烃基不同，则称"混醚"；若氧所连接的两个烃基形成环状，则称"环醚"。

2. 醚的命名

结构简单的单醚在命名时，习惯按它的烃基名称命名，称"二某醚"，分子较小的简单脂肪醚中，"二"字也可以省略。如：

$$CH_3CH_2\text{—}O\text{—}CH_2CH_3 \qquad $$

　　　二乙醚(乙醚)　　　　　　　　二苯醚

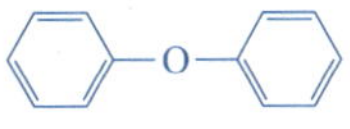

混醚在命名时，将较小的烃基放在前面；若烃基中有一个是芳香基时，将芳香基放在前面。如：

$$CH_3\text{—}O\text{—}CH(CH_3)_2$$

　　　甲基异丙基醚　　　　　　　　苯乙醚

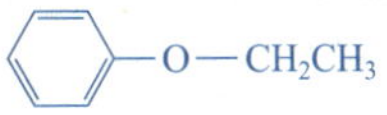

环醚一般称为"环氧某烷"或按杂环化合物命名。如：

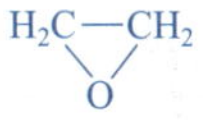

环氧乙烷 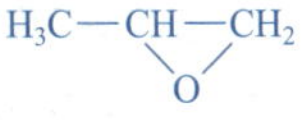　　　1,2-环氧丙烷 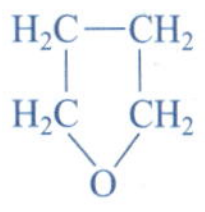　　　1,4-环氧丁烷(四氢呋喃)

烃基结构复杂的醚，按系统命名法命名。以复杂烃基为母体，烷氧基作取代基。如：

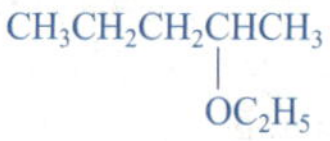

$$CH_3CH_2CH_2CHCH_3$$
$$\quad\quad\quad\quad OC_2H_5$$
2-乙氧基戊烷

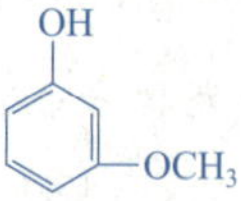

3-甲氧基苯酚（结构：苯环上带OH和OCH₃）

二、醚的物理性质

1. 状态

常温下，除甲醚和甲乙醚是气体外，其余为具有香味的无色液体。如我们熟悉的乙醚是无色液体，还有芳香气味。

2. 沸点

在分子量接近的三种物质，乙醚、戊烷、正丁醇中，乙醚与戊烷的沸点相近，但比正丁醇低很多，见表8-6。

表8-6　乙醚、戊烷及正丁醇的沸点比较

化合物	构造式	沸点/℃
乙醚	$CH_3CH_2OCH_2CH_3$	34.5
戊烷	$CH_3CH_2CH_2CH_2CH_3$	36.1
正丁醇	$CH_3CH_2CH_2CH_2OH$	117.2

这是由于醚、烷烃分子与醇相比，少了活泼氢，分子间不能形成氢键，造成了醚、烷烃的沸点比分子量相近的醇低的现象。

3. 溶解性

醚在水中的溶解度较大，并能溶于许多极性及非极性有机溶剂中，原因是醚有极性，能够与水分子形成氢键。

随着烷基的增大，醚的水溶性降低。甲醚与水互溶；乙醚则形成10%的水溶液，微溶于水。

4. 相对密度

液体醚的相对密度小于1，比水轻。常见醚的物理常数见表8-7。

表8-7　常见醚的物理常数

名称	熔点/℃	沸点/℃	相对密度（d_4^{20}）	水中溶解度
甲醚	−140.0	−24.0	0.661	1体积水溶解37体积气体
乙醚	−116.0	−34.5	0.713	约8g/100g水
正丙醚	−12.2	91.0	0.736	微溶
正丁醚	−95.0	142.0	0.773	微溶
正戊醚	−69.0	188.0	0.774	不溶

续表

名称	熔点/℃	沸点/℃	相对密度（d_4^{20}）	水中溶解度
乙烯醚	−30.0	28.4	0.773	溶于水
乙二醇醚	−58.0	82.0~83.0	0.836	不溶
苯甲醚	−37.3	155.5	0.996	不溶
二苯醚	28.0	259.0	1.075	不溶
β-萘甲醚	72.0~73.0	274.0	1.064（25℃）	不溶

三、醚的化学性质

醚很稳定，除环醚外，醚与强碱、强氧化剂、强还原剂均不发生反应，所以在许多反应中，用醚作溶剂。常温下也不与金属钠作用，因此，可用金属钠干燥醚类化合物。在一定条件下，醚也可发生其特有的反应。

1. 锌盐的形成

醚与冷的浓硫酸或浓盐酸中的质子，形成一种不稳定的盐，称锌盐。

$$R\text{—}\ddot{O}\text{—}R + H^+Cl^- \longrightarrow [R\text{—}\overset{+}{\underset{H}{\ddot{O}}}\text{—}R]Cl^-$$
锌盐

由于锌盐不稳定，生成的锌盐只能存在于浓酸中，遇水又可分解为原来的醚，利用这一性质，可从烷烃、卤代烃中鉴别和分离醚。

$$[R\text{—}\overset{+}{\underset{H}{\ddot{O}}}\text{—}R]Cl^- + H_2O \longrightarrow ROR + H_3O^+ + Cl^-$$

2. 醚键的断裂

醚与浓的氢卤酸共热，可使醚键断裂，生成醇（酚）和碘代烷。其中，氢碘酸的效果最好。例如：

$$CH_3\text{—}O\text{—}CH_2CH_3 + HI \xrightarrow{\Delta} CH_3CH_2OH + CH_3I$$

$$C_6H_5\text{—}OCH_3 + HI \xrightarrow{\Delta} C_6H_5\text{—}OH + CH_3I$$

醚键在断裂时，通常是含碳原子较少的烷基形成碘代烷。若是芳香基烷基醚与氢碘酸作用，总是烷氧键断裂，生成酚和碘代烷。

3. 过氧化物的生成

虽然饱和的烷基醚对氧化剂是稳定的，但是常与空气接触或经光照可生成不易挥发的过氧化物。

例如，乙醚在氧气的作用下，生成氢过氧化乙醚。

$$CH_3CH_2\text{—}O\text{—}CHCH_3 \xrightarrow{O_2} CH_3CH_2\text{—}O\text{—}CHCH_3$$
H   OOH

44. 微课：醚的过氧化反应

过氧化物不稳定，受热易分解爆炸。因此，醚类化合物应在深色玻璃瓶中存放，或加入抗氧化剂防止过氧化物的生成。

久置的醚在蒸馏时，低沸点的醚被蒸出后，还有高沸点的过氧化物留在瓶中，继续加热，便会爆炸，因此在蒸馏前必须检验是否有过氧化物存在。

检验的方法是用淀粉碘化钾试纸，若试纸变蓝，说明有过氧化物存在。

如果含有过氧化物，可加入新配制的硫酸亚铁或亚硫酸钠等还原性物质进行除去。

为了防止过氧化物的形成，醚类化合物应在深色玻璃瓶中存放，或加入抗氧化剂或少量活泼金属（如 Na、Zn 等）防止过氧化物的生成。市售无水乙醚加有 $0.05\mu g/g$ 的二乙基氨基二硫代甲酸钠做抗氧化剂。

即使乙醚中不含过氧化物，由于乙醚的高度挥发及其易燃性，常有爆炸和着火的危险，使用时一定要注意并要有预防措施。

四、重要的醚

1. 乙醚

乙醚是最常用且最重要的醚，为无色具有香味的液体。沸点 34.5℃，极易挥发和着火，其蒸气与空气以一定比例混合，遇火就会猛烈爆炸，爆炸极限为 1.85%～36.5%，所以使用时要远离明火。

乙醚能起到麻醉作用，但大量吸入乙醚蒸气可使人失去知觉，甚至死亡。

乙醚性质稳定，可溶解许多有机物，是优良的溶剂。

工业上制乙醚采用乙醇分子间脱水的方法，此法制得的乙醚是含有水、乙醇的混合物。可将粗乙醚用无水氯化钙处理，除去乙醇；再用金属钠干燥，除去水；即可得到无水、无醇的绝对乙醚，也称无水乙醚或干醚。

> **思政案例**
>
> **屠呦呦：青蒿济世　科研报国**
>
> 屠呦呦，1930 年 12 月生于浙江宁波，1951 年考入北京大学，在医学院药学系生药专业学习。1955 年毕业于北京医学院（今北京大学医学部）。毕业后一直在中国中医科学院工作。
>
> 屠呦呦多年从事中药和中西药结合研究，青蒿素的提取经过很多次失败后，屠呦呦在 1971 年重新设计了提取方法，改用低温提取，用乙醚回流或冷浸，后用碱溶液除掉酸性部位的方法制备样品。
>
> 二十世纪六七十年代中国的科研条件比较差，环境艰苦，由于缺乏通风设备，又接触大量有机溶剂，导致一些科研人员身体健康受到影响。为了尽快上临床，在动物安全性评价的基础上，屠呦呦和团队成员以身试药，以确保临床患者的安全。在困境面前坚持不懈，屠呦呦团队最终于 1972 年发现了青蒿素。
>
> 因为发现青蒿素这种用于治疗疟疾的药物，已经挽救了全球特别是发展中国家的数百万人的生命，2015 年 10 月，屠呦呦获得诺贝尔生理学或医学奖，2019 年被授予"共和国勋章"。

2. 环氧乙烷

环氧乙烷是最简单的环醚，常温下为无色气体，低温时为无色的流动液体，有乙醚的气味，有毒。沸点 10.7℃；溶于水、乙醇和乙醚等。可与空气形成爆炸性混合物，爆炸极限为 3.6%～78%（体积分数），常储存于钢瓶中。

环氧乙烷的性质非常活泼，在酸或碱的作用下，可与许多含活泼氢的试剂发生开环反应，开环时，碳-氧键断裂。

$$\underset{\delta^-}{\overset{\delta^+}{\underset{O}{CH_2-CH_2}}} \begin{cases} \xrightarrow[\text{加压或酸}]{H-OH} & \underset{OH\ \ OH}{CH_2-CH_2} & \text{乙二醇} \\ \xrightarrow{CH_3CH_2O-H} & \underset{OH\ \ OCH_3}{CH_2-CH_2} & \text{乙氧基乙醇} \\ \xrightarrow{H_3N} & \underset{\underset{CH_2CH_2OH}{\underset{|}{NCH_2CH_2OH}}}{CH_2-CH_2} & \text{三乙醇胺} \end{cases}$$

环氧乙烷是重要的化工原料。由它可直接制取的乙二醇，主要用于合成聚酯纤维；直接制取的乙氧基乙醇用来做喷漆的溶剂；直接制取的三乙醇胺可做表面活性剂、洗涤剂、建筑水泥增强剂；制取得到的用量最大的是聚羧酸减水剂单体，主要用于高铁、公路和房地产领域。

此外，环氧乙烷还可与格氏试剂反应，产物经水解后，可得比格氏试剂中的烷基多两个碳原子的伯醇。

$$\underset{O}{CH_2-CH_2} + RMgBr \xrightarrow{\text{干醚}} RCH_2CH_2OMgBr \xrightarrow[H^+]{H_2O} RCH_2CH_2OH$$

例如，环氧乙烷和乙基溴化镁在干醚作溶剂的条件下反应，合成 1-丁醇。

$$\underset{\delta^-}{\overset{\delta^+}{\underset{O}{CH_2-CH_2}}} + \overset{\delta^-}{CH_3CH_2}\!-\!\overset{\delta^+}{MgBr} \xrightarrow{\text{干醚}} CH_3CH_2CH_2CH_2OMgBr \xrightarrow[H^+]{H_2O} CH_3CH_2CH_2CH_2OH$$

在工业上，环氧乙烷是用乙烯在金属银催化下用空气氧化得到的；也称为氧化乙烯。

$$CH_2=CH_2 + O_2 \xrightarrow[250℃]{Ag} \underset{O}{CH_2-CH_2}$$

思考和练习

完成下列化学反应式。

(1) $CH_3CH_2OCH_2CH_2CH_3 + HI \longrightarrow$

(2) ⟨○⟩—OCH_2CH_3 + HI $\longrightarrow$

本章小结

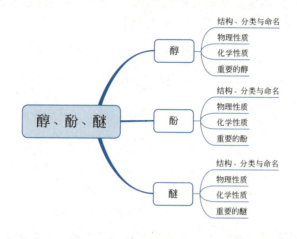

课后习题

1. 填空题

(1) 醇的官能团是_____；酚的官能团是_____；醚的官能团是_____。

(2) 苯酚具有弱酸性，它能与_____反应生成苯酚钠。

(3) 醚的沸点比醇低是因为醚分子中没有活泼氢，醚分子间不能形成_____。但醚有极性，可与水分子形成氢键，所以醚在水中溶解度比烷烃_____。

(4) 检验醚中是否有过氧化物存在的常用方法是用_____试纸（或试液）检验，若试纸（或试液）出现_____色，则说明过氧化物存在；除去过氧化物的方法用_____、_____等还原性物质。储存乙醚时，常加入少量的_____或_____以避免过氧化物的生成。

(5) 低级醇可以和一些无机盐形成_____，因此不能用_____、_____等无机盐干燥醇。

(6) 甲苯酚因其杀菌能力比苯酚强，医药上用其47％～53％的肥皂水消毒，这种消毒液俗称"_____"，也称"_____"。

2. 选择题

(1) 下列有关酒精的叙述，正确的是（　　）。

A. 其化学式为 C_2H_5OH，医用酒精的浓度是95％

B. 有人误饮假酒中毒，造成失明甚至死亡，是因为其中含有超标的甲醇

C. 用普通精馏法可得到纯度99％的酒精

D. 酒精发酵不会产生二氧化碳

(2) 下列醇中与金属钠反应最快的是（　　）。
A. 乙醇　　　　　B. 异丁醇　　　　　C. 叔丁醇　　　　　D. 甲醇

(3) 下列化合物中，能与 FeCl₃ 发生显色反应的是（　　）。

A. C₆H₅CH₂OH　　B. 环己醇　　C. C₆H₅OH　　D. 环己烯醇

(4) 用于制备解热镇痛药阿司匹林的主要原料是（　　）。
A. 水杨酸　　　　B. 苦味酸　　　　C. 苯甲酸　　　　D. 乙酰水杨酸

(5) 下列各组化合物中属于同分异构体的是（　　）。
A. 苄醇和苯甲醚
B. 木精和甲醚
C. 苯甲醇和苯酚
D. 环氧乙烷和乙醇

3. 命名与写构造式

(1) CH₃CH(OH)CH₂CH₃ — 结构式

(2) CH₃CH(OCH₃)CH₂CH₃

(3) 邻甲基苯酚

(4) 间甲基苯甲醚

(5) 2,4,6-三硝基苯酚

(6) 环己醇

(7) 乙醚

(8) 异丙醇

(9) 大茴香醚

(10) 甘油

4. 完成下列化学反应式

(1) CH₃CH(OH)CH₃ $\xrightarrow{HBr}$? $\xrightarrow[\text{醇}]{NaOH}$?

(2) 间硝基苯酚 $\xrightarrow{NaOH}$? $\xrightarrow{CO_2+H_2O}$? $\xrightarrow{\text{溴水}}$?

(3) 苯酚 $\xrightarrow{NaOH}$? $\xrightarrow{CH_3CH_2Br}$? $\xrightarrow[\triangle]{HI}$?

(4) $CH_2=CH_2 + H_2O \xrightarrow[\text{7MPa, 300℃}]{\text{磷酸硅藻土}}$? $\xrightarrow[140℃]{\text{浓}H_2SO_4}$?

(5) $CH_3CH_2CH_2OH \xrightarrow[H^+]{K_2Cr_2O_7}$? $\xrightarrow[H^+]{K_2Cr_2O_7}$?

5. 鉴别下列各组化合物

(1) 正丁醚、正丁醇、仲丁醇、叔丁醇
(2) 戊烷、乙醚、环戊醇、1-甲基环戊醇

6. 除去下列化合物中少量的杂质

(1) 苯甲醇中含有少量苯酚
(2) 乙醚中含有少量乙醇

7. 用指定原料合成下列化合物（其他无机试剂任选）

(1) $(CH_3)_4C \longrightarrow (CH_3)_3CCH_2COOH$

(2) $CH_3CH_2CH=CH_2 \longrightarrow HC\equiv CCH_2CH_3$

8. 推断结构

（1）某化合物 A 和 B 分子式均为 C_7H_8O。A 可溶于氢氧化钠生成 C，A 与溴水作用立即得白色沉淀 D，B 不溶于氢氧化钠，与氢碘酸受热分解的产物之一 E 能与三氯化铁溶液显色，试写出 A、B、C、D、E 的构造式和各步反应式。

（2）化合物 A、B、C 分子式均为 $C_5H_{12}O$，A、B 在酸性条件下与重铬酸钾不反应，而 C 能反应；A 与 C 和 Na 反应放出 H_2，而 B 不反应，但 B 和 HI 共热后产物之一为异丙醇；化合物 C 能发生碘仿反应、并且分子具有手性。试推断 A、B、C 可能的构造式，写出相关的化学反应方程式。

第九章 醛和酮

📚 学习目标

- **知识目标**
  1. 掌握醛和酮的命名、化学性质及其应用。
  2. 掌握醛和酮在化学性质上的差异，如氧化反应、还原反应及歧化反应等。
  3. 了解醛和酮的物理性质；熟悉重要的醛和酮的主要性能及其在化工上的应用。
- **能力目标**
  1. 能命名典型醛和酮化合物。
  2. 能运用醛和酮的特征反应设计鉴别、分离和提纯醛和酮的方案。
  3. 能利用醛、酮的化学性质合成相应有机物。
- **素质目标**
  1. 通过丙酮与氢氰酸加成引出有机玻璃制法，帮助培养学生建立学以致用的思维。
  2. 通过黄鸣龙还原法，引导学生学习黄鸣龙的爱国主义事迹，激发学生爱国热情。

➡️ 课前导学

农业上给种子浸种用甲醛，利用其什么性质呢？广告牌、浴缸与有机玻璃有什么联系？镜子与暖壶瓶胆是用什么制成的？我国有机化学家黄鸣龙先生的名字为何留在世界各国的教科书里？在本章的内容里你会找到答案。

📖 课前测验

多选题

1. 下列化合物能发生银镜反应的是（　　）。
   A. 甲醛　　　　B. 乙醛　　　　C. 丙酮　　　　D. 葡萄糖
2. 下列化合物能发生加成反应的是（　　）。
   A. 乙烯　　　　B. 乙炔　　　　C. 乙醛　　　　D. 丙酮
3. 下列化合物含有 α-H 的是（　　）。
   A. 甲醛　　　　B. 乙醛　　　　C. 丙酮　　　　D. 苯甲醛

醛和酮含有相同的官能团——羰基（$\overset{O}{\underset{}{\|}}\atop{-C-}$），因此统称为羰基化合物。

羰基至少与一个氢原子相连的化合物，称为醛，可用通式 $\underset{(H)R-C-H}{\overset{O}{\|}}$ 表示，$\underset{-C-H}{\overset{O}{\|}}$ 叫作醛基，是醛的官能团。羰基的两端都连有烃基的化合物叫作酮，可用通式 $\underset{R-C-R'}{\overset{O}{\|}}$ 表示，酮分子中的羰基也叫作酮基，是酮的官能团。分子式相同的醛和酮互为官能团异构体。

醛和酮在自然界中广泛存在，它们和许多食物的芳香有关，还增进了一些酶的生物功能。此外，作为有机合成的试剂和溶剂，醛和酮在工业生产中得到广泛应用。羰基，被认为是有机化学中最重要的官能团。

第一节　醛和酮的结构、分类与命名

一、醛和酮的结构

羰基是醛和酮的官能团，羰基碳原子与氧原子以双键相连。甲醛、乙醛的分子结构，如图 9-1、图 9-2 所示。这种结构与碳碳双键类似，碳氧双键也是由 1 个 σ 键和 1 个 π 键组成。但与碳碳双键不同的是，氧原子电负性比碳原子大，吸引电子的能力强，使 π 电子云分布不均匀，氧原子周围电子云密度较高，带有部分负电荷，而碳原子带部分正电荷，形成一个极性不饱和键，因此醛酮有极性。这种极性结构（见图 9-3）显著影响着醛和酮的性质。

图 9-1　甲醛分子球棒模型

图 9-2　乙醛分子球棒模型

图 9-3　羰基 π 电子云分布示意图

二、醛和酮的分类

根据分子中烃基结构不同可分为脂肪醛（酮）、脂环醛（酮）和芳香醛（酮）；根据烃基是否饱和分为饱和醛（酮）和不饱和醛（酮）；根据分子中所含的羰基数目分为一元醛（酮）、二元醛（酮）和多元醛（酮）。

酮还可按与羰基直接相连两个烃基种类分为：单酮（两个烃基相同的）和混酮（两个烃基不相同的）；甲基酮（两个烃基中至少有一个是甲基的）和非甲基酮。

$$CH_3CHO \qquad CH_2=CHCHO \qquad OHCCH_2CHO$$

乙醛　　　　　　　　丙烯醛　　　　　　　　丙二醛
（一元饱和脂肪醛）　（一元不饱和脂肪醛）　（二元饱和脂肪醛）

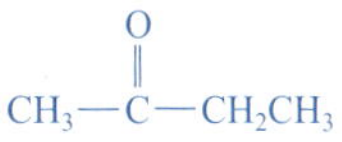

$$\underset{\underset{\text{(一元饱和脂肪甲基酮)}}{\text{丁酮}}}{CH_3-\overset{\overset{O}{\|}}{C}-CH_2CH_3} \qquad \underset{\underset{\text{(一元不饱和脂肪酮)}}{\text{3-丁烯-2酮}}}{CH_2=CH-\overset{\overset{O}{\|}}{C}-CH_3} \qquad \underset{\underset{\text{(二元饱和脂肪酮)}}{\text{丁二酮}}}{CH_3-\overset{\overset{O}{\|}}{C}-\overset{\overset{O}{\|}}{C}-CH_3}$$

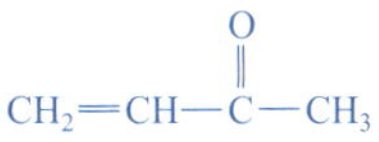

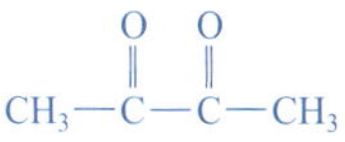

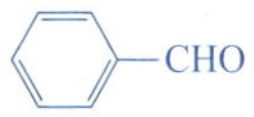

苯甲醛（芳香族醛） 苯乙酮（芳香族甲基酮）

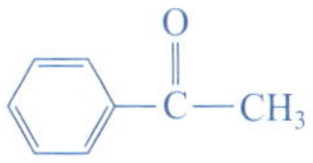

三、醛和酮的命名

1. 习惯命名法

醛的习惯命名法与醇相似，把"醇"改为"醛"；同时注意，在数碳原子个数的时候，要包含官能团醛基中的碳原子。例如：

$$\underset{\text{正丁醛}}{CH_3CH_2CH_2CHO} \qquad \underset{\text{异丁醛}}{(CH_3)_2CHCHO} \qquad \underset{\text{新戊醛}}{(CH_3)_3CCHO}$$

脂环醛或芳香醛一般按 HCHO 为母体衍生而来，称为"某某甲醛"，而简单环酮一般称为"环某酮"。例如：

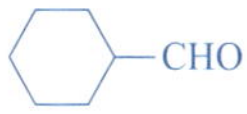

环己基甲醛 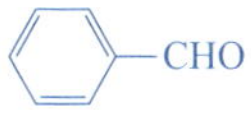　　苯甲醛 　　环戊酮

酮的命名是在羰基所连接的两个烃基名称后再加上"甲酮"两个字。例如：

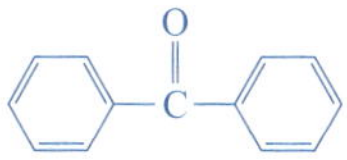

二苯甲酮 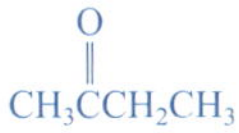　　甲基乙基甲酮

2. 系统命名法

醛和酮系统命名法的原则如下：

（1）选主链（母体）选择含有羰基的最长碳链作为主链。不饱和醛酮的命名，主链须包含不饱和键。

（2）编号　从靠近羰基的一端开始给主链编号。主链碳原子位次有时也用希腊字母表示，与羰基直接相连的碳原子为 α-碳原子，其余依次为 β、γ、δ、……、ω 位。

（3）写名称　将取代基的位次、数目、名称及羰基的位次依次写在醛酮母体名称之前。醛基总在碳链的一端，不标位次。不饱和醛酮要注明不饱和键的位次。

（4）二醛或二酮的命名，只需将两个羰基的位次分别标出或用 α（相邻）、β（隔一个碳）、γ（隔两个碳）来表示。

例如：

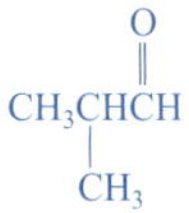

2-甲基丙醛（α-甲基丙醛）　　4-甲基-2-戊酮（β-甲基-2-戊酮）　　2-丁烯醛（巴豆醛）

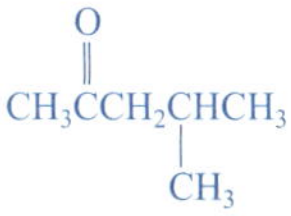

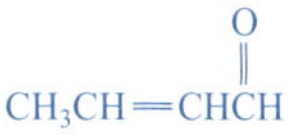

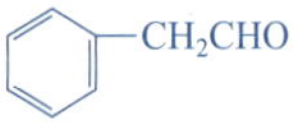

苯乙醛 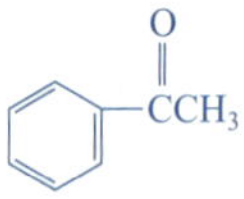　　　苯乙酮 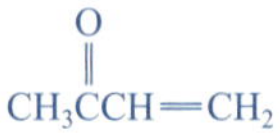　　　3-丁烯-2-酮

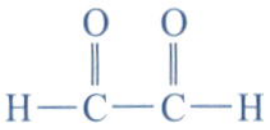

乙二醛 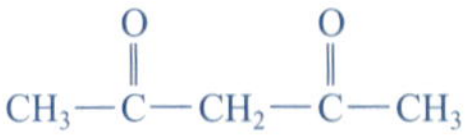　　　2,4-戊二酮(β-戊二酮)

3. 俗名

有些醛常用俗名，是由相应羧酸的名称衍生而来。

HCHO　　　$CH_3CH=CHCHO$　　　苯-CH=CHCHO　　　水杨醛结构

蚁醛　　　巴豆醛　　　肉桂醛 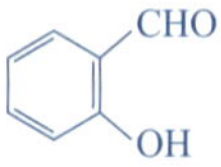　　　水杨醛

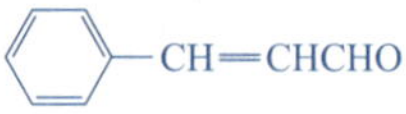

> **思考和练习**
>
> 命名下列化合物。
>
> (1) CH_3CH_2CHO
>
> (2) 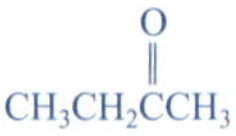 $CH_3CH_2COCH_3$
>
> (3) $CH_3CHCH_2CH_2CHO$
> $|$
> CH_3
>
> (4) 环己酮

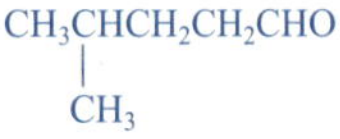

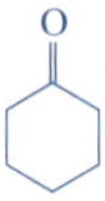

第二节　醛和酮的物理性质

一、状态

常温常压下除甲醛是气体外，12 个碳原子以下的醛、酮都是液体，高级醛和酮是固体。低级醛具有强烈刺激气味，但 $C_8 \sim C_{13}$ 的中级脂肪醛和一些芳香醛、芳香酮有花果香味，常应用于食品和香料工业中，如壬醛（玫瑰油）、茉莉酮、胡椒醛。有些天然香料中会含有酮基，如樟脑、麝香等。

二、沸点

由于羰基的极性较大，增加了分子间的吸引力，因此醛、酮的沸点比分子量相近的烷烃高，但比醇低。

三、溶解性

醛、酮的氧原子可以和水形成氢键，因此低级醛、酮可与水互溶，如甲醛、乙醛、丙酮可以和水以任意比例互溶。随着分子量的增加，在水中的溶解度逐渐减小，直至不溶。丙酮是良好的有机溶剂，能溶解很多有机化合物。

四、相对密度

脂肪族醛、酮的相对密度小于1，芳香族醛、酮的相对密度大于1。

五、闪点

甲醛闪点为50℃；乙醛闪点为－38℃，极易燃，甚至在低温下的蒸气也能与空气形成爆炸性混合物，包装要求密封，不可与空气接触。丙酮的闪点为－20℃，环己酮闪点63.9℃。一般而言，醛酮闪点也随碳原子数增加而增大。

一些常见醛和酮的物理常数见表9-1。

表 9-1　常见醛和酮的物理常数

名称	构造式	熔点/℃	沸点/℃	相对密度 (d_4^{20})	溶解度 / (g/100g 水)
甲醛	HCHO	－92	－21	0.815	55
乙醛	CH_3CHO	－123	21	0.781	溶（∞）
丙醛	CH_3CH_2CHO	－81	49	0.807	20
丁醛	$CH_3(CH_2)_2CHO$	－97	75	0.817	7
戊醛	$CH_3(CH_2)_3CHO$	－91	103	0.819	微溶
乙二醛	OHCCHO	15	50	1.140	溶（∞）
丙烯醛	$CH_2=CHCHO$	－88	53	0.841	溶
苯甲醛	C₆H₅—CHO	－26	179	1.046	0.33
丙酮	CH_3COCH_3	－95	56	0.792	溶（∞）
丁酮	$CH_3COCH_2CH_3$	－86	80	0.805	35
2-戊酮	$CH_3COCH_2CH_2CH_3$	－78	102	0.812	6.3
3-戊酮	$CH_3CH_2COCH_2CH_3$	－41	101	0.813	5
环己酮	C₆H₁₀=O	－16	156	0.943	微溶
丁二酮	$CH_3COCOCH_3$	－2	88	0.980	25
苯乙酮	C₆H₅—CO—CH₃	21	202	1.026	微溶

第三节 醛和酮的化学性质

羰基是醛和酮的官能团,也是醛、酮的反应中心。由于结构上的共同特点,使它们具有许多相似的化学性质。一般反应中,醛比酮更活泼,酮类中又以甲基酮比较活泼。某些反应为醛所特有,而酮不能发生。

一、羰基的加成反应

醛和酮分子中羰基中的 π 键容易断裂,因此醛和酮可以与氢氰酸、亚硫酸氢钠、醇以及氨的衍生物等试剂发生羰基上的加成反应。

1. 与氢氰酸加成

在少量碱催化下,醛、脂肪族甲基酮和低级环酮(C_8 以下)能与氢氰酸发生加成反应,生成 α-羟基腈(即氰醇)。

$$\begin{array}{c} R \\ (CH_3)H \end{array} C=O + H-CN \xrightleftharpoons{OH^-} \begin{array}{c} R \\ (CH_3)H \end{array} C \begin{array}{c} OH \\ CN \end{array}$$

α-羟基腈(氰醇)

由于 HCN 是一个极弱的酸,不容易离解为 H^+ 和 CN^-,因此,未经离解的 HCN 与羰基的反应很慢。如果在溶液中加入碱,则可以大大加快反应速度,若加入酸,则可抑制反应的进行。

氢氰酸有剧毒,易挥发,一般采用 NaCN+HCl 代替 HCN,使得氢氰酸一生成立即与醛或酮反应,但在加酸时应控制溶液 pH 为 8,以利于反应的进行。

反应特点:产物 α-羟基腈比原来的醛或酮增加了一个碳原子,这是使碳链增长的一种方法。羟基腈在酸性水溶液中水解,即可得到羟基酸。

$$CH_3-\overset{O}{\underset{}{C}}-H + HCN \longrightarrow CH_3CHCN \xrightarrow{H_2O,\,H^+} CH_3\overset{OH}{\underset{}{C}}HCOOH + NH_3$$

α-羟基丙腈   α-羟基丙酸(乳酸)

氰醇中氰基还可还原成氨基,可以进一步转化成多种有机化合物。

【例 1】 以丙酮为原料合成"有机玻璃的单体——α-甲基丙烯酸甲酯"。

$$CH_3\overset{O}{\underset{}{C}}CH_3 \xrightarrow[OH^-]{HCN} CH_3\overset{OH}{\underset{CH_3}{C}}-CN \xrightarrow[H^+]{H_2O} CH_3\overset{OH}{\underset{CH_3}{C}}-COOH$$

丙酮   α-丙酮氰醇   α-甲基-α-羟基丙酸

$$\xrightarrow[-H_2O]{H^+} CH_2=\underset{CH_3}{\overset{}{C}}-COOH \xrightarrow[H_2SO_4]{CH_3OH} CH_2=\underset{CH_3}{\overset{}{C}}-COOCH_3$$

α-甲基丙烯酸   α-甲基丙烯酸甲酯

45. 微课:醛、酮与亚硫酸氢钠的加成反应

2. 与亚硫酸氢钠加成

醛、脂肪族甲基酮和低级环酮（C_8以下）都能与亚硫酸氢钠饱和溶液（40%）发生加成反应，生成 α-羟基磺酸钠。

$$\underset{(CH_3)H}{\overset{R}{}}C=O + H-SO_3Na \underset{}{\overset{OH^-}{\rightleftharpoons}} \underset{(CH_3)H}{\overset{R}{}}C\underset{SO_3Na}{\overset{OH}{}}$$

α-羟基磺酸钠

反应特点：产物 α-羟基磺酸钠为无色结晶，易溶于水，但不溶于饱和亚硫酸氢钠溶液，以结晶析出。

应用：生成的 α-羟基磺酸钠遇稀酸或稀碱都可以分解为原来的醛或酮，所以这个反应可用于鉴别、分离或提纯醛、脂肪族甲基酮和 C_8 以下的环酮，也可用于定量分析一定范围的醛、酮。

$$R-\underset{H(CH_3)}{\overset{OH}{\underset{|}{C}}}-SO_3Na \begin{cases} \xrightarrow{\text{稀}HCl} R-\overset{O}{\overset{\|}{C}}-H(CH_3) + NaCl + SO_2\uparrow + H_2O \\ \xrightarrow{\text{稀}Na_2CO_3} R-\overset{O}{\overset{\|}{C}}-H(CH_3) + Na_2SO_3 + NaHCO_3 \end{cases}$$

3. 与醇加成

在干燥氯化氢气体或其他无水强酸催化下，醛能与一分子醇发生加成反应生成半缩醛，半缩醛不稳定，可以与另一分子醇进一步发生脱水反应生成缩醛。

$$\underset{H}{\overset{R}{}}C=O + H-OR' \underset{}{\overset{\text{干}HCl}{\rightleftharpoons}} \underset{H}{\overset{R}{}}C\underset{OR'}{\overset{OH}{}} \underset{\text{干}HCl}{\overset{R'OH}{\rightleftharpoons}} \underset{H}{\overset{R}{}}C\underset{OR'}{\overset{OR'}{}} + H_2O$$

（半缩醛） （缩醛）

上述反应可简化为：

$$\underset{H}{\overset{R}{}}C=O + \overset{H-OR'}{\underset{H-OR'}{}} \overset{\text{干}HCl}{\rightleftharpoons} \underset{H}{\overset{R}{}}C\underset{OR'}{\overset{OR'}{}} + H_2O$$

例如：

$$\underset{H}{\overset{CH_3CH_2}{}}C=O + \overset{H-OCH_3}{\underset{H-OCH_3}{}} \overset{\text{干}HCl}{\rightleftharpoons} \underset{H}{\overset{CH_3CH_2}{}}C\underset{OCH_3}{\overset{OCH_3}{}} + H_2O$$

（丙醛缩二甲醇）

缩醛可以看作是一个同碳二元醚，性质与醚相似，不受碱的影响，对还原剂及氧化剂也很稳定。但与醚不同的是缩醛在稀酸溶液中很容易水解成原来的醛和醇。例如：

$$CH_3CH_2CH\underset{OCH_3}{\overset{OCH_3}{}} \xrightarrow[H^+]{H_2O} CH_3CH_2CHO + 2CH_3OH$$

用途：在有机合成中常常利用缩醛（酮）的生成和水解来保护比较活泼的羰基。

酮和一元醇生成半缩酮或缩酮要困难些，但酮可以和某些二元醇（如乙二醇）反应，生成环状二酮。例如：

$$\begin{matrix} CH_2-OH \\ CH_2-OH \end{matrix} + O=C\begin{matrix} R_1 \\ R_2 \end{matrix} \xrightleftharpoons{H^+} \begin{matrix} CH_2-O \\ CH_2-O \end{matrix}C\begin{matrix} R_1 \\ R_2 \end{matrix} + H_2O$$

用途：醛、酮和二元醇的缩合在企业生产中有重要应用。

例如，高分子产品聚乙烯醇的分子中含有很多羟基，易溶于水，所以不能作为合成纤维使用。为了提高其耐水性，在酸催化下用甲醛使它部分缩醛化，则可得到性能优良的合成纤维——维尼纶。

$$\left[\begin{matrix} CH_2 \\ | \\ CH-CH_2-CH \\ | \quad\quad\quad | \\ OH \quad\quad OH \end{matrix}\right]_n \xrightarrow[H^+]{HCHO} \left[\begin{matrix} CH_2 \\ | \\ CH-CH_2-CH \\ | \quad\quad\quad | \\ O \quad\quad\quad O \\ \diagdown CH_2 \diagup \end{matrix}\right]_n$$

聚乙烯醇　　　　　　　　　维尼纶

思政案例

维尼纶的时代变迁

维尼纶是聚乙烯醇缩醛纤维的商品名称。其性能接近棉花，有"合成棉花"之称，是现有合成纤维中吸湿性最大的品种。除用于衣料外，还有多种工业用途。但因其生产工艺流程较长，纤维综合性能不如涤纶、锦纶和腈纶，年产量较小，居合成纤维品种的第5位。

二十世纪六七十年代，为解决国人的穿衣问题，国家从国外引进大批先进工艺技术及成套设备。1963年在周恩来总理的关心下，从日本进口了全套维尼纶生产设备，这套设备生产维尼纶长丝和短丝两种产品，长丝做渔网、降落伞，短丝民用。

1965年，我国第一个国产维尼纶厂——北京维尼纶厂正式投产，以碳化钙和醋酸为原料合成维尼纶。从此，我国告别了"人造棉"布料依赖进口的历史。

改革开放以后，我国先后建设了多个生产涤纶、尼龙、腈纶、维尼纶等化纤原料的项目。今天，我国化纤产能已占全球三分之二以上，从一个化纤需要进口的国家，摇身变成了全球化纤大国。

化纤产品正在让我们的生活更美好。

4. 与格氏试剂加成

醛和酮能与格氏试剂（RMgX）加成，加成产物水解则生成不同种类的醇。

$$\overset{\delta^+}{C}=\overset{\delta^-}{O} + R-MgX \xrightarrow{干醚} \begin{matrix} | \\ -C-OMgX \\ | \\ R \end{matrix} \xrightarrow{H_3O^+} \begin{matrix} | \\ -C-OH \\ | \\ R \end{matrix}$$

甲醛与格氏试剂加成水解生成伯醇，其他醛生成仲醇，酮则得到叔醇。

（1）甲醛　$HC\overset{O}{\underset{}{\|}}H + RMgCl \xrightarrow{干醚} H-\underset{H}{\overset{OMgCl}{\underset{|}{C}}}-R \xrightarrow{H_3O^+} R-CH_2OH$ 伯醇

（2）其他醛　$R_1C\overset{O}{\underset{}{\|}}H + R_2MgCl \xrightarrow{干醚} R_1-\underset{H}{\overset{OMgCl}{\underset{|}{C}}}-R_2 \xrightarrow{H_3O^+} R_1-\underset{}{\overset{OH}{\underset{|}{CH}}}-R_2$ 仲醇

（3）酮

$$R_1CR_2 \xrightarrow{+ R_3MgCl} \xrightarrow{干醚} R_1-\underset{R_3}{\underset{|}{C}}-R_2 \xrightarrow{H_3O^+} R_1-\underset{R_3}{\underset{|}{\overset{OH}{\underset{|}{C}}}}-R_2$$
（叔醇）

例如：

$$HCHO + CH_3MgI \xrightarrow{干醚} H-\underset{H}{\underset{|}{\overset{OMgI}{\underset{|}{C}}}}-CH_3 \xrightarrow{H_3O^+} CH_3CH_2OH$$

$$CH_3CHO + (CH_3)_2CHMgBr \xrightarrow{干醚} CH_3CH(OMgBr)CH(CH_3)_2 \xrightarrow{H_3O^+} CH_3CH(OH)CH(CH_3)_2$$
3-甲基-2-丁醇(53%~54%)
(仲醇)

$$(C_6H_5)_2CO + C_6H_5MgBr \xrightarrow{干醚} (C_6H_5)_3C-OMgBr \xrightarrow{NH_4Cl, H_2O} (C_6H_5)_3C-OH$$
三苯甲醇(55%)
(叔醇)

【例 2】 选用适当的原料合成化合物 $CH_3CH(CH_3)CH_2OH$。

【解析思路】

① 合成产物是伯醇，因此应选择甲醛与格氏试剂反应。

② 把目标产物分成两个结构单元。

羟基所连接的碳原子是原料中的羰基碳，与这个碳原子相连的烃基来源于格氏试剂。所以从醇中羟基的碳原子与烃基之间断开，即 $CH_3CH(CH_3)\!\mid\!CH_2OH$。从而推断得到产物是由甲醛和异丙基卤化镁加成而来。

③ 写出合成路线。

$$HCHO + CH_3CH(CH_3)MgBr \xrightarrow{干醚} CH_3CH(CH_3)CH_2OMgBr \xrightarrow[H^+]{H_2O} CH_3CH(CH_3)CH_2OH$$

5. 与氨的衍生物加成——缩合反应

氨分子中氢原子被其他原子或基团取代后生成的化合物叫作氨的衍生物。如羟氨（NH_2OH）、肼（NH_2NH_2）、苯肼（$NH_2NH\text{-}C_6H_5$）、2,4-二硝基苯肼（$NH_2NH\text{-}C_6H_3(NO_2)_2$）等都是氨的衍生物。

46. 视频：醛、酮与羰基试剂的反应

醛、酮可以和氨的衍生物发生加成反应，产物分子内继续脱水得到含有碳氮双键的化合物。分别生成肟、腙、苯腙及 2,4-二硝基苯腙。这一反应可用下列通式表示：

第九章 醛和酮　　155

$$\ce{>C=O + H-N(H)-Y <=>[加成] [-\underset{不稳定}{C(OH)(H)-N(H)-Y}] ->[-H_2O] >C=N-Y}$$

—Y：—OH、—NH$_2$、—NH—C$_6$H$_5$、—NH—C$_6$H$_3$(NO$_2$)$_2$

上式也可直接写成：

$$\ce{>C=O + H_2N-Y <=> >C=N-Y + H_2O}$$

所以醛和酮与氨的衍生物的反应是加成-脱水反应，这一反应又叫作羰基化合物与氨的衍生物的缩合反应。例如：

$$\ce{(CH_3)_2C=O} + \begin{cases} H_2N-OH & \text{羟胺} \\ H_2N-NH_2 & \text{肼} \\ H_2N-NH-C_6H_5 & \text{苯肼} \\ H_2N-NH-C_6H_3(NO_2)_2 \end{cases} \longrightarrow \begin{cases} (CH_3)_2C=N-OH & \text{丙酮肟} \\ (CH_3)_2C=N-NH_2 & \text{丙酮腙} \\ (CH_3)_2C=N-NH-C_6H_5 & \text{丙酮苯腙} \\ (CH_3)_2C=N-NH-C_6H_3(NO_2)_2 \end{cases} + H_2O$$

醛和酮与氨的衍生物的缩合产物一般都是具有固定熔点的结晶固体，因此，只要测定反应产物的熔点，就能确定参加反应的醛和酮。醛和酮与2,4-二硝基苯肼作用生成的2,4-二硝基苯腙是黄色晶体，反应明显，便于观察，常被用来鉴别醛和酮。所以上述氨的衍生物又称为羰基试剂。

此外，反应产物在稀酸作用下可分解成原来的醛和酮，因此又可用于醛、酮的分离和提纯。

二、α-氢原子的反应

受官能团羰基的影响，醛、酮分子中的α-氢原子非常活泼。

1. 卤代与卤仿反应

醛和酮分子中的α-氢原子容易被卤素取代，生成α-卤代醛、酮，一卤代醛或酮往往可以继续卤化为二卤代、三卤代产物。例如：

$$\ce{CH_3CHO ->[Cl_2][H_2O] CH_2ClCHO ->[Cl_2] CHCl_2CHO ->[Cl_2] \underset{三氯乙醛}{CCl_3CHO}}$$

三氯乙醛的水合物 $CCl_3CH(OH)_2$ 又称水合氯醛，具有催眠作用。

这类反应可以被酸或碱所催化，在酸催化下，卤代反应可以控制在生成一卤代物阶段。例如：

$$\ce{CH_3-\overset{O}{\overset{\|}{C}}-CH_3 + Br_2 ->[CH_3COOH][65^\circ C] CH_3-\overset{O}{\overset{\|}{C}}-CH_2Br + HBr}$$

α-溴丙酮

在碱催化下，卤代反应速度很快。

具有"$CH_3-\overset{O}{\underset{\|}{C}}-$"构造的乙醛、甲基酮一般不易控制在生成一卤代或二卤代物阶段，而是生成同碳三卤代物"$CX_3-\overset{O}{\underset{\|}{C}}-$"，而这种三卤代物在碱性溶液中不稳定，立即分解成三卤甲烷（卤仿）和羧酸盐。例如：

$$(H)R-\overset{O}{\underset{\|}{C}}-CH_3 + 3NaOX \xrightarrow{(X_2+NaOH)} (H)R-\overset{O}{\underset{\|}{C}}-CX_3 + 3NaOH \xrightarrow{NaOH} (H)RCOONa + CHX_3$$

上式也可直接写成：

$$CH_3-\overset{O}{\underset{\|}{C}}-(H)R + 3NaOX \longrightarrow H(R)COONa + CHX_3 + 2NaOH$$

因为这个反应有卤仿生成，所以称为卤仿反应。

次卤酸盐是一种氧化剂，可将醇氧化成相应的醛或酮。因此凡含有"$CH_3\overset{OH}{\underset{|}{CH}}-$"构造的醇会先被氧化成乙醛或甲基酮再进行卤仿反应。例如：

$$CH_3CH_2OH \xrightarrow{NaOI} CH_3CHO \xrightarrow{NaOI} HCOONa + CHI_3\downarrow$$
碘仿（黄色）

碘仿为黄色晶体，难溶于水，并有特殊气味，容易识别，因此可利用碘仿反应来鉴别乙醛、甲基酮以及含有"$CH_3\overset{OH}{\underset{|}{CH}}-$"构造的醇。

卤仿反应也是缩短碳链的反应之一，还可用来制备其他方法难于制备的羧酸。

2. 羟醛缩合反应

（1）羟醛缩合　含有 α-氢原子的醛在稀碱溶液中相互作用，一分子醛的 α-氢原子加到另一分子醛的羰基氧原子上，剩余部分加到羰基碳原子上，生成 β-羟基醛。因此这个反应称为羟醛缩合。β-羟基醛在加热下易脱水生成 α,β-不饱和醛。例如：

$$CH_3-\overset{O}{\underset{\|}{C}}-H + CH_2CHO \xrightarrow[5℃]{10\%NaOH} CH_3\overset{OH}{\underset{|}{CH}}-\overset{H}{\underset{|}{CH}}CHO \xrightarrow[\Delta]{-H_2O} CH_3CH=CHCHO$$
β-羟基丁醛　　　　2-丁烯醛（巴豆醛）

巴豆醛，无色可燃液体，有催泪性，可作烟道气警告剂。它是一种重要的化工原料，可用来制备正丁醇、正丁醛等化工产品。

通过羟醛缩合可以合成比原来醛的碳原子数多一倍的醛或醇，在有机合成中具有广泛的应用。

（2）交叉羟醛缩合　两种含有 α-氢原子的不同醛之间发生的羟醛缩合反应称为交叉羟醛缩合。产物为 4 种产物的混合物，在有机合成上没有多大实际意义。

如果参与反应的两种醛中有一种为不含 α-氢的醛，反应时使不含 α-氢的醛过量，则可得到收率较高的单一产物。例如：苯甲醛和乙醛反应时，把乙醛慢慢地加入苯甲醛与氢氧化钠的混合溶液中，并控制在低温（0~6℃）反应，则生成的主要产物为肉桂醛。

$$C_6H_5\text{—CHO} + CH_3CHO \xrightarrow{\text{稀NaOH}} C_6H_5\text{—CH}=\text{CH—CHO}\ (\text{肉桂醛})$$

肉桂醛是淡黄色液体，有肉桂油的香气，可用于配制皂用香精，也用作糕点等食品的增香剂。

(3) **酮的缩合** 含有 α-氢原子的酮也能起类似反应，但反应比醛困难，产率很低。但二羰基化合物能发生分子内的缩合反应，生成环状化合物，可用于 5~7 元环的化合物的合成。该反应在药物合成中有较大的用途。例如：

$$CH_3\overset{O}{\overset{\|}{C}}(CH_2)_3\overset{O}{\overset{\|}{C}}CH_3 \xrightarrow[100℃]{NaOH,\ H_2O} \text{3-甲基-2-环戊烯-1-酮}$$

三、氧化-还原反应

1. 还原反应

(1) **还原成醇** 醛或酮都能很容易地分别被还原为伯醇或仲醇。

$$R\overset{O}{\overset{\|}{-C-}}H(R') \xrightarrow{[H]} R\overset{OH}{\overset{|}{-CH-}}H(R')$$

在不同的条件下，用不同的试剂可以得到不同的产物。

① 用金属氢化物还原。例如，用硼氢化钠（$NaBH_4$）、硼氢化钾（KBH_4）、氢化铝锂（$LiAlH_4$）作还原剂。

金属硼氢化物属于比较缓和的还原剂，其活性较小，它只还原醛和酮中的羰基，不能还原碳碳双键和碳碳三键。反应选择性高，还原效果好。

氢化铝锂的还原性比硼氢化物要强，不但能还原醛和酮，而且能还原 —CN、—NO_2、羧酸和酯的羰基等许多不饱和基团。

$$C_6H_5\text{—CH}=\text{CHCHO} \xrightarrow[\text{或}NaBH_4]{LiAlH_4} C_6H_5\text{—CH}=\text{CHCH}_2OH$$

肉桂醛 → 肉桂醇

反式肉桂醇是无色或微黄色晶体，具有风信子花的优雅香味，广泛用于配制花香型化妆品香精和皂用香精，也可用作定香剂。

② 催化加氢。醛和酮的还原还可采用催化加氢的方法。铂、钯、雷内镍、$CuO\text{-}Cr_2O_3$ 等是常用的催化剂。分子中若有不饱和基团，将同时被还原，此法常用来制备饱和醇。

$$C_6H_5\text{—CH}=\text{CHCHO} \xrightarrow{H_2/Ni} C_6H_{11}\text{—CH}_2CH_2CH_2OH$$

(2) **还原成烃** 醛和酮可以被还原成烃，常用的还原方法有以下两种。

① 克莱门森（Clemmensen）还原。醛或酮与锌汞齐和浓盐酸共热，羰基可直接还原成

亚甲基。这个反应称为克莱门森还原。此反应直接生成亚甲基，对直链烷基苯的合成具有重要的意义。

例如：

$$\text{C}_6\text{H}_6 + \text{CH}_3\text{CH}_2\text{COCl} \xrightarrow{\text{AlCl}_3} \text{C}_6\text{H}_5\text{-COCH}_2\text{CH}_3 \xrightarrow[\triangle]{\text{Zn-Hg, 浓HCl}} \text{C}_6\text{H}_5\text{-CH}_2\text{CH}_2\text{CH}_3$$

这种方法只适用于对酸稳定的化合物，不适用于对酸敏感的化合物。

② 沃尔夫-凯惜纳-黄鸣龙（Wolff-Kishner-Huangminglong）还原。对酸不稳定而对碱稳定的羰基化合物可以用沃尔夫-凯惜纳-黄鸣龙方法还原。即醛或酮与水合肼在高沸点溶剂（如二甘醇、三甘醇等）中与碱共热，羰基被还原成亚甲基。这一反应最初是由沃尔夫和凯惜纳共同发明的，缺点是由于高温，需要在高压或者封管中进行，操作不方便。后经我国化学家黄鸣龙改进了反应条件，所以称为沃尔夫-凯惜纳-黄鸣龙还原法。例如：

$$\text{CH}_3\text{CONH-C}_6\text{H}_4\text{-COCH}_2\text{CH}_2\text{COOH} \xrightarrow[\text{二甘醇, 140~160℃}]{\text{H}_2\text{NNH}_2, \text{KOH}} \text{CH}_3\text{CONH-C}_6\text{H}_4\text{-(CH}_2)_3\text{COOH}$$

4-对乙酰氨苯基丁酸

4-对乙酰氨苯基丁酸是制备抗癌药物苯丁酸氮芥的中间体。

以上两种反应都是把羰基还原成亚甲基的反应。

克莱门森反应是在强酸条件下进行的，不适用于对酸敏感的化合物。

沃尔夫-凯惜纳-黄鸣龙反应是在强碱条件下进行的，不适用于对碱敏感的化合物。

这两种还原法互相补充，根据分子中所含基团对反应条件的要求，选择使用。

思政案例

教科书里的中国化学家（黄鸣龙）

黄鸣龙（1898—1979），江苏扬州人，有机化学家，我国甾族激素药物工业奠基人。

早年曾赴瑞士和德国留学，于1924年在德国柏林大学获博士学位，然后回国教授药学。开展新药研究受限，再赴欧洲。1940年，再次回国，在昆明中央研究院工作，并在西南联大兼课。抗战期间，他三渡重洋。在哈佛大学任访问教授期间，他严谨治学，不放过一丝一毫实验现象，对于实验残渣也是仔细分析，通过改变一系列条件，改良了 Wolff-Kishner 反应，反应时间从原来的3~4天变成了2~3个小时，产率显著提高，达到了90%。

1952年，他冲破美国政府的重重阻挠，借道去欧洲讲学摆脱跟踪，辗转回国。在黄鸣龙的鼓励下，一些优秀的医学家、化学家、他的儿女也相继归国，投入祖国的建设洪流。

回国后，黄鸣龙大展宏图，担任中国科学院学部委员、中科院有机化学所一级研究员。在黄鸣龙带领下，以国产薯蓣皂素为原料合成的"可的松"成功问世。他在甾体化学方面有较高造诣，由他领导研究的口服避孕药甲地孕酮是我国首创，填补了我国甾体工业空白。

2. 氧化反应

在强氧化剂（如 $K_2Cr_2O_7/H^+$，$KMnO_4$）存在下，醛会氧化成相同碳原子数的羧酸，酮则会发生碳链断裂，生成碳原子数较少的羧酸混合物。

若为弱的氧化剂（如银氨溶液、斐林试剂）也可以将醛氧化成同碳原子数的羧酸；酮却不能被弱氧化剂氧化。

可以利用弱氧化剂来区别醛和酮。常用的弱氧化剂有托伦试剂、斐林试剂。

（1）与托伦（Tollen）试剂反应　托伦试剂是硝酸银的氨溶液，具有较弱的氧化性。它与醛共热时，醛被氧化为羧酸，同时 Ag^+ 被还原成金属 Ag 析出。如果反应器壁非常洁净，会在容器壁上形成光亮的银镜。因此这一反应又称为银镜反应。

$$RCHO + 2[Ag(NH_3)_2]OH \xrightarrow{\text{水浴}} RCOONH_4 + 2Ag\downarrow + 3NH_3\uparrow + H_2O$$
（无色）　　　　　　　　　　　　　　　　（银镜）

工业上利用此反应，以葡萄糖为原料，制暖壶瓶胆、镜子。

托伦试剂不能氧化碳碳双键和碳碳三键，选择性较好。例如，工业上用它来氧化巴豆醛制取巴豆酸。

$$CH_3CH=CHCHO \xrightarrow{[Ag(NH_3)_2]OH} CH_3CH=CHCOOH$$
（巴豆酸）

（2）与费林试剂（Fehling）反应　费林试剂是由硫酸铜与酒石酸钾钠的碱溶液等体积混合而成的蓝色溶液。

起氧化作用的是二价铜离子，费林试剂能将脂肪醛氧化成脂肪酸，同时二价铜离子被还原成砖红色的氧化亚铜沉淀。但费林试剂不能氧化芳香醛。因此可用费林反应来区别脂肪醛和芳香醛。

47. 视频：醛与费林试剂反应

$$RCHO + 2Cu(OH)_2 + NaOH \xrightarrow{\triangle} RCOONa + Cu_2O\downarrow + 3H_2O$$
（蓝色）　　　　　　　　　　　　　　　（红色）

甲醛的还原性较强，与费林试剂反应可生成铜镜，可借此性质鉴别甲醛和其他醛类。

$$HCHO + Cu(OH)_2 + NaOH \xrightarrow{\triangle} HCOONa + Cu\downarrow + 2H_2O$$

3. 康尼查罗（Cannizzaro）反应

不含 α-氢的醛在浓碱溶液作用下，可以发生自身氧化还原反应。一分子醛被还原成醇，另一分子醛被氧化成羧酸，此反应叫作康尼查罗反应。又叫作歧化反应。例如：

$$2\,C_6H_5\text{—CHO} \xrightarrow[\text{②}H^+]{\text{①浓NaOH}} C_6H_5\text{—COOH} + C_6H_5\text{—CH}_2\text{OH}$$
（苯甲酸）　　　（苯甲醇）

两种不含 α-氢的醛在浓碱的作用下，也能发生歧化反应（交叉歧化反应），但产物相当复杂。

若两种醛之一为甲醛，由于甲醛的还原性较强，则反应结果总是另一种无 α-氢的醛被还原成相应的醇，而甲醛被氧化成甲酸（盐）。

该反应在有机合成上具有重要的意义。例如：工业上用甲醛和乙醛为原料制取季戊四醇。

$$3HCHO + CH_3CHO \xrightarrow[15\sim16℃]{25\% \ Ca(OH)_2} HOCH_2-\underset{\underset{CH_2OH}{|}}{\overset{\overset{CH_2OH}{|}}{C}}-CHO$$

(交叉羟醛缩合反应)

$$HOCH_2-\underset{\underset{CH_2OH}{|}}{\overset{\overset{CH_2OH}{|}}{C}}-CHO + HCHO \xrightarrow[55\sim60℃]{Ca(OH)_2} HOCH_2-\underset{\underset{CH_2OH}{|}}{\overset{\overset{CH_2OH}{|}}{C}}-CH_2OH + HCOO^-$$

(交叉歧化反应)   季戊四醇

  季戊四醇是白色或淡黄色的粉末状固体，是重要的化工原料。它用于制造飞机用的高级涂料、聚季戊四醇树脂及炸药；它的硝酸酯（即季戊四醇四硝酸酯）是一种心血管扩张药物。

思考和练习

1. 完成下列化学反应式。

(1) ⬡=O + HONH_2 ⟶

(2) $2HCHO \xrightarrow[②H^+]{①浓\ NaOH}$

2. 下列化合物哪些能发生碘仿反应？哪些能与 $NaHSO_3$ 加成？

(1) CH_3CHO (2) $HCHO$

(3) ⬡=O   (4) $CH_3CH_2CCH_2CH_3$ (C=O)

(5) Ph-CO-CH_3   (6) Ph-CHO

(7) $CH_3CC(CH_3)_3$ (C=O)   (8) Ph-CH(OH)-CH_3

3. 在下列反应式中，填上合适的还原剂。

(1) $CH_2=\underset{\underset{CH_3}{|}}{C}CHO \longrightarrow CH_3\underset{\underset{CH_3}{|}}{CH}CH_2OH$

(2) $CH_3CH=\underset{\underset{CH_3}{|}}{C}CHO \longrightarrow CH_3CH=\underset{\underset{CH_3}{|}}{C}CH_2OH$

(3) Ph-CH_2-CO-CH_3 ⟶ Ph-CH_2CH_3

(4) $CH_3CCH_2CN \longrightarrow CH_3CH_2CH_2CN$ (C=O)

(5) $CH_3CCH_2CH_3 \longrightarrow CH_3\underset{\underset{}{OH}}{CH}CH_2CH_3$ (C=O)

4. 用简便的化学方法鉴别下列化合物。

(1) 乙醇、正丙醇、丙酮   (2) 丙醛、丁酮、3-戊烯-2-酮

(3) 甲醛、乙醛、丙醛、丙酮   (4) 苯乙酮、苯甲醛、正戊醛

第四节 重要的醛和酮

一、甲醛（HCHO）

甲醛俗称蚁醛，在常温下是无色气体，有特殊刺激气味，对人的眼、鼻有刺激性作用。沸点 $-19.5℃$，易燃，与空气混合后遇火爆炸，爆炸极限为 $7\%\sim77\%$（体积分数）。

甲醛易溶于水，它的 $31\%\sim40\%$ 水溶液（常含 8% 甲醇作稳定剂）称为"福尔马林"。常用作消毒剂和防腐剂，可以浸泡尸体、制作标本、给种子消毒等。原因是甲醛溶液能使蛋白质变性，致使细菌死亡，因而有消毒、防腐作用。

甲醛有毒，过量吸入蒸气会引起中毒。

工业上最重要的醛就是甲醛，最大的用途是用于制备酚醛树脂，还大量用于黏合剂、季戊四醇、乌洛托品以及其他药剂及染料。

甲醇大规模生产后，甲醇空气氧化法成为工业上生产甲醛最主要的方法。目前我国大部分甲醛采用此方法生产。

二、丙酮（$CH_3-\overset{\overset{O}{\|}}{C}-CH_3$）

丙酮是无色、易燃、易挥发的具有清香气味的液体，沸点 $56℃$，在空气中的爆炸极限为 $2.55\%\sim12.80\%$（体积分数）。

丙酮是典型的有机溶剂，可以与几乎所有的有机物混溶；可以与水互溶；能溶解油脂、树脂、蜡和橡胶等许多物质。丙酮可以用于清除指甲油，指甲油是不溶于水的，它溶于许多有机溶剂，而丙酮就是其中一种。丙酮也是各种维生素和激素生产过程中的萃取剂。

工业上最重要的酮就是丙酮，它具有典型的酮的化学性质，可用来制造环氧树脂、有机玻璃等高分子化合物。

糖尿病患者由于新陈代谢紊乱，体内有过量的丙酮生成，可随尿排出或随呼吸呼出。

三、乙醛（CH_3CHO）

乙醛是无色有刺激臭味的易挥发液体；沸点 $21℃$，易挥发。可溶于水、乙醇、乙醚中。蒸气与空气能形成爆炸性混合物，爆炸极限为 $4.0\%\sim57.0\%$。易聚合成三聚乙醛、多聚乙醛。

主要用于生产乙酸、乙酸乙酯和乙酸酐，也用于制备季戊四醇、巴豆醛、巴豆酸和水合三氯乙醛。

乙醛闪点 $-39℃$，极易燃。操作时应注意密闭操作，全面排风。操作人员必须经过专门培训，严格遵守操作规程。远离火种、热源，使用防爆型的通风系统和设备。储存的注意事项：储存于阴凉、通风的库房。远离火种、热源。包装要求：密封，不可与空气接触。

四、自然界中常见醛和酮

1. 苯甲醛（ <chemical structure: 苯环-CHO> ）

苯甲醛又称苦杏仁油。无色至淡黄色液体，有杏仁气味。苯甲醛被广泛用作商业食品的调味剂和工业溶剂，主要用于合成月桂醛、月桂酸、苯乙醛等，也用作香料。

2. 香芹酮（ <chemical structure: 2-甲基-5-异丙烯基-2-环己烯-1-酮> ）

香芹酮又称葛缕酮，2-甲基-5-异丙烯基-2-环己烯-1-酮。可从十香菜（芗草、香薄荷、留兰香）中提取得到，用于配制精油和制药。

> **学习卡片**
>
> ### 香草的原料是一种兰花果实，是真的吗？
>
> 香草冰淇淋中的香草味道，来自香草兰的果实，而香草兰其实是众多兰花品种中唯一开花后能结果实的一种。
>
> 香草兰，原产墨西哥，是一种热带植物，也叫墨西哥香草兰。种子极细小，黑色，香草兰是高级食用香料，有"食用香料之王"之称，豆荚含有2%～3%的香兰素，广泛用于食品工业、烟、酒和高级化妆品。
>
> <chemical structure: 香草醛>
>
> 香草醛（也称香兰素，3-甲氧基-4-羟基苯甲醛）
>
> 香草的香味源自其豆荚（香草豆）里名为香草精的化合物。鲜豆荚没有什么香味，需要经过杀青、发酵、烘干、陈化等加工过程，然后才发出浓郁香气。这期间香草荚也由绿色变为深褐色，这种颜色的转变也代表着它变身为有着250多种成分的优质香料。
>
> 香草荚散发的香草味，闻起来有着类似浓郁香甜的奶油味道，而这种香味主要来自于它里面小小的黑色种子。如果你看到香草冰淇淋有黑色的点点在其中，可能说明它是用天然香草荚来制作的。当然，这种冰淇淋的售价也不会低，因为原料市场价格非常昂贵，一根5g左右的香草荚，可以卖到上百元。

本章小结

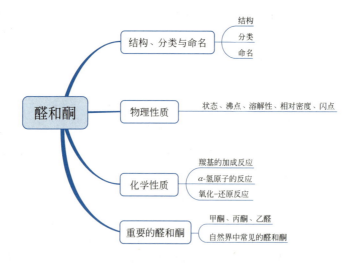

课后习题

1. 填空题

(1) 醛和酮都是含有_____官能团的化合物,醛的官能团是_____,酮的官能团是_____,同碳数的醛和酮互为_____异构体。

(2) 甲醛又名_____,它的37%~40%的水溶液称为"_____",广泛用作消毒剂和_____剂,对_____起到保护作用。

(3) 只氧化醛基不氧化碳碳双键的氧化剂是_____,只还原羰基不还原碳碳双键的还原剂是_____,既还原羰基又还原碳碳双键的方法是_____。

(4) 常用_____试剂来鉴定羰基结构;能发生碘仿反应的是_____醛、_____醇、_____酮;_____能与饱和$NaHSO_3$作用;_____族醛不与Fehling(斐林)试剂反应;Tollen(托伦)试剂常用来鉴别_____。

2. 选择题

(1) 茉莉醛具有浓郁的茉莉花香,其构造式为:_____,关于茉莉醛的下列叙述错误的是( )。

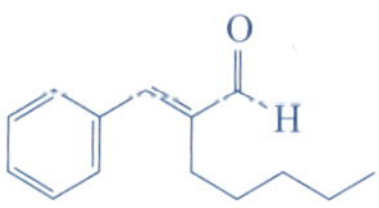

A. 又名α-戊基肉桂醛,属于α,β-不饱和醛

B. 可以发生Cannizzaro(坎尼扎罗)反应

C. 可以发生自身的羟醛缩合反应

D. 广泛应用于各类日化香精,调配茉莉、铃兰、紫丁香等,用作茉莉香型香精的重要成分,也用于紫丁香、风信子等的调合香料及皂用香料

(2) 下列化合物既能发生碘仿反应又能与饱和 NaHSO₃ 溶液加成的是（   ）。
A. 苯乙酮　　　　B. 苯甲醛　　　　C. 三氯乙醛　　　　D. 丙酮

(3) 仲醇用催化脱氢的方法氧化可得到（   ）。
A. 烯烃　　　　B. 醛　　　　C. 酮　　　　D. 羧酸

(4) 下列化合物中难发生自身聚合反应的是（   ）。
A. 乙烯　　　　B. 甲醛　　　　C. 乙醛　　　　D. 丙酮

(5) 下列化合物中还原性最强的是（   ）。
A. 苯甲醛　　　　B. 乙醛　　　　C. 甲醛　　　　D. 叔丁基甲醛

3. 命名与写构造式

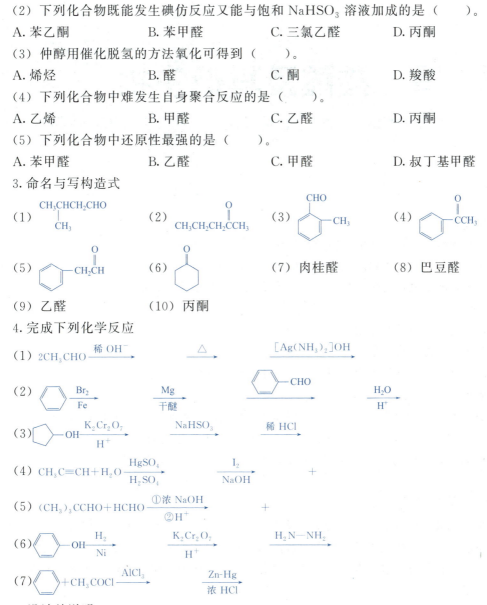

(9) 乙醛　　　　(10) 丙酮

5. 设计并说明

试设计一个最简便的化学方法，帮助某工厂分析其排出的废水中是否含有醛类？是否含有甲醛？并说明理由。

6. 用指定原料合成下列化合物（其他无机试剂任选）

(1) 由乙烯合成正丁醇

(2) 由 CH₃CH=CH₂ 合成 CH₃CH₂CH=C(CH₃)CH₂OH

7. 推断结构

某化合物 A 的分子式是 C₆H₁₄O，能发生碘仿反应，被氧化后的产物能与 NaHSO₃ 饱和溶液反应，A 用浓硫酸加热脱水得到 B。B 经高锰酸钾氧化后生成两种产物：一种产物能发生碘仿反应；另一种产物为乙酸。写出 A、B 的构造式，并写出各步反应式。

第十章　羧酸及其衍生物

学习目标

- **知识目标**
  1. 掌握羧酸及其衍生物的命名及常见羧酸的俗名；掌握羧酸的化学性质及应用。
  2. 理解羧酸及其衍生物的结构与性质的关系，理解羧酸沸点较高的原因。
  3. 了解羧酸及其衍生物的分类，熟悉重要羧酸及其衍生物的用途。
- **能力目标**
  1. 能命名羧酸及其衍生物。
  2. 能利用酸性进行鉴别和分离提纯羧酸。
  3. 能利用羧酸及其衍生物之间的相互转化的性质合成相应化工产品。
- **素质目标**
  1. 通过羧酸衍生物酯交换知识点，引出涤纶单体的合成，引导学生了解我国化纤生产的发展史，培养学生的责任担当与对我国社会主义道路的自信。
  2. 通过有机化学与化工类、制药类的联系，培养学生基本化学素养。

课前导学

如果不慎被蜜蜂蜇了，用什么止痛消肿？青霉素是一种具有强大杀菌作用的药物，但是它本身不溶于水，不能直接进行肌内注射，那我们注射用的青霉素药物又是什么呢？有的树可以结果实，有的树能散发香气，可是你知道有一种能生成白蜡的树吗？在本章的内容里你会找到答案。

课前测验

多选题

1. 下列化合物的酸性强于碳酸的是（　　）。
   A. 乙醇　　　　B. 苯酚　　　　C. 甲酸　　　　D. 乙酸
2. 下列物质属于羧酸衍生物的是（　　）。
   A. 乙酰氯　　　B. 乙酸酐　　　C. 乙酸乙酯　　D. 乙酰胺
3. 下列各种酸具有还原性的是（　　）。
   A. 甲酸　　　　B. 乙酸　　　　C. 草酸　　　　D. 苯甲酸

分子中含有羧基（—COOH）的有机化合物称为羧酸，可用通式 RCOOH 表示，又称为有机酸。羧酸广泛存在于自然界中，与人类生活密切相关，同时也是有机合成中的重要原料。

羧基中的羟基被其他的原子或基团取代后的化合物称为羧酸衍生物，例如酰卤、酸酐、酯、酰胺等，常用 R—C(=O)—Y 表示羧酸衍生物，它们是合成许多有机物的重要原料。

第一节 羧 酸

一、羧酸的结构、分类与命名

1. 羧酸的结构

羧基由羰基和羟基构成，羧基的构造式为 —C(=O)—OH，可简写为 —COOH。羧酸就是分子中含羧基的化合物，常用通式 RCOOH 表示。羧酸分子结构如图 10-1 所示。在羧基中，由于羰基和羟基的相互影响，使它们表现出不同于醛酮的羰基及醇分子中的羟基的性质。

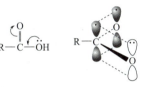

图 10-1 羧酸分子结构示意图

2. 羧酸的分类

羧酸根据分子中含羧基的数目分为一元、二元和多元羧酸；按照羧基所连烃基的种类分为脂肪族羧酸、脂环族羧酸和芳香族羧酸；按照烃基是否饱和，分为饱和羧酸和不饱和羧酸。

3. 羧酸的命名

（1）俗名 羧酸广泛存在于自然界中，早已被人们认识。因此，许多羧酸有俗名。例如，甲酸最初是蒸馏蚂蚁得到的，故称为蚁酸；乙酸是食醋的主要成分，称为醋酸；丁酸存在于奶油中，称为酪酸；己酸来源于山羊散发的气味，称为羊油酸；苯甲酸存在于安息香胶中，又称为安息香酸。更多羧酸的俗名见表 10-1。

表 10-1 常见羧酸的名称和物理常数

构造式	名称		熔点/℃	沸点/℃	相对密度（d_4^{20}）
	系统名	俗名			
HCOOH	甲酸	蚁酸	8.6	100.5	1.220
CH$_3$COOH	乙酸	醋酸	16.7	118.0	1.049
CH$_3$CH$_2$COOH	丙酸	初油酸	−20.8	140.7	0.993
CH$_3$(CH$_2$)$_2$COOH	丁酸	酪酸	−7.9	163.5	0.959
CH$_3$(CH$_2$)$_3$COOH	戊酸	缬草酸	−34.0	185.4	0.939
CH$_3$(CH$_2$)$_4$COOH	己酸	羊油酸	−3.0	205.0	0.929
CH$_3$(CH$_2$)$_5$COOH	庚酸	葡萄花酸	−11.0	233.0	0.920
CH$_3$(CH$_2$)$_6$COOH	辛酸	亚羊脂酸	16.0	237.5	0.911
CH$_3$(CH$_2$)$_7$COOH	壬酸	天竺葵酸（风吕草酸）	12.5	253.0	0.906
CH$_3$(CH$_2$)$_8$COOH	癸酸	羊蜡酸	31.5	270.0	0.887
CH$_3$(CH$_2$)$_{10}$COOH	十二酸	月桂酸	44.0	225.0	0.868（50℃）
CH$_3$(CH$_2$)$_{12}$COOH	十四酸	肉豆蔻酸	58.0	250.5 13.3kPa	0.844（80℃）
CH$_3$(CH$_2$)$_{14}$COOH	十六酸	软脂酸（棕榈酸）	63.0	271.5 13.3kPa	0.849（70℃）
CH$_3$(CH$_2$)$_{16}$COOH	十八酸	硬脂酸	71.5	383.0	0.941
CH$_2$=CHCOOH	丙烯酸	败脂酸	14.0	140.9	1.051
CH$_3$CH=CHCOOH	2-丁烯酸	巴豆酸	72.0	185.0	1.018
HOOC—COOH	乙二酸	草酸	189.5	157.0（升华）	1.90
HOOCCH$_2$COOH	丙二酸	胡萝卜酸	135.6	140.0（升华）	1.63
C$_6$H$_5$COOH	苯甲酸	安息香酸	122.0	249.0	1.266
HOOC(CH$_2$)$_4$COOH	己二酸	肥酸	152.0	330.5（分解）	1.366
CH—COOH ‖ CH—COOH	顺丁烯二酸	马来酸（失水苹果酸）	130.5	135.0（分解）	1.590
HOOC—CH ‖ HC—COOH	反丁烯二酸	富马酸	287.0	200.0（升华）	1.625
C$_6$H$_5$CH=CHCOOH	β-苯丙烯酸	肉桂酸	133.0	300.0	1.245
邻-C$_6$H$_4$(COOH)$_2$	邻苯二甲酸	酞酸	23.0	—	1.593

（2）**系统命名法** 羧酸系统命名法的原则与醛非常相似，即选择含有羧基的最长碳链作主链，从羧基中的碳原子开始给主链上的碳原子编号。若分子中含有不饱和键，则选含有羧基和不饱和键的最长碳链为主链，根据主链上碳原子的数目称"某酸"或"某烯（炔）酸"。例如：

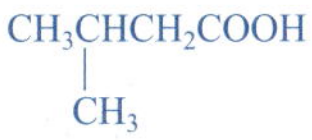

$$\underset{\underset{\text{3-甲基丁酸}}{}}{\text{CH}_3\text{CHCH}_2\text{COOH}} \quad \underset{\underset{\text{2-溴丙酸}}{}}{\text{CH}_3\text{CHCOOH}}$$
（CH₃ 支链；Br 支链）

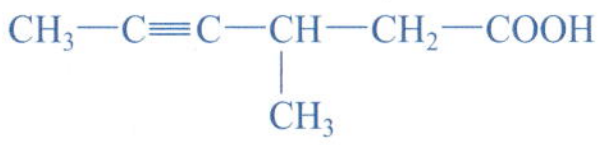

$$\underset{\text{2-丁烯酸}}{\text{CH}_3\text{CH}=\text{CHCOOH}} \quad \underset{\text{3-甲基-4-己炔酸}}{\text{CH}_3-\text{C}\equiv\text{C}-\text{CH}-\text{CH}_2-\text{COOH}}$$
（CH₃ 支链）

芳香族羧酸和脂环族羧酸，可把芳环和脂环作为取代基来命名。若芳环上连有取代基，则从羧基所连的碳原子开始编号，并使取代基的位次最小。

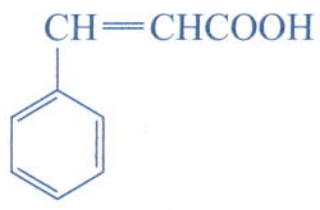

3-苯基丙烯酸(肉桂酸) 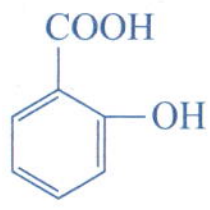　　邻羟基苯甲酸(水杨酸) 　　3-环己基丙酸

二元羧酸命名时，选择包含两个羧基的最长碳链为主链，根据主链碳原子的数目称为"某二酸"。例如：

HOOC(CH₂)₄COOH　　顺丁烯二酸 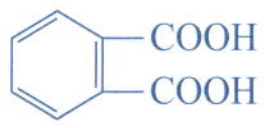　　邻苯二甲酸
己二酸

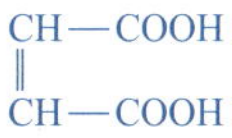

二、羧酸的物理性质

1. 物态与气味

常温时，$C_1 \sim C_3$ 是具有刺激性气味的无色透明液体，$C_4 \sim C_9$ 是具有腐败气味的油状液体。例如，丁酸使许多乳酪具有特征的浓烈气味，E-3-甲基-2-己烯酸于1991年被确认为对人体的汗味起主导作用的化合物。C_{10} 以上的直链一元酸是无臭无味的白色蜡状固体。脂肪族二元酸和芳香族羧酸都是白色晶体。

2. 沸点

羧酸分子间以氢键彼此发生缔合，比醇分子之间的氢键还强，分子量较小的羧酸如甲酸、乙酸即使在气态时也以二缔合体形式存在。如图10-2所示。因此，羧酸的沸点较高。

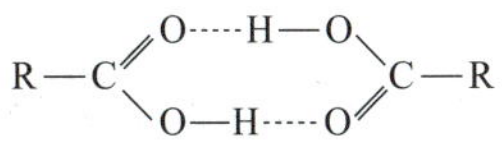

图10-2　羧酸易形成二聚体（两个氢键）

分子量相近的不同类物质沸点高低顺序为：羧酸＞醇＞醛（酮）＞醚＞烷烃。如表10-2。

表10-2　不同类物质熔、沸点高低比较

有机化合物	分子量	沸点/℃	熔点/℃
乙酸	60	118	16.6
丙醇	60	97	−126.5
氯乙烷	64	12	−136
丁烷	60	−0.5	−138.3

3. 熔点

饱和一元羧酸的熔点变化规律与烷烃相似,但也有差异,含偶数碳原子的羧酸的熔点比相邻两个奇数碳原子的羧酸的熔点高,如图10-3所示。

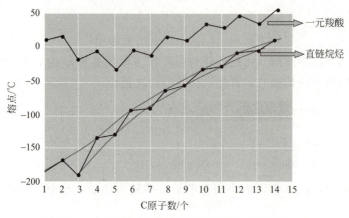

图10-3 饱和一元羧酸与烷烃的熔点对比曲线

4. 溶解性

$C_1 \sim C_4$ 的羧酸与水以任意比例互溶;随着分子量的增大,分子中非极性的烃基愈来愈大,使羧酸的溶解度逐渐减小,C_{10} 以上的一元羧酸已不溶于水,但都易溶于有机溶剂。芳酸的水溶性极小,常常在水中重结晶。脂肪族一元羧酸一般都能溶于乙醇、乙醚、卤仿等有机溶剂中。

5. 相对密度

直链饱和一元羧酸的相对密度随碳原子数增加而降低。其中,甲酸、乙酸的相对密度大于1,比水重,其他饱和一元羧酸的相对密度都小于1,比水轻。二元羧酸和芳香羧酸的相对密度都大于1。常见羧酸的物理常数见表10-1。

三、羧酸的化学性质

羧基是羧酸的官能团,也是羧酸的反应中心。羧酸的化学反应主要发生在羧基和受羧基影响变得比较活泼的α-H上。

1. 酸性

羧酸都有酸性,大部分羧酸在水溶液中能够解离出氢离子呈现弱酸性。不同类有机化合物的 pK_a 值见表10-3。

48.视频:苯甲酸的中和反应

表10-3 不同类有机化合物的 pK_a 值

有机化合物	羧酸	碳酸	苯酚	醇
pK_a	3.5~5	6.38	10.0	15.9

一般羧酸的 pK_a 值在 3~5 之间,比碳酸($pK_a = 6.38$)的酸性强。羧酸可与 NaOH、Na_2CO_3、$NaHCO_3$ 作用生成羧酸盐。

$$RCOOH + NaOH \longrightarrow RCOONa + H_2O$$
$$RCOOH + NaHCO_3 \longrightarrow RCOONa + H_2O + CO_2\uparrow$$

羧酸盐与无机强酸作用又可游离出羧酸，用于羧酸的分离、回收和提纯。

$$RCOONa + HCl \longrightarrow RCOOH + NaCl$$

> **学习卡片**
>
> **注射用的青霉素是什么？**
>
> 青霉素（Penicillin，音译盘尼西林）是人类历史上发现的第一种抗生素，它具有高效、低毒性能，应用非常广泛。它增强了人类抵抗细菌性感染的能力，并且带动了抗生素家族的诞生。
>
> 1928 年英国科学家亚历山大·弗莱明（Fleming）在实验研究中最早发现了青霉素；1941 年前后，英国牛津大学病理学家霍华德·弗洛里与生物化学家钱恩实现对青霉素的分离与纯化。青霉素的发现与研制，正值第二次世界大战期间，拯救了成千上万士兵的生命。为此，他们三人共同获得了 1945 年的诺贝尔生理或医学奖。
>
> 青霉素是含 —COOH 的有机酸 $pK_a = 2.7$，不溶于水。为便于注射和人体吸收，通常将其制成青霉素钠（钾）盐，注射时加水即可。 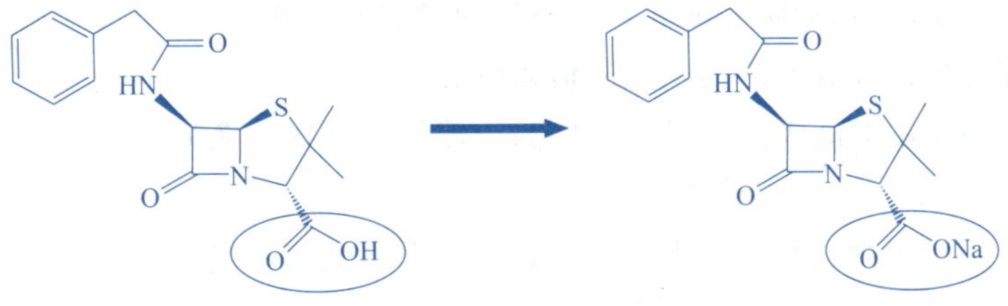
>
> 青霉素分子结构式 → 青霉素钠分子结构式
>
> 1944 年 9 月 5 日，中国第一批国产青霉素诞生，拉开了中国生产抗生素的序幕。到 2001 年，中国的青霉素年产量已居世界首位。

电子效应会对羧酸的酸性产生影响。如果羧基上连有吸电子基团，酸性增强；连有给电子基团，酸性减弱。除此，共轭效应、空间位阻也会对羧酸的酸性产生影响。

COOH-C₆H₄-NO₂	COOH-C₆H₄-Cl	COOH-C₆H₄-CH₃	COOH-C₆H₄-OCH₃
pK_a 3.42	3.97	4.38	4.47

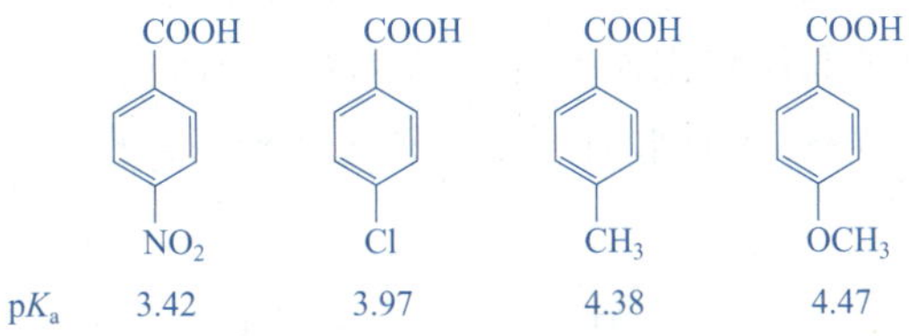

羧酸盐具有广泛的应用，乙酸钾可作脱水剂、青霉素培养基和其他药用；乙酸锌在医药上用于收敛剂、消毒剂、防腐剂；乙酸铅在医药、农药、染料等行业中有大量的应用。

2. 羟基被取代

在一定条件下，羧基中的羟基被其他原子或基团取代，生成羧酸衍生物。

（1）被卤原子取代　羧酸与三氯化磷、五氯化磷、亚硫酰氯（$SOCl_2$）等作用时，分

第十章　羧酸及其衍生物

子中的羟基被卤原子取代,生成酰卤。例如:

$$3R-\underset{O}{\underset{\|}{C}}-OH + PCl_3 \longrightarrow 3R-\underset{O}{\underset{\|}{C}}-Cl + H_3PO_3$$
　　　　　　　三氯化磷　　　　　　亚磷酸(200℃分解)

$$R-\underset{O}{\underset{\|}{C}}-OH + PCl_5 \longrightarrow R-\underset{O}{\underset{\|}{C}}-Cl + POCl_3 + HCl$$
　　　　　　　五氯化磷　　　　　　三氯氧磷(沸点170℃)

$$R-\underset{O}{\underset{\|}{C}}-OH + SOCl_2 \longrightarrow R-\underset{O}{\underset{\|}{C}}-Cl + SO_2\uparrow + HCl\uparrow$$
　　　　　　　氯化亚砜(二氯亚砜、亚硫酰氯)

若用三溴化磷与羧酸作用,可以制得酰溴。

$$C_6H_{11}-\underset{O}{\underset{\|}{C}}-OH \xrightarrow[H_3PO_3]{PBr_3} C_6H_{11}-\underset{O}{\underset{\|}{C}}-Br$$
　　　　　　　　　　　　　　　(产率90%)

在制备酰卤时,采用哪种试剂取决于原料产物和副产物之间是否容易分离。

三氯化磷常用来制取低沸点的酰氯,因为副产物亚磷酸不易挥发,加热到 200℃才分解。因此,很容易把低沸点的产物从反应体系中分离出来。

五氯化磷则用来制取高沸点的酰氯,因为生成的副产物三氯氧磷沸点较低,可以先蒸馏除去而用。

采用亚硫酰氯法产物纯、易分离,产率高,是合成酰卤的好方法。例如:

$$CH_3CH_2CH_2\underset{O}{\underset{\|}{C}}-OH \xrightarrow[回流]{SOCl_2} CH_3CH_2CH_2\underset{O}{\underset{\|}{C}}-Cl$$
　　丁酸　　　　　　　　　　丁酰氯(产率85%)

注意:
① 反应生成的酰氯的性质活泼,易水解,反应应在无水条件下进行,否则生成的酰氯就会水解。
② 这些反应不适用于甲酸,因为甲酰氯、甲酰溴不稳定。

羧酸通过羟基被卤原子取代转化为酰卤,与醇转变为卤代烷十分相似。

(2) 被酰氧基取代 羧酸在脱水剂(如五氧化二磷、乙酐等)作用下分子间脱水生成酸酐。例如:

$$CH_3-\underset{O}{\underset{\|}{C}}-O-H + HO-\underset{O}{\underset{\|}{C}}-CH_3 \xrightarrow[\Delta]{P_2O_5} CH_3-\underset{O}{\underset{\|}{C}}-O-\underset{O}{\underset{\|}{C}}-CH_3 + H_2O$$

酸酐是由相应的酸脱水衍生得到的。尽管羧酸脱水不是酸酐合成的通用方法,但是环状酸酐可通过加热二元羧酸来制备,这个转化成功的条件是关环形成的为五元环或六元环产物。

例如,丁二酸、邻苯二甲酸等加热就可发生分子内脱水生成酸酐。

$$\begin{array}{c}CH_2-COOH\\CH_2-COOH\end{array} \xrightarrow{300℃} \begin{array}{c}CH_2-C\\ \\CH_2-C\end{array}\begin{array}{c}O\\ \\ \\O\\ \\O\end{array} + H_2O$$

丁二酸(琥珀酸)　　　　　丁二酸酐(琥珀酸酐)

邻苯二甲酸 $\xrightarrow{196\sim199℃}$ 邻苯二甲酸酐(苯酐) + H_2O

49. 视频：乙酸乙酯的制备

（3）被烷氧基取代　羧酸与醇在酸的催化作用下生成酯的反应，称为酯化反应。

$$R-\underset{\underset{O}{\|}}{C}-OH + HO-R' \xrightleftharpoons{H^+} R-\underset{\underset{O}{\|}}{C}-OR' + H_2O$$

例如：乙酸和甲醇在浓硫酸催化下生成乙酸甲酯。

$$CH_3\underset{\underset{O}{\|}}{C}-OH + CH_3OH \xrightarrow{浓H_2SO_4} CH_3\underset{\underset{O}{\|}}{C}-OCH_3 + H_2O$$

乙酸　　　　　甲醇　　　　　　　　乙酸甲酯(产率85%)

酯化反应是可逆反应，为了提高产率，一种方法是加入过量的反应物，通常加入过量的酸，因它与碱成盐溶水易分离。除此之外，实验室常采用分水器装置，将反应生成的水移走，使平衡向右移动。在企业生产中常采用以苯带水，苯能与水形成恒沸物，沸点69.25℃，含苯91.2%，加苯蒸馏，将水带出。

（4）被氨基取代　羧酸与氨或胺反应，首先生成铵盐，羧酸铵在脱水剂存在下受热脱水生成酰胺。

例如：

$$R-\underset{\underset{O}{\|}}{C}-OH + NH_3 \longrightarrow R-\underset{\underset{O}{\|}}{C}-ONH_4 \xrightarrow[\triangle]{P_2O_5} R-\underset{\underset{O}{\|}}{C}-NH_2 + H_2O$$

$$CH_3-\underset{\underset{O}{\|}}{C}-OH \xrightarrow[②\triangle]{①NH_3} CH_3-\underset{\underset{O}{\|}}{C}-NH_2$$

乙酸　　　　　　　　　　乙酰胺

苯甲酸 + 苯胺 $\xrightleftharpoons{180\sim190℃}$ 苯甲酰苯胺(产率84%)

此反应的一个重要应用——合成尼龙-66。

由二元酸与二元胺作用，形成线型聚酰胺，最重要的聚酰胺是尼龙-66，由己二酸和己二胺为原料聚合，因而得名尼龙-66。用它可以做合成纤维、工程塑料等。

$$HOOC(CH_2)_4COOH + H_2N(CH_2)_6NH_2 \longrightarrow {}^-OOC(CH_2)_4COO^- \overset{+}{N}H_3(CH_2)_6\overset{+}{N}H_3$$

己二酸　　　　己二胺　　　　　　　　尼龙盐

$$n[{}^-OOC(CH_2)_4COO^- \overset{+}{N}H_3(CH_2)_6\overset{+}{N}H_3] \xrightarrow[1MPa]{270℃} {\left[\underset{\underset{O}{\|}}{C}(CH_2)_4\underset{\underset{O}{\|}}{C}NH(CH_2)_6NH\right]}_n$$

尼龙-66

由癸二酸及癸二胺缩聚而成的聚酰胺称为尼龙-1010，这是一种性能良好的工程塑料，具有良好的耐磨性、耐油性和绝缘性，可在 $-40\sim120℃$ 范围内使用。

3. α-氢原子的卤代反应

羧基是一个吸电子基团，使 α-氢原子比分子中其他碳原子上的氢活泼，在少量红磷、碘或硫等作用下被氯或溴取代，生成 α-卤代酸。

$$CH_3COOH \xrightarrow[P]{Cl_2} \underset{\text{一氯乙酸}}{CH_2COOH} \xrightarrow[P]{Cl_2} \underset{\text{二氯乙酸}}{CHCOOH} \xrightarrow{Cl_2} \underset{\text{三氯乙酸}}{Cl-CCOOH}$$
（侧链 Cl、Cl、Cl）

控制反应条件和卤素的用量，可以得到产率较高的一氯乙酸。

一氯乙酸是染料、医药、农药及其他有机合成的重要中间体。三氯乙酸可用作萃取剂，也可用于制备氯仿。

α-卤代酸中的卤原子可以被 —CN、—NH$_2$、—OH 等基团取代，生成各种 α-取代酸。因此，羧酸的 α-卤代反应在有机合成中具有重要意义。

例如，可以由酸出发合成 α-氨基酸。

$$(CH_3)_2CHCH_2CH_2COOH \xrightarrow[\triangle]{Br_2,\text{少量}PBr_3} \underset{\text{γ-甲基-α-溴戊酸}}{(CH_3)_2CHCH_2CHCOOH} \xrightarrow[\triangle]{NH_3,H_2O} \underset{\text{γ-甲基-α-氨基戊酸(亮氨酸)}}{(CH_3)_2CHCH_2CHCOOH}$$
（侧链 Br；NH$_2$）

γ-甲基戊酸

大多数氨基酸可以在人体内合成，但有些人体内不能合成而其又是生命活动必不可少的。亮氨酸就是一种只能从食物中摄取的人体必需的氨基酸。亮氨酸又称白氨酸，它是一种白色晶体，溶于水，微溶于乙醇，不溶于乙醚，医药上用作营养剂，可由谷蛋白、玉米蛋白等蛋白质水解、精制而得，也可用化学方法合成。

4. 脱羧反应

羧酸分子脱去羧基放出二氧化碳的反应叫作脱羧反应。饱和一元酸一般比较稳定，难于脱羧，但羧酸的碱金属盐与碱石灰共热，则发生脱羧反应。

例如，实验室用无水乙酸钠和碱石灰制甲烷的反应。

$$CH_3COONa + NaOH \xrightarrow[\triangle]{CaO} CH_4\uparrow + Na_2CO_3$$

当羧酸分子中的 α-碳原子上连有吸电子基时，受热容易脱羧。例如：

$$Cl_3CCOOH \xrightarrow{\triangle} CHCl_3 + CO_2$$

由于羧基是较强吸电子基团，所以二元羧酸如草酸、丙二酸受热后容易脱羧，生成少一个碳的羧酸。例如：

$$HOOCCH_2COOH \xrightarrow{\triangle} CH_3COOH + CO_2$$

丁二酸和戊二酸，加热时不脱羧，而是发生分子内脱水，生成稳定的环状酸酐。

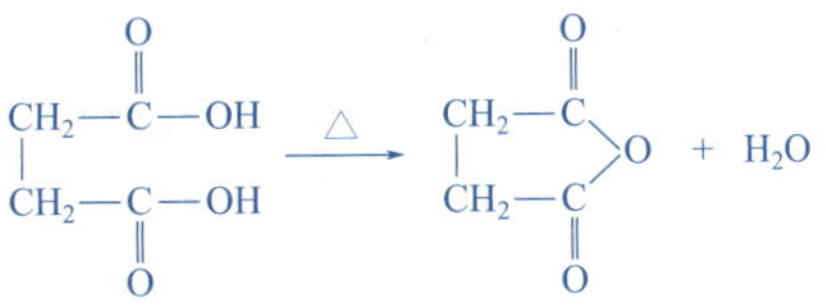

$$\begin{array}{c}\text{CH}_2\text{-C-OH}\\|\\\text{CH}_2\text{-C-OH}\end{array} \xrightarrow{\triangle} \begin{array}{c}\text{CH}_2\text{-C}\\|\quad\quad\;\;\text{O}\\\text{CH}_2\text{-C}\end{array} + H_2O$$

己二酸和庚二酸。加热时分子内同时发生脱水和脱羧反应，生成少一个碳原子的环酮。

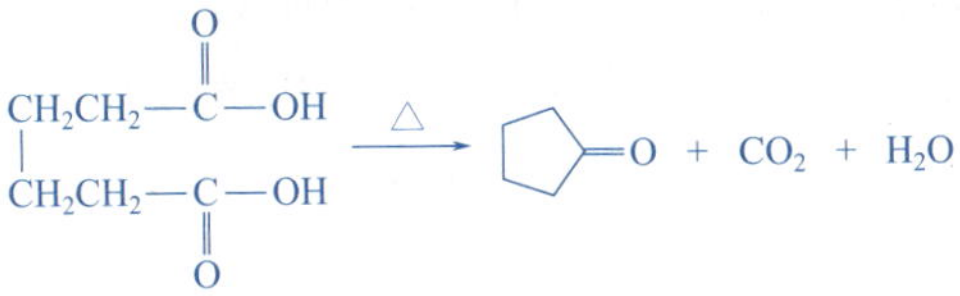

$$\begin{array}{c}\text{CH}_2\text{CH}_2\text{-C-OH}\\|\\\text{CH}_2\text{CH}_2\text{-C-OH}\end{array} \xrightarrow{\triangle} \bigcirc\!=\!O + CO_2 + H_2O$$

二元酸脱酸规律不尽相同，主要是遵循产物稳定原则。

四、重要的羧酸

1. 甲酸（HCOH，简写为 HCOOH）

甲酸又称蚁酸，无色刺激性液体，沸点 100.7℃，溶于水及乙醇。有极强的腐蚀性，要避免与皮肤接触；在自然界中，存在于昆虫蜜蜂、蚂蚁，植物荨麻等中。人们被蜜蜂或蚂蚁蜇会感到肿痛，就是由这些昆虫分泌了甲酸所致。

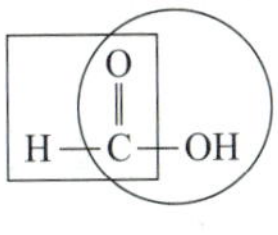

甲酸分子结构比较特殊，它既有羧基结构又有醛基的结构。如图 10-4 所示。

图 10-4 甲酸分子结构

因此，甲酸同时具有羧酸的一般通性和醛类的某些性质。例如甲酸有还原性，不仅容易被高锰酸钾氧化，还能被弱氧化剂如托伦试剂氧化而发生银镜反应。

$$HCOH + NaOH \longrightarrow HCONa + H_2O$$

$$HCOH \begin{cases} \xrightarrow{Ag(NO_3)_2OH} Ag\downarrow \text{ 银镜} \\ \xrightarrow{KMnO_4} CO_2 + H_2O \end{cases}$$

甲酸在工业上用作还原剂，也用于皮革的鞣制过程和乳胶橡胶的制备，还用于染料及合成酯，在医药上用作消毒剂和防腐剂。

羧酸是常用的试剂和有机合成原料，工业上大量生产的羧酸中甲酸便是其一。

工业上是将一氧化碳和氢氧化钠水溶液在加热，加压下制成甲酸钠，再经酸化而制成的。

$$CO + NaOH \xrightarrow[210℃]{0.6\sim 0.8MPa} HCOONa$$

$$2HCOONa + H_2SO_4 \longrightarrow 2HCOOH + Na_2SO_4$$

2. 乙酸（CH₃COH，简写为 CH₃COOH）

乙酸俗称醋酸，是食醋的主要成分，一般食醋含乙酸 6%～8%。乙酸为无色刺激性的液体，沸点118℃，熔点16.6℃。乙酸可与水、乙醇、乙醚混溶。

当室温低于16.6℃时，无水乙酸很容易凝结成冰状固体，故常把无水乙酸称为冰醋酸。

乙酸是重要的化工原料。乙酸是制备聚合物的单体，例如：制成有机玻璃以及生产医药、染料和杀虫剂；此外在照相材料、合成纤维、香料、食品等行业具有广泛应用。

乙酸还有杀菌能力，0.5％～2％的乙酸稀溶液可用于烫伤或灼伤感染的创面洗涤，用食醋熏蒸室内，可预防流行性感冒。用食醋佐餐，可预防肠胃炎等疾病。

乙酸有三种重要的工业制备方法：乙烯水化、氧化得到乙醛，再氧化的反应；丁烷的空气氧化以及甲醇的羰基化反应。（1atm＝101325Pa）

(1) $CH_2=CH_2 \xrightarrow[\text{催化剂 } PdCl_2, CuCl_2]{H_2O, O_2} CH_3\overset{\overset{O}{\|}}{C}H \xrightarrow[\text{催化剂 } Co^{3+}]{O_2} CH_3\overset{\overset{O}{\|}}{C}OH$

(2) $CH_3CH_2CH_2CH_3 \xrightarrow[15\sim20atm, 180℃]{O_2, \text{催化剂 } Co^{3+}} CH_3\overset{\overset{O}{\|}}{C}OH$

(3) $CH_3OH \xrightarrow[30\sim40atm, 180℃]{CO, \text{催化剂 } Rh^{3+}, I_2} CH_3\overset{\overset{O}{\|}}{C}OH$

思政案例

醋从何处来？

醋是世界各国的餐桌上不可缺少的调味品，用谷物和水果都能做出醋。法国、美国用苹果做出果醋，西班牙、葡萄牙和德国用葡萄汁做醋，希腊有麦芽醋，日本有柠檬醋。

中国是用谷物酿醋最早的国家。古代，醋又称酢（cù）、醯（xī）、苦酒。公元前1058年周公所著《周礼》一书，就有"醯人掌五齐"的记载，"五齐"是指中国古代酿酒过程五个阶段的发酵现象。由此推算，醋已有3000多年历史。春秋战国时期，已有专门的酿醋的作坊，到汉代，醋已普遍生产。南北朝时的《齐民要术》收录了22种制醋方法。醋又作醯，把制醋的人叫醯人，由于山西人好酿醋、吃醋，所以人们也称山西人为"老醯"。

我国"四大名醋"如山西老陈醋、镇江香醋、阆中保宁醋、福建永春老醋，都是通过谷物发酵得来的。谷物酿醋是由淀粉转化为糖，糖转化成酒精，再由酒精转化为醋酸的过程。

中国醋的酿造工艺是最复杂的。以山西老陈醋为例，酿造所需谷物有五种，高粱是主料，大麦和豌豆是重要的辅料，麸糠和麸皮也必不可少；然后经过蒸料（高粱要蒸熟蒸透）、发酵（把高粱和大曲拌好的料放入缸中加水，还要靠人力翻动醋醅）、熏（熏醋醅，为的是提色增香）、淋醋（醋醅经过浸泡，用热水将其内容物萃取出来）、陈醋（即让醋浓缩的过程）五道工序酿成。据说当总酸的浓度达到6度以后，醋就可以一直放下去，常年不坏。

今天，老陈醋的淋醋罐装等环节已实现机械化、智能化，在发酵熏制等关键工艺上，仍然保持着传统。或许有一天它们也会被智能化生产所替代，但是无论到什么时候，老陈醋要传承下去，凭的一定是制醋人独具匠心的精湛技术和对这门手艺的热爱。

3. 乙二酸（$\begin{array}{c}\text{COOH}\\|\\\text{COOH}\end{array}$）

乙二酸俗称草酸，无色透明结晶，溶于水、乙醇和乙醚，有毒。在约157℃下升华。

以钾盐和钙盐的形式广泛存在于多种草本植物中，如：番茄、菠菜和大黄中。大黄叶中含有很大量的草酸，毒性较大，因而只有大黄的茎可食用。菠菜中草酸的含量较少，但如果食用太多，也会存在草酸过量的危险。所以，菠菜等草本蔬菜在烹饪前要先进行焯水，去除其中的草酸。

草酸在生活中可用作洗衣液的漂白剂、用于除去汽车水箱里的水垢以及除去衣服上的铁锈、墨水和血迹。

草酸在建筑行业涂刷外墙涂料前，由于墙面碱性较强可先涂刷草酸除碱。

草酸在印染工业用作显色助染剂、漂白剂等。

草酸在分析检验中用以检定和测定多种金属离子及用作校准高锰酸钾和硫酸铈溶液的标准溶液。

4. 苯甲酸（C₆H₅COOH）

苯甲酸，也称安息香酸，因最初存在于安息香胶（一种植物性香料，是安息香树分泌的红棕色半透明树脂，有香兰素的气味）而得名。

苯甲酸是白色晶体，熔点121.7℃，在100℃升华，微溶于水、乙醇和乙醚。

苯甲酸的工业制法主要是甲苯氧化法和甲苯氯代水解法。

苯甲酸是重要的有机合成原料，可用于制备染料、香料、药物等。

苯甲酸及其钠盐有杀菌防腐作用，所以常用作食品和药液的防腐剂。

5. 己二酸（$\begin{array}{c}\text{CH}_2\text{CH}_2\text{COOH}\\|\\\text{CH}_2\text{CH}_2\text{COOH}\end{array}$）

己二酸又称肥酸，为白色结晶粉末，熔点151℃，微溶于水，易溶于乙醇，能升华。

己二酸与二元胺缩聚成聚酰胺，是合成尼龙-66的重要原料，还可用来制造增塑剂、润滑剂等。

工业上主要以环己醇或环己烷为原料生产。

环己醇 $\xrightarrow{\text{HNO}_3}$ 环己酮 $\xrightarrow[20\sim30℃]{\text{HNO}_3}$ $\begin{array}{c}\text{CH}_2\text{CH}_2\text{COOH}\\|\\\text{CH}_2\text{CH}_2\text{COOH}\end{array}$

环己烷 + O_2 $\xrightarrow[\text{加热、加压}]{\text{钴盐}}$ $\begin{array}{c}\text{CH}_2\text{CH}_2\text{COOH}\\|\\\text{CH}_2\text{CH}_2\text{COOH}\end{array}$

6. 山梨酸

化学名称为反,反-2,4-己二烯酸，天然存在于花椒树籽中，也叫花椒酸。山梨酸是白色针状晶体，溶于醇、醚等多种有机溶剂，微溶于热水，沸点228℃（分解）。山梨酸是安全性很高的防腐剂，人们将山梨酸誉为营养型防腐剂，是一种新型食品添加剂。

$$CH_3-CH=CH-CH=CH-COOH$$

反,反-2,4-己二烯酸(山梨酸)

思考和练习

1. 生活中将白醋倒入碱面或小苏打溶液中，会看到有气泡产生。请用化学反应式说明出现以上现象的原因。

2. 完成下列化学反应式。

(1) $CH_3-\underset{O}{\overset{\|}{C}}-OH \xrightarrow{SOCl_2}$

(2) $CH_3CH_2-\underset{O}{\overset{\|}{C}}-OH \xrightarrow{PBr_3}$

(3) $2CH_3CH_2-\underset{O}{\overset{\|}{C}}-OH \xrightarrow[\triangle]{P_2O_5}$

(4) $\begin{matrix} HC-\overset{O}{\overset{\|}{C}}-OH \\ \| \\ HC-\underset{O}{\overset{\|}{C}}-OH \end{matrix} \xrightarrow{\triangle}$

(5) $CH_3-\underset{O}{\overset{\|}{C}}-OH + CH_3CH_2OH \underset{\triangle}{\overset{浓H_2SO_4}{\rightleftharpoons}}$

(6) $CH_3-\underset{O}{\overset{\|}{C}}-OH + C_6H_5-CH_2OH \underset{\triangle}{\overset{浓H_2SO_4}{\rightleftharpoons}}$

(7) $C_6H_5-\underset{O}{\overset{\|}{C}}-OH + CH_3OH \underset{\triangle}{\overset{浓H_2SO_4}{\rightleftharpoons}}$

第二节 羧酸衍生物

一、羧酸衍生物的结构、分类与命名

1. 羧酸衍生物的结构和分类

羧酸分子中去掉羟基后剩余的基团称为酰基。酰基与卤原子、酰氧基、烷氧基、氨基直接相连而成的化合物，分别称为酰卤、酸酐、酯和酰胺。它们统称为羧酸衍生物，因其结构中都含有酰基，所以也称为酰基化合物。

$$\underset{\text{羧酸}}{RC(=O){-}OH} \longrightarrow \underset{\text{羧酸衍生物}}{RC(=O){-}L} \qquad \underset{\text{酰基}}{RC(=O){-}}$$

$$\underset{\text{酰卤}}{RC(=O){-}X} \quad \underset{\text{酸酐}}{R{-}C(=O){-}O{-}C(=O){-}R'} \quad \underset{\text{酯}}{R{-}C(=O){-}OR'} \quad \underset{\text{酰胺}}{RC(=O){-}NH_2}$$

2. 羧酸衍生物的命名

（1）**酰卤和酰胺的命名** 命名酰卤或酰胺时，将相应羧酸的酰基名称放在前面，卤素或胺字放在后面。

$$\underset{\text{乙酸}}{CH_3{-}C(=O){-}OH} \quad \underset{\text{乙酰基}}{CH_3{-}C(=O){-}} \quad \underset{\text{乙酰氯}}{CH_3{-}C(=O){-}Cl} \quad \underset{\text{乙酰胺}}{CH_3{-}C(=O){-}NH_2}$$

$$\underset{\text{丁酸}}{CH_3CH_2{-}C(=O){-}OH} \quad \underset{\text{丁酰基}}{CH_3CH_2{-}C(=O){-}} \quad \underset{\text{丁酰溴}}{CH_3CH_2{-}C(=O){-}Br} \quad \underset{\text{丁酰胺}}{CH_3CH_2{-}C(=O){-}NH_2}$$

$$\underset{\text{苯甲酸}}{C_6H_5{-}C(=O){-}OH} \quad \underset{\text{苯甲酰基}}{C_6H_5{-}C(=O){-}} \quad \underset{\text{苯甲酰碘}}{C_6H_5{-}C(=O){-}I} \quad \underset{\text{苯甲酰胺}}{C_6H_5{-}C(=O){-}NH_2}$$

取代酰胺命名时，把氮原子上所连的烃基作为取代基，写名称时用"N"表示其位次。例如：

$$\underset{N\text{-甲基乙酰胺}}{CH_3{-}C(=O){-}NHCH_3} \qquad \underset{N,N\text{-二甲基甲酰胺(DMF, 万能溶剂)}}{H{-}C(=O){-}N(CH_3)_2}$$

（2）**酸酐和酯的命名** 两个羧酸失去一分子水后生成的化合物，称为酸酐。

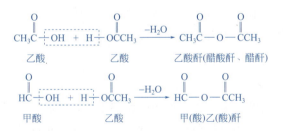

51. 微课：酯和酯化反应

一个羧酸和一个醇脱去一分子水后生成的化合物，称为酯。

$$\underset{\text{乙酸}}{CH_3C(=O){-}OH} + H{-}OCH_2CH_3 \xrightarrow{-H_2O} \underset{\text{乙酸乙酯}}{CH_3C(=O){-}OCH_2CH_3}$$

酸酐命名时，找到构成它的酸，在后面加酐字；同样，对于酯，也是找到构成它的酸和醇，注意"酸在前醇在后"的顺序，然后将醇字去掉。

$$\underset{\text{2分子乙酸}\to\text{乙酸酐}}{CH_3-\overset{O}{\overset{\|}{C}}-O-\overset{O}{\overset{\|}{C}}-CH_3} \quad \underset{\text{1分子乙酸+1分子乙醇}\to\text{乙酸乙酯}}{CH_3-\overset{O}{\overset{\|}{C}}-OCH_2CH_3}$$

（虚线圈住 H 与 OH / HO 与 H）

乙(酸)丙(酸)酐　　　　　　乙酸乙烯酯

$$CH_3-\overset{O}{\overset{\|}{C}}-O-\overset{O}{\overset{\|}{C}}CH_2CH_3 \quad CH_3-\overset{O}{\overset{\|}{C}}-O-CH=CH_2$$

邻苯二甲酸酐(苯酐)　　　水杨酸甲酯(邻羟基苯甲酸甲酯)
　　　　　　　　　　　　　存在于鹿蹄草油、冬青油

二、羧酸衍生物的物理性质

1. 酰氯

低级酰氯是具有刺激性气味的无色液体，高级酰氯为白色固体。酰氯的沸点比相应的羧酸低。例如，乙酸沸点 118℃，乙酰氯沸点 52℃。低级酰氯遇水易分解，高级酰氯不溶于水，易溶于有机溶剂。酰氯是常用的酰化试剂。

2. 酸酐

低级酸酐是具有刺激性气味的无色液体，高级酸酐为固体。酸酐难溶于水而易溶于有机溶剂，酸酐常用作酰化试剂。饱和一元羧酸的酸酐沸点比相应羧酸的高，如乙酸酐沸点 139.6℃，乙酸沸点 118℃。

3. 酯

低级酯是具有水果香味的无色液体，广泛存在于水果和花草中。如苹果中含有戊酸异戊酯，香蕉中含有乙酸异戊酯，茉莉花中含乙酸苄酯。高级酯为蜡状固体。低级酯微溶于水，其他酯难溶于水，易溶于乙醇、乙醚等有机溶剂。酯是极性化合物，其沸点比分子量相近的醇和羧酸都低。

4. 酰胺

除甲酰胺是液体外，其余酰胺均为固体。低级酰胺溶于水，随着分子量增大，在水中溶解度逐渐降低。酰胺由于分子间的缔合作用较强，沸点比分子量相近的羧酸、醇都高。一些常见羧酸衍生物的物理常数见表 10-4。

表 10-4　一些羧酸衍生物的物理常数

名称	熔点/℃	沸点/℃	名称	熔点/℃	沸点/℃
乙酰氯	−112.0	51.0	甲酸甲酯	−100.0	32.0
丙酰氯	−94.0	80.0	甲酸乙酯	−80.0	54.0
正丁酰氯	−89.0	102.0	乙酸乙酯	−83.0	77.0

续表

名称	熔点/℃	沸点/℃	名称	熔点/℃	沸点/℃
苯甲酰氯	−1.0	197.2	乙酸异戊酯	−78.0	142.0
乙酸酐	−73.0	140.0	苯甲酸乙酯	−32.7	213.0
丙酸酐	−45.0	169.0	甲酰胺	2.5	200.0（分解）
丁二酸酐	119.6	261.0	乙酰胺	82.0	221.0
苯甲酸酐	42.0	360.0	N,N-二甲基甲酰胺	−61.0	153.0

这些羧酸衍生物都可溶于有机溶剂，其中乙酸乙酯是很好的有机溶剂，大量用于油漆工业。

三、羧酸衍生物的化学性质

在羧酸衍生物分子中都含有酰基（$\overset{O}{\underset{RC-}{\parallel}}$）结构，所以它们的性质相似，能发生很多相似的化学反应；但由于羧酸衍生物中酰基所连接的原子和基团不同，所以它们的反应活性存在差异。

1. 水解反应

羧酸衍生物都能发生水解反应生成羧酸。

由反应条件可以看出，羧酸衍生物发生水解反应的活性顺序是：

$$R-\underset{\parallel}{\overset{O}{C}}-Cl \; > \; R-\underset{\parallel}{\overset{O}{C}}-O-\underset{\parallel}{\overset{O}{C}}-R' \; > \; R-\underset{\parallel}{\overset{O}{C}}-O-R' \; > \; R-\underset{\parallel}{\overset{O}{C}}-NH_2$$

其中酰氯最容易水解。乙酰氯暴露在空气中，即吸湿分解，放出的氯化氢气体立即形成白雾。所以酰氯必须密封贮存。

酯在碱性溶液中（如 NaOH 水溶液）水解时，得到羧酸盐（钠盐），由于高级脂肪酸的钠盐用作肥皂，故酯的碱性水解反应也称为皂化反应。

2. 醇解反应

酰卤、酸酐和酯与醇作用生成酯的反应，称为醇解。

酯与醇反应，生成另外的酯和醇，称为酯交换反应。酯交换反应广泛应用于有机合成中。例如工业上合成涤纶树脂的单体——对苯二甲酸二乙二醇酯。

$$\underset{\text{对苯二甲酸二甲酯}}{\text{CH}_3\text{OOC-C}_6\text{H}_4\text{-COOCH}_3} + \underset{\text{乙二醇}}{2\text{HOCH}_2\text{CH}_2\text{OH}} \xrightarrow[200°C]{\text{ZnAc}} \underset{\text{对苯二甲酸二乙二醇酯}}{\text{HOCH}_2\text{CH}_2\text{OOC-C}_6\text{H}_4\text{-COOCH}_2\text{CH}_2\text{OH}} + 2\text{CH}_3\text{OH}$$

思政案例

一个时代的服装记忆

在我国二十世纪七八十年代，说起时髦，绝对绕不过一个词——"的确良"。它在当时引领了鲜亮、挺括的服装风潮。

"的确良"就是涤纶，化学成分——聚对苯二甲酸二乙二醇酯，一种合成化学纤维。与传统棉布相比，"的确良"面料颜色丰富并且耐穿、挺括、免烫、不起褶皱。

20世纪70年代初，为解决国人的穿衣问题，我国从国外引进工艺技术及设备。1976年，"四套大化纤"项目的技术与设备主要用在了上海石化总厂、辽阳石油化纤总厂、天津石油化纤厂和四川维尼纶厂。

由于时间紧，外文图纸没来得及翻译就拿到了施工一线。化学工程师边干边学，通过"四把关"程序高标准完成了项目建设。

1979年1月原辽宁辽阳石油化学纤维总厂生产出第一批国产"的确良"。从此，我国告别了"的确良"布料依赖进口的历史。1983年12月，中国正式宣布取消布票，穿衣难的问题得到了彻底解决。

今天，我国化纤产能已占全球三分之二以上，已成为全球化纤大国。"的确良"也逐渐退出主角地位，成为一代人的集体记忆。

通过酯交换反应还可以利用低级醇制取高级醇。例如：

$$\underset{\text{白蜡（二十六酸二十六醇酯）}}{C_{25}H_{51}COOC_{26}H_{53}} + \underset{\text{乙醇}}{C_2H_5OH} \underset{}{\overset{HCl}{\rightleftharpoons}} \underset{\text{二十六酸乙酯}}{C_{25}H_{51}COOC_2H_5} + \underset{\text{二十六醇}}{C_{26}H_{53}OH}$$

学习卡片

能"长"白蜡的树

四川省峨眉山，八月的天气酷暑难当，可山坡上的树枝却裹了一层像雪一样的东西，好像八月飞雪。其实，这"雪"与白蜡虫有关。

白蜡虫一般会在冬天繁殖，到来年4月底的时候就会产卵，这时候就要放养白蜡虫。白蜡树就是它的放养基地。放养白蜡虫很讲究，要将树的侧枝清理干净，除去树叶；再将包好白蜡虫的包悬挂在白蜡树或女贞树的树枝间。8月到9月下旬，白蜡虫在发育健全之后，会爬到树的侧枝上，吸食养分，快速成长，之后开始分泌和聚积蜡质。它会排出蜡泡，破灭后变为蜡丝，一根根蜡丝形成蜡花，从而形成了"八月飞雪"的美丽景观。

> 蜡农把蜡花采回家，煮化、熬制、挤压、冷却后就成了白蜡，它是我国使用最早的蜡，主要用于医药、食品、化妆品、军工、机械等行业。
>
> 明代万历年间的《沅州府志》记载了白蜡的制成方法："处暑后剥取之，谓之蜡渣，其蜡渣烤化滤净或甄沥下器中，待冷凝成蜡块，而成蜡也。"
>
> 明清两代时，白蜡虫主要在我国川滇、湖广、江浙养殖。现在，东北、内蒙古等地也出现白蜡虫养殖产业。
>
> 为了得到更多的白蜡，我国人民根据白蜡虫的生活习性，总结出了成熟的养殖经验，形成的白蜡产业造福于民。

3. 氨解

酰卤、酸酐和酯与氨或胺作用生成酰胺的反应，称为氨解。

$$\left.\begin{array}{l}R-\overset{O}{\underset{\|}{C}}-Cl \\ R-\overset{O}{\underset{\|}{C}}-O-\overset{O}{\underset{\|}{C}}-R' \\ R-\overset{O}{\underset{\|}{C}}-OR'\end{array}\right\} + H-NH_2 \longrightarrow R-\overset{O}{\underset{\|}{C}}-NH_2 + \begin{array}{l}NH_4Cl \\ R'COONH_4 \\ R'OH\end{array}$$

酰胺与过量的胺作用可得到 N-取代酰胺。

$$R-\overset{O}{\underset{\|}{C}}-NH_2 + H-HNR' \longrightarrow R-\overset{O}{\underset{\|}{C}}-HNR' + NH_3$$

羧酸衍生物的水解、醇解和氨解反应相当于在水、醇、氨分子中引入酰基。凡是向其他分子中引入酰基的反应都叫酰基化反应。提供酰基的试剂叫酰基化试剂。酰氯、酸酐是常用的酰基化试剂。

4. 酰胺的特性

酰胺除具有羧酸衍生物的通性外，还具有一些特殊性质。

（1）酸碱性 在酰胺分子中，由于氮原子上的孤对电子与羰基形成 P-π 共轭，使氮原子上的电子云密度降低，氮原子与质子结合能力下降，所以碱性比氨弱，只有在强酸作用下才显示弱碱性。例如：

$$R\overset{O}{\underset{\|}{C}}NH_2 + HCl \longrightarrow R\overset{O}{\underset{\|}{C}}NH_2 \cdot HCl$$

这种盐不稳定，遇水即分解为乙酰胺。

（2）脱水反应 把酰胺加热或与脱水剂 [如 P_2O_5、$(CH_3CO)_2O$ 等] 作用，发生分子内脱水生成腈。例如：

$$CH_3CH_2-\overset{O}{\underset{\|}{C}}-NH_2 \xrightarrow[\triangle]{P_2O_5} CH_3CH_2-C\equiv N + H_2O$$

（3）霍夫曼降级反应 酰胺与次氯酸钠或次溴酸钠作用，失去羰基生成比原来少一个碳原子的伯胺，这个反应叫霍夫曼（Hofmann）降级反应。例如：

$$RCONH_2 \xrightarrow{NaOH, Br_2} RNH_2$$

$$CH_3(CH_2)_6CH_2CONH_2 \xrightarrow{Cl_2, NaOH} CH_3(CH_2)_6CH_2NH_2$$
壬酰胺　　　　　　　　　　辛胺（产率66%）

（4）生物活性　在所有的羧酸衍生物中，酰胺反应活性最小。

对于生物化学而言，酰胺极为重要。氨基酸通过酰胺基团连接起来形成高分子的肽、蛋白质。许多较简单的酰胺具有各种不同的生物活性。

例如，已经发现源于二十碳四烯酸和2-氨基乙醇的二十碳四烯酰胺，在脑中与四氢大麻酚（大麻中的活性成分）的受体（细胞内识别特定功能信号的物质）相同。有趣的是，从巧克力中也分离出了二十碳四烯酰胺。

二十碳四烯酰胺

四、重要的羧酸衍生物

1. 乙酰氯（$CH_3\overset{O}{\underset{\|}{C}}-Cl$，简写为 CH_3COCl）

乙酰氯是在空气中发烟的无色液体，有窒息性的刺鼻气味。沸点51℃，能与乙醚、氯仿、冰醋酸、苯和汽油混溶。

工业上，乙酰氯由乙酸与三氯化磷、五氯化磷、亚硫酰氯（氯化亚砜）制得。

$$CH_3\overset{O}{\underset{\|}{C}}-OH + PCl_3 \longrightarrow CH_3\overset{O}{\underset{\|}{C}}-Cl + H_3PO_3$$

$$CH_3\overset{O}{\underset{\|}{C}}-OH + PCl_5 \longrightarrow CH_3\overset{O}{\underset{\|}{C}}-Cl + POCl_3 + HCl$$

$$CH_3\overset{O}{\underset{\|}{C}}-OH + SOCl_2 \longrightarrow CH_3\overset{O}{\underset{\|}{C}}-Cl + SO_2\uparrow + HCl\uparrow$$

乙酰氯暴露在空气中，立刻吸湿分解放出氯化氢气体形成白雾，所以酰氯必须密封贮存。

$$CH_3\overset{O}{\underset{\|}{C}}-Cl + H_2O \longrightarrow CH_3\overset{O}{\underset{\|}{C}}-OH + HCl\uparrow$$

乙酰氯遇乙醇剧烈分解，生成乙酸乙酯。

$$CH_3\overset{O}{\underset{\|}{C}}-Cl + CH_3CH_2OH \longrightarrow CH_3\overset{O}{\underset{\|}{C}}-OCH_2CH_3 + HCl\uparrow$$

乙酰氯具有酰卤的通性，它的主要用途是作乙酰化试剂。

例如，苯的酰基化反应中，乙酰氯用来提供乙酰基。

$$\text{C}_6\text{H}_6 + \text{CH}_3\text{COCl} \xrightarrow{\text{AlCl}_3} \text{C}_6\text{H}_5\text{COCH}_3 + \text{HCl}$$

2. 乙酸酐 [$\text{CH}_3\text{COCCH}_3$（含两个羰基 O），简写为 $(\text{CH}_3\text{CO})_2\text{O}$]

乙酸酐是工业上最重要的酸酐。

乙酸酐也叫醋酸酐、醋酐、乙酐，为无色易挥发液体，具有强烈的刺激性气味。沸点 139.5℃，与乙醇、乙醚、氯仿、冰醋酸、丙酮混溶。

目前工业上生产乙酸酐，有乙醛氧化法、乙酸和乙烯酮反应法和乙酸甲酯羰基合成法三种。

① 它与热水作用生成乙酸。

$$\text{CH}_3\text{COOCCH}_3 + \text{H}_2\text{O} \xrightarrow{\triangle} 2\text{CH}_3\text{C}-\text{OH}$$

② 乙酸酐具有酸酐的通性，是重要的乙酰化试剂。

【例1】苯的酰基化反应中，乙酸酐用来提供乙酰基。

$$\text{C}_6\text{H}_6 + (\text{CH}_3\text{CO})_2\text{O} \xrightarrow{\text{AlCl}_3} \text{C}_6\text{H}_5\text{COCH}_3 + \text{CH}_3\text{C}-\text{OH}$$

【例2】由水杨酸、乙酸酐合成阿司匹林的反应中，乙酸酐用来提供乙酰基。

$$\text{水杨酸} + \text{乙酸酐} \xrightarrow[85℃]{\text{浓}\text{H}_2\text{SO}_4} \text{乙酰水杨酸(阿司匹林)} + \text{CH}_3-\text{OH}$$

水杨酸　　乙酸酐　　　　　乙酰水杨酸(阿司匹林)

③ 它是重要的化工原料，在工业上它大量用于制造醋酸纤维，合成染料、医药、香料、油漆和塑料等。它还是良好的溶剂。

3. 自然界中的酯

酯在自然界中广泛存在，它多种多样的形式让人眼花缭乱。

水果中含酯。香蕉中含乙酸异戊酯，苹果中含戊酸异戊酯，菠萝中含丁酸乙酯，还有柑橘、葡萄等水果的香味中也有酯。

花香里有酯。令人愉悦的茉莉花的香味有酯的贡献，乙酸苄酯有茉莉花香，调配浓度适宜，可以做出有茉莉花香的空气清新剂。

蜡里也有酯。植物蜡，如棕榈蜡、白蜡；动物蜡，如蜂蜡、鲸蜡等。

酯除了广泛存在于植物中，在动物中也发挥着重要的作用。像这种酯，乙酸-(Z)-7-十二烷烯酯，既是一些飞蛾的性激素，也是大象的性激素。

食用油里有酯，无论是植物油还是动物油，主要成分都是直链高级脂肪酸的甘油酯；动物的脑、肝、蛋黄、植物种子及微生物里也有酯，是比较复杂的磷酸甘油酯。

一些酯常用于化工产品的生产，另一些则应用于食品生产。

思政案例

印度博帕尔（Bhopal）惨案

1984年12月3日，美国联合碳化公司（UCIL）在印度博帕尔市的农药厂中用于生产杀虫剂（Sevin，西维因）的异氰酸甲酯发生泄漏事故，造成近60万人死亡，被称为世界上最严重的化工行业灾难。

工业上用异氰酸甲酯和不同的醇、酚及胺反应，来制备重要的除草剂和杀虫剂。

$$CH_3N=C=O + \underset{\alpha\text{-萘酚}}{\overset{OH}{\bigcirc\!\bigcirc}} \longrightarrow \underset{N\text{-甲氨基甲酸-1-萘酯(Sevin, 西维因)}}{\overset{OCNHCH_3}{\underset{\parallel}{\overset{O}{\bigcirc\!\bigcirc}}}}$$

异氰酸甲酯

科技有时就是一把双刃剑，它可以劈开发展道路上的荆棘，却也会刺伤使用不当的人类自己。这次灾难让人们对大量使用的有毒化学品的安全措施进行了彻底的反思。

4. DMF——万能溶剂

N,N-二甲基甲酰胺，简称 DMF。是带有氨味的无色液体，沸点 153℃。它的蒸气有毒，对皮肤、眼睛和黏膜有刺激作用。

工业上用氨、甲醇和一氧化碳为原料，在高压下反应制得。

$$2CH_3OH + NH_3 + CO \xrightarrow{15MPa} HCN(CH_3)_2\!\!\!\overset{O}{\underset{}{\parallel}} + 2H_2O$$

N,N-二甲基甲酰胺能与水及大多数有机溶剂混溶，能溶解很多无机物和许多难溶的有机物特别是一些高聚物。例如它是聚丙烯腈抽丝的良好溶剂，也是丙烯酸纤维加工中使用的溶剂，有"万能溶剂"之称。

思考和练习

1. 命名与写构造式。

   (1) CH_3CH_2COCl (2) CH_3COOCH_3

   (3) 乙酸酐 (4) 苯甲酰胺

2. 写出乙酰氯与下列试剂反应的化学反应式。

   (1) H_2O (2) $CH_3CH_2CH_2OH$

   (3) NH_3

*第三节 油脂和蜡

油脂和蜡都属于羧酸衍生物，它们是自然界存在的具有生物活性的酯。

一、油脂

油脂普遍存在于动植物体的脂肪组织中，是动植物贮藏和供给能量的主要物质之一。

作为食物成分，脂肪和油是食物香味和颜色的溶酶，并让人在食后有饱的感觉，这是由于他们离开胃的速度相对较慢。油脂完全氧化可产生 38.9kJ 的热量，油脂是高能食品主要成分之一。

油脂也是维生素等许多活性物质的良好溶剂，在人体内还起到维持体温和保护内脏器官免受振动及撞击的作用。另外，油脂还用来制备肥皂、护肤品和润滑剂等。

1. 油脂的组成和结构

油脂是直链高级脂肪酸的甘油酯。油脂包括油和脂肪。习惯上将常温下为液态的称为油，固态或半固态的称为脂肪。

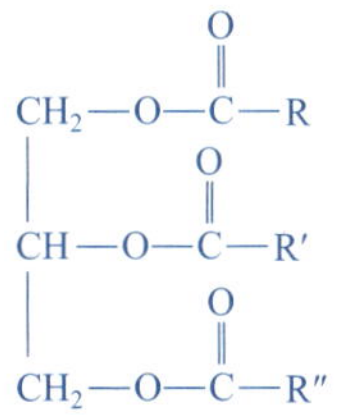

$$\begin{array}{l} CH_2-O-\overset{O}{\underset{\|}{C}}-R \\ CH-O-\overset{O}{\underset{\|}{C}}-R' \\ CH_2-O-\overset{O}{\underset{\|}{C}}-R'' \end{array}$$

其中 R、R′和 R″都相同，称为单纯甘油酯，不同的称为混合甘油酯。自然界中存在的油脂大多数是混合甘油酯。

油脂中高级脂肪酸的种类很多，有饱和脂肪酸，也有不饱和脂肪酸。

油脂中饱和酸最多的是 $C_{12} \sim C_{18}$ 的酸。动物脂肪，如猪油及牛油中含有大量的软脂酸（十六酸）和硬脂酸（十八酸）。软脂酸分布最广，几乎所有的油脂中均含有。硬脂酸在动物脂肪中含量较多。椰子油中含有大量的 C_{12} 的酸，也称月桂酸，有时含量高达近 50%。奶油中含有丁酸，天然的油脂很少含有这样低级的脂肪酸。

油脂中不饱和酸碳原子数均大于 10，其中最重要的是 18 个碳原子的酸。分布最广的是油酸，它是橄榄油的主要成分，含量高达 83%。亚油酸是葵花籽油的主要成分，亚麻酸是亚麻籽油的主要成分，花生油酸是一个含有四个双键和 20 个碳的不饱和酸。常见油脂中重要的脂肪酸见表 10-5。

2. 油脂的性质

（1）**物理性质** 纯净的油脂是无色、无味、无臭的，相对密度小于 1，比水轻。难溶于水，易溶于有机溶剂。由于天然油脂是混合物，所以没有固定的熔点和沸点。

表 10-5　油脂中的重要脂肪酸

类别	名称	构造式	熔点/℃
饱和脂肪酸	月桂酸（十二酸）	$CH_3(CH_2)_{10}COOH$	44.0
	豆蔻酸（十四酸）	$CH_3(CH_2)_{12}COOH$	58.0
	软脂酸（十六酸）	$CH_3(CH_2)_{14}COOH$	63.0
	硬脂酸（十八酸）	$CH_3(CH_2)_{16}COOH$	71.2
	花生酸（二十酸）	$CH_3(CH_2)_{18}COOH$	77.0
	木焦油酸（二十四酸）	$CH_3(CH_2)_{22}COOH$	87.5
不饱和脂肪酸	棕榈油酸（9-十六碳烯酸）	$CH_3(CH_2)_5CH=CH(CH_2)_7COOH$	0.5
	油酸（9-十八碳烯酸）	$CH_3(CH_2)_7CH=CH(CH_2)_7COOH$	16.3
	亚油酸（9,12-十八碳二烯酸）	$CH_3(CH_2)_4CH=CHCH_2CH=CH(CH_2)_7COOH$	−5.0
	亚麻酸（9,12,15-十八碳三烯酸）	$CH_3CH_2CH=CHCH_2CH=CHCH_2CH=CH(CH_2)_7COOH$	−11.3
	花生四烯酸（5,8,11,14-二十碳四烯酸）	$CH_3(CH_2)_4CH=CHCH_2CH=CHCH_2CH=CHCH_2CH=CH(CH_2)_3COOH$	−49.5

（2）化学性质

① 水解。油脂与氢氧化钠（或氢氧化钾）水溶液共热，发生水解反应，生成甘油和高级脂肪酸盐，此盐就是日常所用的肥皂。因此，油脂在碱性溶液中的水解称为皂化反应。

$$\begin{array}{c} CH_2-O-\overset{O}{\underset{}{C}}-R \\ | \\ CH-O-\overset{O}{\underset{}{C}}-R' \\ | \\ CH_2-O-\overset{O}{\underset{}{C}}-R'' \end{array} + 3KOH \xrightarrow{\triangle} \begin{array}{c} CH_2-OH \\ | \\ CH-OH \\ | \\ CH_2-OH \end{array} + \begin{array}{c} RCOOK \\ R'COOK \\ R''COOK \end{array}$$

工业上把 1g 油脂皂化所需氢氧化钾的质量（mg）称为皂化值。根据皂化值的大小，可估算油脂的分子量。皂化值越大，油脂的分子量越小。

② 加成。油脂中含不饱和脂肪酸，其分子中的碳碳双键，可以和氢气、卤素发生加成反应。

a. 加氢。不饱和油脂经催化加氢，可转化为饱和脂肪酸的油脂。油脂中脂肪酸的不饱和程度对油脂的物理及化学性质，具有很大的影响。不饱和脂肪酸的熔点较低，因此用含有较多不饱和酸的油脂制肥皂质量就比较差。为了克服这个缺点，采用催化氢化法提高油脂的熔点。加氢后油脂由液态转变为固态或半固态，这一过程称为油脂的硬化。氢化后的油脂叫氢化油或硬化油。油脂硬化后，不仅提高了油脂的熔点，而且不易被空气氧化变质，便于贮存和运输。

b. 加碘。油脂与碘的加成反应，常用于测定油脂的不饱和程度。100g 油脂所能吸收碘的质量（g）叫碘值。碘值越大，表示油脂的不饱和程度越大。

某些油脂在医药上可以作为软膏和擦剂的基质，有些可作为皮下注射剂的溶剂，还有些则是药物。如蓖麻油可作缓泻剂，鱼肝油用作滋补剂等。药典对药用油脂的皂化值和碘值有一定的要求。例如：

蓖麻油：碘值为 80～90，皂化值为 176～186。

花生油：碘值为 84～100，皂化值为 185～195。

③ 干性。有些油脂暴露在空气中，其表面能形成有韧性的固态薄膜，油的这种结膜特性叫作干性。

干性的化学反应是很复杂的，主要是一系列氧化聚合的结果。实践证明，油的干性强弱（即干结成膜的快慢）是和分子中所含双键数目及双键的相对位置有关。含双键数目多，结膜快；数目少，结膜慢。

油的干性可以用碘值大小来衡量。一般碘值大于 130 的是干性油；碘值在 100～130 之间的为半干性油；碘值小于 100 的为不干性油。

油能结膜的特性，就使油成为油漆工业中的一种重要原料。干性油、半干性油可作为油漆原料。桐油是最好的干性油，它的特性与桐酸的共轭双键体系有关。用桐油制成的油漆不仅成膜快，而且漆膜坚韧、耐光、耐冷热变化、耐腐蚀。桐油是我国的特产，产量占世界总产量的 90% 以上。

④ 酸败。油脂放置过久，受空气中的氧气或微生物的影响，经一系列变化，部分生成分子量较小的脂肪酸、醛、酮等，产生难闻的气味，这种现象称为酸败，俗称哈喇。油脂分子中含有碳碳双键时，更容易发生酸败。湿气、热和光对酸败有促进作用，所以油脂应在干燥、避光、密封的条件下保存。酸败的油脂不宜食用。

思政案例

美丽的外衣（油漆）

我国是最早发现和使用油漆制成各种漆器的国家。

我国最早使用的油漆，是从我国两种特产树木——漆树和桐树中取得的。漆树会分泌出一种液体，叫漆汁，又名生漆。生漆，在日光下晒去一部分水分后，就会变成深色黏稠状液体——熟漆。将熟漆涂在物体表面就会干结成一层漆膜。

桐树的种子中含有桐油，桐油是将采摘的桐树果实经机械压榨、加工提炼制成的工业用植物油。桐油中含有桐油酸，当桐油和空气相接触时，桐油酸分子中双键就会发生氧化反应及聚合反应，使桐油干结成膜。桐油，是世界上最早被使用的一种干性植物油。

我国古代劳动人民很早就将桐油和漆混合使用，这样既可以利用价廉易得的桐油来降低漆的成本，又可以使漆膜更加光亮抗老化。油漆之名即来源于此。

我国迄今已发现的最早的漆器是在江苏省吴江区发掘出土的漆绘黑陶罐儿，它距今已有 4000 多年了。早在春秋战国时期，我国就设有官营的漆林，当时已发现蛋清、氧化铅或二氧化锰可以使漆及桐油干燥得更快。那时，人们在油漆中调入矿物颜料，如朱砂石、黄雄黄、雌黄等，作为漆器的彩绘。

在汉、唐、宋时期，我国的漆器及生产技术流传到朝鲜、日本、缅甸、印度等国，又经"丝绸之路"传到波斯（今伊朗）、阿拉伯，再西传到欧洲。13 世纪来华的马可·波罗，是第一个知道桐油的欧洲人。他将中国的桐油技术记载到了《马可·波罗游记》中。直到 1902 年，美国才从我国移植桐树加以栽培和推广。

随着科学技术的发展，人们制造出的油漆品种越来越多，还发明和生产了其他的涂料。

油漆似外衣，有三大功能：保护、装饰及其他特殊用途。漆膜能将物体与大气隔开，延长物体的使用寿命。在汽车、飞机、房屋建筑、家具上涂上油漆，起到了装饰美化的作用。油漆还可作绝缘材料、标记等。

二、蜡

蜡，化学成分是16个碳原子以上的偶数碳原子的羧酸和高级一元醇形成的酯；此外，尚存在一些分子量较高的游离的羧酸、醇、酮以及高级的烃。

它存在动物的皮肤和毛、鸟的羽毛以及许多植物的果实和叶子上。

室温下，鲸蜡和蜂蜡是液体或很软的固体，可用作润滑剂。羊毛可提供羊毛蜡，羊毛蜡在纯化时产生的羊毛脂被广泛用作化妆品的基质。巴西的棕榈树叶子是巴西棕榈蜡的来源，它是几个固体酯的混合物，硬且抗水。巴西棕榈蜡实用价值高，它具有保持高光泽的能力，用作地板蜡和汽车蜡。

蜡多为固体，重要的有以下几种：

$$C_{15}H_{31}COOC_{16}H_{33} \qquad C_{25}H_{51}COOC_{30}H_{61}$$

鲸蜡（存在于鲸头部），十六酸十六醇酯　巴西蜡（巴西棕榈叶中）

$$CH_3(CH_2)_nCOO(CH_2)_mCH_3$$

蜂蜡（存在于蜜蜂腹部）$n=24, 26$；$m=29, 31$

蜡可用于制蜡纸、防水剂、光泽剂等。若将蜡水解，可制得相应的高级羧酸与高级醇。

*第四节　肥皂和合成洗涤剂

一、肥皂

肥皂是由油脂加碱水解制得。日常用的肥皂是钠肥皂，即高级脂肪酸的钠盐，它是硬质固体，也称硬肥皂。高级脂肪酸的钾盐，质软，不能凝成硬块，称为软肥皂。软肥皂主要制成洗发水或医用乳化剂，如消毒用的煤酚皂溶液就是甲苯酚的软肥皂溶液。

肥皂是如何去污的呢？

肥皂分子（高级脂肪酸钠盐）结构上一端是羧酸负离子，具有极性，是亲水基；一端是链形的烃基，非极性的，是疏水基。

如果衣服沾上了油污，当我们把它擦上了肥皂，放进水里，肥皂分子中的亲油部分就和这些油污紧紧抱在一起，形成外表亲水的微小胶团。这样，这些油污就会被水包围起来，渐渐溶解在水中，再通过几次的清水漂洗，让油污随着水一起被冲洗掉。另外，在洗衣服的过程中，轻轻揉搓，也是为了让肥皂分子和衣物充分接触，增加了油污被捕捉下来的可能性。

肥皂不能在硬水中使用，因为在含 Ca^{2+}、Mg^{2+} 的硬水中肥皂转化为不溶性的高级脂肪酸的钙盐或镁盐。在酸性水中转变成不溶于水的脂肪酸，从而失去去污能力。因此肥皂不适于在硬水或酸性水中使用。

二、合成洗涤剂

目前国内外大量使用合成洗涤剂。这些洗涤剂结构可以不同,但有一个共同点:均有一个极性的水溶性基团和一个非极性的油溶性基团。非极性的烃基碳原子数大于 12,其作用与肥皂类似,但都可以在硬水中使用,因为它们形成的镁盐、钙盐可溶于水。

(1)硫酸酯盐 硫酸酯盐通式为 R—OSO$_3$Na。

十二烷基硫酸钠 CH$_3$(CH$_2$)$_{11}$OSO$_3$Na 最为常见,它的水溶性、洗涤性均优于肥皂。其水溶液呈中性,对羊毛等无损害,在硬水中也可以使用,主要用于制造各种洗涤剂、香波及牙膏等。

(2)磺酸盐 磺酸盐的通式为 R—SO$_3$Na。

最具代表性的是对十二烷基苯磺酸钠(),是市售合成洗涤剂的主要成分之一。对十二烷基苯磺酸钠是强酸盐,可以在酸性溶液中作用,在硬水中也具有良好的去污力。另外,对十二烷基苯磺酸钠被广泛用作干洗用洗涤剂的原料以及切削油等矿物油乳化剂成分。十二烷基苯磺酸钙广泛用作农药乳化剂,也可用作防锈油等。

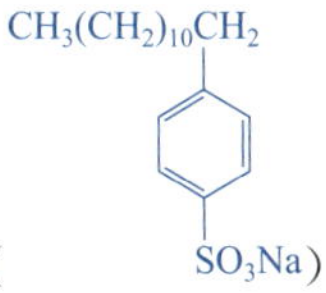

*第五节 碳酸衍生物

碳酸在结构上是双羟基化合物,如图 10-5 所示。其分子中的一个或两个羟基被其他原子或基团取代后生成的化合物叫作碳酸衍生物。碳酸的一元衍生物不稳定,很难单独存在;二元衍生物比较稳定,具有实用价值。例如尿素、碳酸二甲酯等都是主要的碳酸衍生物。

一、尿素(H$_2$N—CO—NH$_2$)

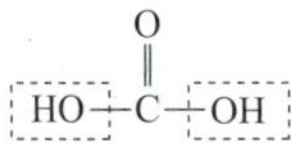

图 10-5 碳酸分子结构

尿素,又称碳酰胺或脲,是碳酸最重要的衍生物,存在于人和哺乳动物的尿液中。

工业上用二氧化碳与氨气在高温高压下反应制备。

$$2NH_3 + CO_2 \xrightarrow[20MPa]{180\sim200℃} \underset{\text{氨基甲酸铵}}{NH_2COONH_4} \xrightarrow{\triangle} NH_2CONH_2 + H_2O$$

尿素具有酰胺的结构,与酰胺有相似的性质,但由于分子中两个氨基连在同一羰基上,因此又具有一些特性。

1. 碱性

尿素分子中有两个氨基,其中一个氨基可与强酸成盐,呈弱碱性。

$$H_2N-\overset{\overset{O}{\|}}{C}-NH_2 + HNO_3 \longrightarrow \underset{\text{硝酸脲}}{H_2N-\overset{\overset{O}{\|}}{C}-NH_2 \cdot HNO_3}$$

生成的硝酸脲难溶于水而易结晶，利用这种性质可从尿液中提取尿素。

2. 水解

尿素在酸、碱或尿素酶的作用下，易发生水解反应，生成氨和二氧化碳。

$$H_2NCONH_2 + H_2O \xrightarrow[\text{或尿素酶}]{H^+ \text{或} OH^-} 2NH_3 + CO_2$$

3. 缩合

将尿素缓慢加热，两分子尿素脱去一分子氨生成缩二脲。

$$H_2N-\overset{\overset{O}{\|}}{C}-NH_2 + H-HN-\overset{\overset{O}{\|}}{C}-NH_2 \longrightarrow \underset{\text{缩二脲}}{H_2N-\overset{\overset{O}{\|}}{C}-NH-\overset{\overset{O}{\|}}{C}-NH_2} + HN_3$$

缩二脲能与硫酸铜的碱溶液作用显紫色，这个颜色反应叫缩二脲反应。凡分子中含有两个或两个以上酰胺键的化合物，都发生这种颜色反应。

4. 与亚硝酸反应

尿素与亚硝酸作用生成二氧化碳和氮气。

$$H_2N-\overset{\overset{O}{\|}}{C}-NH_2 + 2HNO_2 \longrightarrow CO_2\uparrow + N_2\uparrow + 3H_2O$$

此反应是定量进行的，根据放出氮气的量，可以求得尿素的含量。这是测定尿素含量常用的方法之一。

尿素除用作肥料外，也是重要的工业原料。它用于生产脲醛树脂、染料、除草剂、杀虫剂和药物等。例如，尿素与丙二酸二乙酯作用生成丙二酰脲，又称巴比妥酸，它的衍生物是一类安眠药。

二、碳酸二甲酯($CH_3O-\overset{\overset{O}{\|}}{C}-OCH_3$)

中间体，从 DMC 出发可合成聚碳酸酯、异氰酸酯、丙二酸酯等化工产品。它在制取高性能树脂、溶剂、药物、防腐剂等领域的用途越来越广泛。碳酸二甲酯无毒，可代替剧毒的碳酰氯（俗称光气）和硫酸二甲酯作羰基化试剂和甲基化试剂，对环境无污染，属于绿色化学的合成方法。

传统生产碳酸二甲酯是以碳酰氯为原料醇解，现已开发了甲醇氧化羰基化法合成的新技术。化学反应式如下：

$$2CH_3OH + \frac{1}{2}O_2 + CO \xrightarrow{Cu_2Cl_2} CH_3O-\overset{\overset{O}{\|}}{C}-OCH_3 + H_2O$$

本章小结

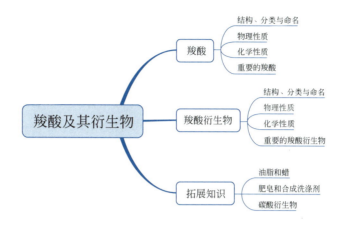

课后习题

1. 填空题

(1) 甲酸俗称_____，其构造式为_____。

(2) _____俗称醋酸，是具有刺激性气味，无色透明的_____。纯醋酸在低于_____时呈冰状晶体，故称_____。

(3) 羧酸具有酸性是因为_____。

(4) 草酸和甲酸除了具有酸性，都还具有_____性。

(5) 羧酸衍生物发生水解反应的活性由强到弱的顺序是_____>_____>_____>_____。其中_____和_____常用作酰基化试剂。

(6)  $\underset{HCN(CH_3)_2}{O}$ 系统名称叫_____，简称_____，由于能溶解多种难溶解的有机物和高聚物，有"_____"之称。

2. 选择题

(1) 下列化合物中沸点最高的是（　　）。
A. 丙酰氯　　　　　B. 丙酰胺　　　　　C. 乙酸甲酯　　　　　D. 丙酸

(2) 下列化合物能使 $FeCl_3$ 溶液显色的是（　　）。
A. 安息香酸　　　　B. 马来酸　　　　　C. 肉桂酸　　　　　D. 水杨酸

(3) 下列化合物的水溶液酸性最强的是（　　）。

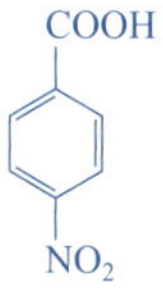

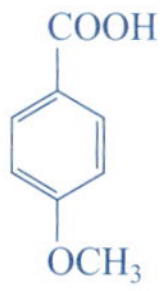

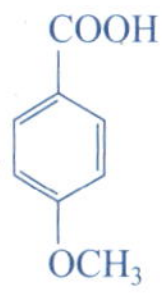

(4) 下列化合物中不属于羧酸衍生物的是（　　）。

A. 蜡　　　　　　B. 油脂　　　　　C. $CH_3CHCOOH$　　　　D. CH_3CNH_2
　　　　　　　　　　　　　　　　　　　　$|$　　　　　　　　　　　　$\parallel$
　　　　　　　　　　　　　　　　　　　　NH_2　　　　　　　　　　　O

(5) 下列反应不属于水解反应的是（　　）。

A. 乙酰氯在空气中冒白烟　　　　　　　　B. 丙酰胺与 Br_2、NaOH 共热

C. 乙酐与水共热　　　　　　　　　　　　D. 皂化

(6) 下列化合物中不能发生碘仿反应的是（　　）。

A. 乙酸　　　　　B. 乙醇　　　　　C. 乙醛　　　　　D. 丙酮

3. 命名与写构造式

(1) $CH_3CH_2-\underset{\underset{O}{\parallel}}{C}-Cl$　　(2) $H-\underset{\underset{O}{\parallel}}{C}-OC_2H_5$　　(3) $(CH_3)_2CH-\underset{\underset{O}{\parallel}}{C}-NH_2$

(4) $CH_3CH_2-\underset{\underset{O}{\parallel}}{C}-NH-CH_3$　　(5) ⬠-COOH　　(6) $CH_3\underset{\underset{O}{\parallel}}{C}O\underset{\underset{O}{\parallel}}{C}CH_3$

(7) 乙酸乙酯　　(8) 草酸　　(9) 蚁酸

(10) 苯甲酸甲酯

4. 完成下列化学反应式

(1) ⬡(CH₃)(CH₃) $\xrightarrow{KMnO_4, H^+}$ $\xrightarrow[\triangle]{P_2O_5}$

(2) $CH_3CH_2COOH \xrightarrow{SOCl_2}$

(3) ⬡-COCH₃ $\xrightarrow[② H^+]{① I_2, NaOH}$ $\xrightarrow{SOCl_2}$

5. 比较下列各组化合物的酸性强弱

(1) CH_3COOH　　⬡-COOH　　⬡-CH₂OH　　⬡-OH

(2) CH_3CH_2OH　　CH_3COOH　　$CH_2(COOH)_2$

(3) $CH_3CH_2\underset{\underset{Cl}{|}}{\overset{\overset{Cl}{|}}{C}}COOH$　　$CH_3CH_2\underset{\underset{Cl}{|}}{C}HCOOH$　　$CH_3\underset{\underset{Cl}{|}}{C}HCH_2COOH$

6. 用化学方法鉴别下列各组化合物

(1) 甲酸、乙酸、乙醛、丙酮

(2) 正丁醇、正丁醚、正丁醛、正丁酸

7. 由指定原料合成下列化合物（无机试剂任选）

以乙烯为原料合成乙酸乙酯。

8. 推断结构

化合物 A、B、C 的分子都是 $C_3H_6O_2$，A 能与碳酸钠作用放出二氧化碳，B 和 C 在氢氧化钠溶液中水解，B 的水解产物之一能发生碘仿反应。推测 A、B、C 的构造式。

第十一章 有机化学实验

📚 学习目标

- **知识目标**
  1. 掌握重要官能团的鉴别方法；掌握熔点、沸点测定原理和操作方法；掌握蒸馏、分馏、萃取以及重结晶等分离提纯有机化合物的基本操作技术；掌握制备典型有机化合物的实验原理、仪器与药品、实验装置、操作步骤及产率计算。
  2. 熟悉有机化学实验室规则及安全防护知识。
  3. 了解有机化学实验目的及绿色环保的实验方法。
- **能力目标**
  1. 能搭建沸点、熔点的测定装置并操作；能应用相关反应鉴定典型有机化合物。
  2. 能根据投料量、反应原理选择实验仪器并搭建有机合成实验装置。
  3. 能进行回流、重结晶、过滤、升华等基本操作及典型有机合成实验。
- **素质目标**
  1. 培养学生自觉遵守实验室规则的习惯、良好的职业素养及对规章制度的敬畏。
  2. 通过分组操作实验环节，培养学生严谨、求实、团结的工匠精神，培养学生胆大与细致、发现与质疑、探索与创新的能力；提高学生对安全与绿色环保的认识。

➡️ 课前导学

茶喝多了，容易让人兴奋，是因为其中含有咖啡因。如何把咖啡因从茶叶中提取出来呢？有着"香蕉油"之称的乙酸异戊酯很受市场欢迎，在制备它的实验过程中会产生哪些副产物以及该如何除去呢？工业上利用银镜反应制镜子、制暖壶瓶胆，实验室又是如何实现的呢？高职组化学实验技术大赛中的有机合成模块考核哪些知识与技能？在本章的内容里你会找到答案。

📝 课前测验

多选题

1. 遇 2,4-二硝基苯肼能出现沉淀的化合物是（　　　）。
   A. 苯乙酮　　　　B. 甲酸　　　　C. 丙酮　　　　D. 苯甲醛
2. 下列化合物，能使酸性高锰酸钾溶液褪色的是（　　　）。
   A. 乙烯　　　　　B. 乙炔　　　　C. 甲苯　　　　D. 草酸
3. 下列各组混合物，适宜用分馏法进行分离的是（　　　）。
   A. 汽油和水　　　B. 汽油和煤油　　C. 食盐和沙子　　D. 乙醇和水

有机化学是一门实践性较强的课程,许多反应及规律都是从实验中得来的,有机化学实验是有机化学不可分割的一部分。

第一节 有机化学实验的准备工作

一、有机化学实验学习方法

一生致力于教育事业及化学研究的卢嘉锡老先生,曾对科研工作者提出了"C3H3"原则,即 Clear Head(清晰的头脑)+Clever Hands(灵巧的双手)+Clean Habits(整洁的习惯)。这对于我们学好有机化学实验同样有着重要的指导意义,实验的进行具体有以下三个步骤。

(一)实验前充分预习

实验前要仔细阅读教材中与本实验相关的内容,明确目的要求、实验原理,清楚操作步骤及所需仪器药品,了解实验的操作、注意事项,做到心中有数。

写出预习报告,内容包括:实验名称、实验目的、实验原理、仪器与试剂、实验步骤并画出每一步的实验装置图。

(二)实验中积极操作

看标签取药品,看似简单实则需要我们养成良好的职业素养。取用药品,不得随意更改试剂用量、加料顺序。

实验过程中,应严格按操作规程和预定步骤进行实验。实验中要认真操作,仔细观察,积极思考,如实记录实验数据与现象。对于实验中出现的异常现象,要特别仔细及时记录,分析原因,解决问题。实验记录是原始资料,不能随意涂改,更不能事后写"回忆录",字迹要工整,内容应简明扼要。不得随意更改反应时间及操作顺序。

"清晰的头脑"要求我们勤于动脑,积极思考、善于思考。比如,实验前预计可能出现的现象,思考出现这种现象的原因;实验中去验证,并思考其中蕴含的道理。"灵巧的双手"不是一蹴而就,它来源于我们持之以恒的操作训练。"整洁的习惯"要求我们保持良好的实验台、实验室卫生,也是实验安全、顺利进行的基本保证。

(三)实验后认真整理

实验结束后,要认真总结实验现象,整理有关数据和资料,做出结论。制备实验要计算产率并描述产品的表观特征。对于实验中出现的问题,加以讨论,并提出对实验的改进意见或建议。

在整理总结的基础上,完成实验报告单。

实验人员负责整理本组实验台卫生,清洗实验仪器,回收产品,等待老师检查。值日生负责实验室卫生,关闭水、电、门窗。

二、有机化学实验室规则

实验人员应具有严肃认真的工作态度,科学严谨、实事求是的工作作风,整洁的习惯,并注意培养良好的职业素养与道德。为了保证正常的实验环境与秩序,应严格遵守以下实验室规则。

(1) 实验前应认真预习,明确实验目的,了解实验原理、方法与步骤。实验开始前,应先检查和清点所需的仪器、药品是否齐全。

(2) 遵守纪律,不得无故缺席。实验时,必须保持安静,不得嬉戏打闹。集中精力,认真操作,仔细观察实验现象,并如实记录。

(3) 随时保持实验台的整洁,用过的废纸、火柴梗、破碎的玻璃等,不要投进水池,应放入垃圾桶中;清洗仪器或实验过程中产生的废酸、废碱,应小心倒入废液缸内。

(4) 爱护实验室仪器与设备,损坏仪器应及时报告、登记、补领。要注意节约水、电、药品等。

(5) 取用药品,首先要养成看标签的习惯,不得取错药品;还要按照规定量取用;若无规定用量,应尽量少用;若不慎将药品撒落在实验台上,应立即清理干净;取用药品后,要及时盖好瓶塞,并放回原处;不得将瓶盖盖错、滴管乱放,以免污染药品。

(6) 使用精密仪器时,应严格按照操作规程,不得任意拆装和搬动,用毕应做好登记。如仪器发生故障,应立即停止使用,报告指导老师以排除故障。

(7) 实验结束,要擦拭实验台,清洗仪器,整理药品,将仪器、工具、药品放回规定位置,并摆放整齐,关好水、电,经指导老师认定合格后,方可离开实验室。

(8) 值日生负责打扫和整理实验室,并检查水、电是否关好。值日生应最后离开实验室。

三、有机化学实验室安全守则

有机化学实验中要使用到一些易燃(如乙醇、丙酮等)、易爆(如乙炔等)、有毒(如甲醇、苯肼等)及有腐蚀性(如浓硫酸、溴等)的化学试剂。这些化学试剂如果使用不当,有可能发生着火、爆炸、中毒和灼伤等事故。此外,玻璃器皿和电气设备等如使用或处理不当,也会发生割伤或触电事故。

为保证实验人员人身安全和实验工作正常进行,应遵守以下实验室安全守则。

(1) 必须熟悉实验室中水、电的开关、消防器材、急救药箱等的位置和使用方法。

(2) 不要用湿的手、物接触电源。水、电和酒精灯一经用毕,应立即关闭。点燃的火柴梗用完后,应立即熄灭。

(3) 实验室内严禁饮食与吸烟。实验完毕,必须把手洗净。

(4) 不允许将各种药品任意混合,以免发生意外。

(5) 一切有刺激性、有恶臭味和有毒的物质的实验,都应在通风橱中进行。需要闻某些气体的气味时,应采用"招气入鼻"式。

(6) 浓酸与浓碱具有强腐蚀性,使用时勿溅在眼睛、皮肤或衣物上。稀释浓硫酸时,应将其慢慢倒入水中,并边倒边搅拌,切勿相反进行,以免因局部过热使水沸腾,硫酸溅出造成灼伤。

(7) 加热的试管，管口不要对着自己和他人；倾注试剂或加热液体时，不要俯视容器，以防液体溅出伤人。

(8) 危险性药品使用的注意事项详见各实验后面的"危险品说明"与"试剂储存及后处理"。

四、实验室中一般事故的应急处理

当因操作不当在实验室受伤，学会一些简单处理方法，可以使创伤降低到最小。

图 11-1 手指出血时指压指动脉止血法

（1）玻璃割伤。将温度计旋转插入胶塞时，用力过猛，方法不当（未事先用水湿润温度计或手握温度计的位置太靠近顶端，离胶塞过远），造成误伤。应先按图 11-1 的方法止血，再贴上创可贴；必要时撒消炎粉包扎。若伤口中有玻璃碎片，挑出后，再包扎。

（2）烫伤。在使用酒精灯、电炉等热源加热后，立即用手搬动仪器或设备，或其他情况造成烫伤。切勿用水冲洗。在烫伤处用高锰酸钾或三硝基苯酚（苦味酸）溶液洗后擦干，然后涂上凡士林或烫伤油膏。

（3）受强酸腐蚀致伤。立即用大量水冲洗，然后用饱和碳酸氢钠溶液冲洗，最后再用水冲洗。若酸溅入眼内，先用大量水冲洗，再送往医院治疗。

（4）受强碱腐蚀致伤。立即用大量水冲洗，然后用2％乙酸溶液或硼酸溶液冲洗，最后再用水冲洗。若酸溅入眼内，用硼酸溶液冲洗。

（5）受溴腐蚀致伤。先用甘油冲洗，再用水冲洗。

（6）毒物入口。在进行有毒气体或刺激性气体实验时，需要在通风橱操作或采用气体吸收装置。若不慎吸入少量氯气，可用碳酸氢钠溶液漱口，然后吸入少量酒精蒸气，并到室外空气流通处休息。

任何药品都不得直接用手接触。取用毒性较大的化学试剂时，应戴防护眼镜和橡胶手套。洒落在桌面或地面上的药品应及时清理。

实验室内严禁饮食，不得将烧杯做饮水杯用，也不得用餐具盛放任何药品。若误食或溅入口中，有毒物质尚未咽下者，应立刻吐出，再用大量水冲洗口腔。如已吞下，则需根据毒物性质进行解毒处理。如果吞入强酸，先饮大量水，然后服用氢氧化铝膏、鸡蛋白，如果吞入强碱，则先饮大量水后再服用醋、酸果汁和鸡蛋白。无论酸或碱中毒。服用鸡蛋白后，都需灌注牛奶，不要吃呕吐剂。

（7）触电。连接仪器的电线接头不能裸露，要用绝缘胶带缠扎。手湿时不能去碰触电源开关，也不能用湿布去擦拭电器及开关。一旦发生触电事故，立即切断电源，必要时施以人工呼吸，严重者立即送医院救治。

（8）起火。实验室在使用或处理易燃试剂时，应远离明火，不能用敞口容器盛放乙醇、乙醚、石油醚和苯等低沸点、易挥发、易燃液体，更不能用明火直接加热。这些物质应在回流或蒸馏装置中用水浴或蒸汽浴进行加热。若不慎发生火情，应立刻切断电源。小火，用湿布或沙子灭火。火势大，用泡沫或二氧化碳灭火器熄灭。衣服着火时，切忌惊慌失措，四处乱跑，应用厚的外衣淋湿后包裹使其熄灭，较严重时应卧地打滚儿，以免火焰烧向头部，同时用水冲淋，将火熄灭。

五、常用玻璃仪器和器具

有机化学实验常用玻璃仪器和器具的名称、图示和主要用途见表 11-1。

表 11-1　有机化学实验常用玻璃仪器和器具的名称、图示和主要用途

图片及名称	主要用途	主要规格	使用注意事项
常用玻璃仪器			
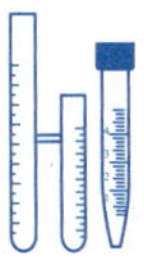 试管	① 普通试管用作少量药剂的反应容器；② 离心试管用于沉淀离心分离	主要有普通试管、离心试管等种类。普通试管和离心试管可分为有刻度、无刻度两种；也可分为具塞、无塞两种。试管容积（mL）：10、15、20、25、50、100	① 普通试管可直接用火加热，但不能骤冷；② 离心试管不能直接加热，只能用水浴加热；③ 反应液体不超过容积的 1/2，加热液体不超过容积的 1/3；④ 用试管夹夹持。加热时管口不要对人，要不断振荡；⑤ 加热液体时，试管与桌面成 45°
 烧杯	用于溶解固体、配制溶液、加热或浓缩溶液	常用容积（mL）：50、100、200、250、400、500、600、800、1000、2000	可放在石棉网或电路上直接加热
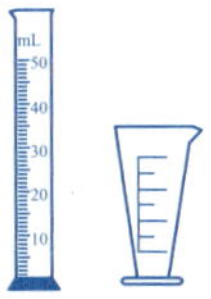 量筒、量杯	粗略量取一定体积的液体	量出式量器。有具塞、无塞两种。常用容积（mL）：25、50、100、250、500、1000	① 不能加热，不能量取热的液体；② 不能作反应容器；③ 读取液体体积时，视线与液面水平
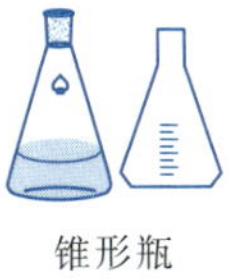 锥形瓶	用于贮存液体、混合液体及少量溶液加热，也可用作反应器	分为无塞、具塞。常用容积（mL）：10、25、50、100、150、200、250、300	① 磨口瓶加热时要打开瓶塞；② 可放在石棉网或电路上直接加热，但不能用于减压蒸馏
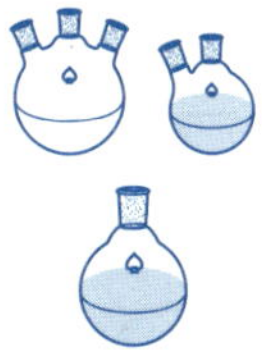 烧瓶	① 用于加热、蒸馏等操作；② 多口的可装配温度计、搅拌器、加料管、冷凝管	有平底、圆底；长颈、短颈；细口、磨口；圆形、梨形；单口、二口、多口。常用容积（mL）：50、100、250、500	① 盛放的反应物料或液体不超过容积的 2/3，但也不宜太少；② 平底烧瓶不耐压，不能用于减压蒸馏
 干燥器	① 存放试剂防止吸湿；② 在定量分析中将灼烧过的坩埚放在其中冷却	无色、棕色。普通、真空干燥器。上口直径（mm）：160、210、240、300	① 磨口部分涂凡士林；② 放入热物体后要开盖数次，以放走热空气；③ 下室的干燥剂要及时更换；④ 真空干燥器接真空系统抽去空气，干燥效果更好

续表

图片及名称	主要用途	主要规格	使用注意事项
酒精灯	实验室中常用的加热仪器	容量（酒精安全灌注量，mL）100、150、200	① 灯壶中的酒精容量不应少于1/3，不应多于4/5； ② 点灯要使用火柴或打火机，不准用燃着的酒精灯去点燃另一个酒精灯； ③ 不得在燃着的酒精灯中加酒精； ④ 熄灭酒精灯，应用灯帽盖灭，切忌用嘴吹。盖灭后还应将灯帽提起一下
表面皿	① 烧杯、漏斗或蒸发皿盖； ② 物质称量、鉴定器皿	直径（mm）：45、65、70、90、100、125、150	① 不能用直接火加热； ② 作盖用时，直径要比容器口直径大些
漏斗	① 过滤沉淀； ② 作加液器； ③ 粗颈漏斗可用于加入固体药品	① 短颈、长颈； ② 细颈、粗颈。 上口直径（mm）：45、55、60、70、80、100、120	① 不能用火焰直接烘烤，过滤的液体也不能太热； ② 过滤时漏斗颈尖端要紧贴承接容器的内壁
恒压滴液漏斗	制备反应中加液器	无刻度、具刻度。 常用容积（mL）：50、100、250、500、1000	① 不能加热； ② 磨口处保持清洁
分液漏斗	① 两相液体分离； ② 液体洗涤； ③ 萃取富集	① 球形、锥形、梨形、筒形； ② 无刻度、具刻度。 常用容积（mL）：50、100、250、500、1000	① 不能加热； ② 进行萃取时，振荡初期应放气数次
吸滤瓶、布氏漏斗	吸滤瓶、布氏漏斗配套使用。 ① 常压固液分离； ② 减压固液分离	① 吸滤瓶容积（mL）：50、100、250、500、1000； ② 布氏漏斗直径(mm)：80、100、120、150、250、300	① 布氏漏斗和吸滤瓶大小要配套； ② 滤纸直径要略小于漏斗内径
冷凝管	冷凝。冷凝效果：蛇形优于球形优于直形优于空气冷凝管	直形、球形、蛇形	① 使用时保证冷凝水流动； ② 磨口处保持清洁； ③ 装配时磨口间轻微旋转连接不要用力过猛； ④ 不得用球形、蛇形冷凝管做蒸馏实验

续表

图片及名称	主要用途	主要规格	使用注意事项
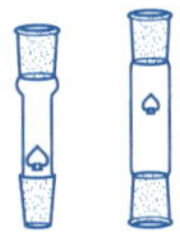 变径	用于不同磨口仪器的连接过渡	多种型号	① 连接时确认磨口处磨合紧密；② 磨口处保持清洁；③ 装配时磨口间轻微旋转连接，不要用力过猛
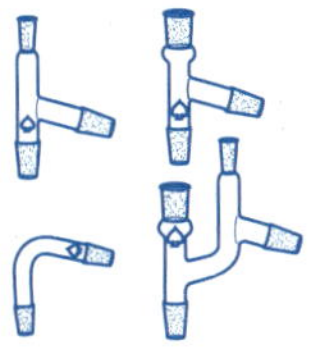 蒸馏头	蒸馏时用于连接烧瓶与冷凝器	① 普通蒸馏头、蒸馏弯头、克氏蒸馏头；② 常见磨口大小有 $14^\#$，$19^\#$，$24^\#$	同变径
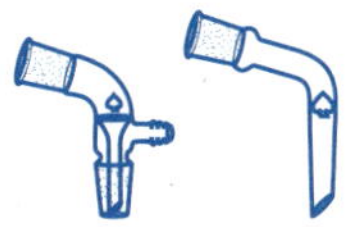 真空弯接管、弯接管	蒸馏时用于连接冷凝装置和接收器	① 真空弯接管、具支弯接管、弯接管；② 常见磨口大小有 $14^\#$，$19^\#$，$24^\#$	使用时用皮筋等和冷凝装置固定好，防止脱落；其他同变径
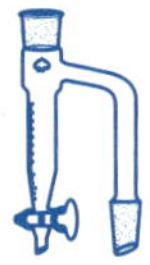 分水器	分离反应体系的水分	常见磨口大小有 $14^\#$，$19^\#$，$24^\#$	使用时玻璃旋塞应保持关闭；其他同变径
其他常用仪器			
 研钵	用于混合、研磨固体物质	有玻璃、瓷、铁、玛瑙等材质制品。口径（mm）：60、70、90、100、150、200	① 不能作反应容器，放入物质量不超过容积的 1/3；② 易爆物质只能轻轻压碎，不能研磨
 蒸发皿	用于蒸发或浓缩溶液，也可作反应器及灼烧固体	① 平底与圆底；② 有瓷、石英、铂等材质。容积（mL）：30、60、100、250	① 能耐高温，但不宜骤冷；② 一般放在铁环上直接用火加热，但需在预热后再提高加热强度
 坩埚钳	夹取高温下的坩埚或坩埚盖	由铁或铜合金制成，表面镀铬	必须先预热再夹取
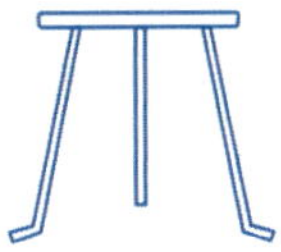 三脚架	放置加热器	铁制品。有大、小、高、低之分	① 盛放受热均匀的受热器应先垫上石棉网；② 保持平稳

续表

图片及名称	主要用途	主要规格	使用注意事项
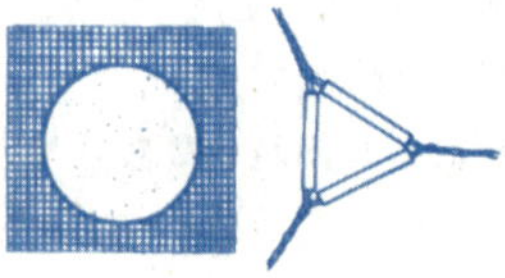 石棉网、泥三角	石棉网：承放受热容器，使加热均匀；泥三角：直接加热时用以承放坩埚或小蒸发皿	石棉网：由铁丝编成，涂上石棉层；泥三角：由铁丝编成，上套耐热瓷管	石棉网：不要浸水或扭拉，以免损坏石棉；泥三角：灼烧后不要沾上冷水，保护瓷管

实验室常用设备

设备图片，名称	一般用途	设备图片，名称	一般用途
 电子天平	精确到 0.1g 或 0.01g，用于一般有机、无机实验中称量药品	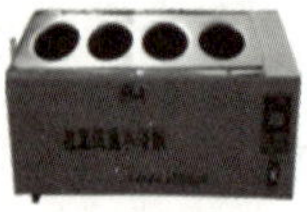 恒温水浴锅	实验室加热装置
 循环水真空泵	配合减压蒸馏装置、抽滤装置、旋转蒸发仪使用	 加热套	实验室加热装置
 电炉	实验室加热装置，不能用于加热有机试剂	 气流烘干器	干燥实验室玻璃仪器

六、绿色有机化学实验的方法

人类跨入 21 世纪，绿色化学已成为化学学科研究的热点和前沿。

绿色化学就是环境友好化学，主张从源头消除污染，不再使用有毒有害物质，不再产生废物，不再处理废物。

在化学实验中，虽然每次实验排放污染物的量不是很大，但因所用药品种类繁多，实际变化较大，排放的废弃物成分复杂，累积的污染也就不容忽视。提倡绿色化学实验，尽量做无毒害的实验，无害化处理实验的废弃物实现零排放，已是化学实验教学中不可忽略的内容之一。

实现绿色化学实验的常见方法有以下几种。

1. 原子经济

原子经济是指反应原料分子中的原子百分之百地转变成产物，而没有副产物或废物生成，实现废物的"零排放"。在可能的情况下，化学实验的制备反应应尽量选择"原子经济反应"。例如：

$$Si + C \xrightarrow{\triangle} SiC$$

这一化学反应中原子的利用率可达100%。

2. 原料绿色化

实验的主要目的是训练学生的实验操作技能，因此应尽可能选用无毒无害的实验原料，以避免污染的产生。例如在"水蒸气蒸馏"的操作技术中，将传统的实验原料乙酰苯胺改为白苏叶或八角茴香，既避免了乙酰苯胺的毒性危害，又增强了实验内容的实用意义。

3. 催化剂绿色化

许多液体酸催化剂如氢氟酸、硫酸、氯化铝等，不仅容易腐蚀实验设备，产生"三废"，还会污染环境并对人体造成危害。近年来开发的固体酸催化剂在物质的合成中展现了十分理想的效果。化学实验中应尽量选择这类催化剂。例如在"乙烯制备"实验中，用硫酸铝代替浓硫酸作催化剂，取得了令人满意的结果。

4. 实验微型化

在保证实验现象明显、实验结果正确的前提下，对不可避免会形成污染的实验，应尽可能使其微型化、少量化。本着能小不大，能少不多的原则设计实验原料及其他试剂用量，使污染程度降到最低。

5. 产物回收利用

化学实验中，有许多溶剂回收后可重复使用，有些实验产品可作为另一实验的原料。及时回收、充分利用这些溶剂和产品，不仅可防止其对环境的污染，还可降低消耗，节约开支。例如"从茶叶中提取咖啡因"这一实验中所用的溶剂乙醇，经蒸馏回收后可循环使用；在"重结晶"实验中提纯的苯甲酸可用作"熔点测定"实验的原料等。

对于化学实验中不可避免产生的污染性废弃物，可统一收集起来进行集中处理，使其转化为非污染物。例如废酸和废碱液经中和至中性后排放；含重金属废液通过适当的化学反应转化为难溶物后填埋；某些有机废弃物（如苯、甲苯等）可焚烧，使其转变为无害气体等。

总之，在全球倡导绿色化学的今天，应当把化学实验绿色化的理念贯穿实验教学的全过程，为减少污染、保护环境做出应有的贡献。

第二节 有机化合物的鉴定

有机化合物的化学性质主要取决于官能团。官能团是指决定有机化合物分子主要化学性质的原子或基团。官能团不同，则特性不同，反应不同；相同官能团在不同化合物中，由于受整个分子结构的影响，其反应性能也会有所差异。利用官能团的特性反应，可以对有机化合物进行鉴定。

一、烃的性质与官能团鉴定

1. 烷烃的性质与鉴定

烷烃没有官能团。由于烷烃键型均一,均为牢固的 δ 键,所以烷烃的化学性质比较稳定,一般不与强碱、强酸、强氧化剂、强还原剂和活泼金属反应。常用煤油(主要成分是 $C_{10\sim16}$ 的烷烃)或液体石蜡(主要成分是 $C_{16\sim20}$ 的直链烷烃)来保存金属钠就是这个原因。

环己烷分子与烷烃相同均由 δ 键构成,所以环己烷具有与烷烃相似的稳定性。

当环己烷遇到强氧化剂高锰酸钾会发生反应吗?

在试管中加入 1mL 0.01mol/L $KMnO_4$ 溶液和 1mL 5% Na_2CO_3 溶液,边滴加环己烷(约用 2mL)边振摇试管,看到分层现象,但是高锰酸钾溶液紫红色没有褪去。

说明环己烷与高锰酸钾不反应。

一般烷烃没有合适的定性检验方法,只能由元素定性分析(只含碳氢),结合分子量的测定,从燃烧的结果可得知分子式为 C_nH_{2n+2}。若要进一步鉴定个别烷烃,主要依据其物理常数——沸点、熔点、密度、折射率及光谱特征等来确定。

2. 烯烃的性质与鉴定

烯烃的官能团是碳碳双键,由于含有易断裂的 π 键,所以烯烃比较活泼。

(1)与溴的四氯化碳反应 在试管中加入 1mL 0.5% 的溴的四氯化碳溶液,边滴加环己烯(可用粗汽油或煤油代替)边振摇试管。观察颜色的变化,有什么反应发生?

发现溴的四氯化碳溶液红棕色褪去,这是因为烯烃与溴发生亲电加成反应,使溴的红棕色褪色。

$$\diagup C=C \diagdown + Br_2 \xrightarrow{CCl_4} -\overset{|}{C}-\overset{|}{C}-$$
$$ Br Br$$
(红棕色) (无色)

需要注意的是,酚、烯醇、醛、酮及含活泼亚甲基的化合物也能发生此反应,但有的是取代反应,生成 HBr,不溶于四氯化碳。例如:

$$2\;\text{C}_6\text{H}_5\text{OH} + 2Br_2 \xrightarrow{CCl_4} \text{邻溴苯酚} + \text{对溴苯酚} + 2HBr$$

(2)与高锰酸钾溶液反应 在试管中加入 1mL 0.01mol/L $KMnO_4$ 溶液和 1mL 5% Na_2CO_3 溶液,边滴加环己烯(约用 2mL)边振摇试管,观察溶液颜色的变化,有什么反应发生?

看到高锰酸钾溶液紫红色褪去,并有褐色二氧化锰沉淀析出。

高锰酸钾的碱性溶液为什么会褪色?这是烯烃被高锰酸钾溶液氧化造成的,高锰酸钾褪色的同时本身被还原成褐色二氧化锰沉淀。

$$\diagup C=C \diagdown \xrightarrow[\text{(稀、冷或碱性)}]{KMnO_4} -\overset{|}{C}-\overset{|}{C}- + MnO_2\downarrow + KOH$$
$$ OH OH$$
(紫红色) (棕褐色)

需要注意的是，酚、醛、胺、甲酸、草酸等也可被高锰酸钾氧化。

3. 乙炔的制备与性质

（1）乙炔的制备

① 工业制法。工业上将石灰和焦炭在高温电炉中加热至 2200～2300℃，生成电石（碳化钙）。电石水解立即生成乙炔（所以乙炔俗称电石气）。

$$CaO + 3C \xrightarrow{2200\sim2300℃} CaC_2 + CO$$

$$CaC_2 + 2H_2O \longrightarrow HC\equiv CH + Ca(OH)_2$$

电石法技术比较成熟，生产工艺流程简单，应用比较普遍，但因能耗大，成本高，其发展受到限制。

② 实验室制法。乙炔由电石与水反应制得，此反应室温下可迅速进行。为保证乙炔气体均匀平稳地生成，实验室一般用饱和食盐水（或用15％的葡萄糖溶液）来代替蒸馏水。

在干燥的 100mL 蒸馏烧瓶中，放入 7g 小块电石，将烧瓶固定在铁架台上。瓶口安装恒压滴液漏斗，漏斗中装入 15mL 饱和食盐水，蒸馏烧瓶支管通过导管与盛有酸性重铬酸钾溶液的洗气瓶连接，导管应插入吸收液中。装置如图 11-2 所示。检查装置气密性后，缓慢旋开滴液漏斗的旋塞，逐滴加入饱和食盐水，就会有乙炔气体发生。

由于电石中含少量的硫化钙、砷化钙、磷化钙杂质，遇水也会反应，相应产生的硫化氢、砷化氢、磷化氢这些气体有毒，针对它们具有还原性的特征，所以在洗瓶中加入氧化性物质铬酸洗液进行除去。

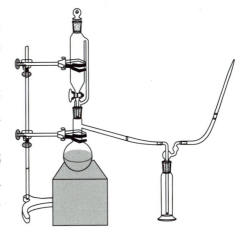

图 11-2 制备乙炔装置图

（2）乙炔的性质与鉴定

① 与溴的四氯化碳溶液反应。将其通入盛 1mL 0.5％的溴的四氯化碳溶液试管中，观察溶液颜色的变化，看到溴的四氯化碳溶液褪色。

$$HC\equiv CH \xrightarrow{Br_2} \underset{\underset{Br}{|}}{\overset{\overset{Br}{|}}{CH}}=CH \xrightarrow{Br_2} \underset{\underset{Br\ Br}{|\ \ |}}{\overset{\overset{Br\ Br}{|\ \ |}}{CH-CH}}$$

② 与酸性高锰酸钾溶液反应。洗瓶冲洗导管尖嘴后，将气体通入盛 1mL 0.5％酸性高锰酸钾的试管中，观察溶液颜色的变化，看到高锰酸钾紫色褪色。

$$HC\equiv CH \xrightarrow{KMnO_4} CO_2 + H_2O$$

③ 与碱性高锰酸钾溶液反应。洗瓶冲洗导管尖嘴后，将气体通入盛 1mL 0.5％碱性高锰酸钾的试管中，观察溶液颜色的变化，看到高锰酸钾紫色褪色的同时试管中还有褐色沉淀生成。

④ 与硝酸银氨溶液反应。继续将乙炔气体通入盛 1mL 2％硝酸银氨溶液的试管中，观

察溶液颜色的变化，有无沉淀生成？并解释原因。

看到灰白色沉淀生成。

$$HC\equiv CH + Ag(NH_3)_2NO_3 \longrightarrow AgC\equiv CAg \downarrow$$

⑤ 与氯化亚铜氨溶液反应。将乙炔气体通入盛 1mL 氯化亚铜氨溶液（1mL 3% 氯化亚铜溶液和 1mL 羟胺溶液）的试管中。（由于亚铜离子在空气中不稳定，极易被氧化成 +2 价的铜离子变成蓝色；加羟胺，边滴边振荡，直到蓝色完全褪去，将其还原成亚铜离子）。观察溶液颜色的变化，有无沉淀生成？并解释原因。

看到生成了明显的红棕色沉淀。

$$HC\equiv CH + Cu(NH_3)_2Cl \longrightarrow CuC\equiv CCu \downarrow$$

⑥ 可燃性。擦干尖嘴管口，点燃乙炔气体，观察火焰的亮度和黑烟的多少。

看到有浓烈的黑烟。

是因为乙炔分子中的碳氢比比较高。同样的道理，苯燃烧也会产生浓烈黑烟。

⑦ 炔化物易分解爆炸。用玻璃棒挑出试管中生成的沉淀，分散成绿豆粒大小，用酒精灯加热，能看到有白烟产生，听到清晰的噼噼啪啪的声音。

这是因为干燥的金属炔化物很不稳定，受热易发生爆炸。为避免危险，生成的炔化物应加稀酸将其分解。

二、醇、酚、醚的性质与官能团鉴定

1. 醇的性质与鉴定

（1）醇与金属钠反应　醇的官能团是羟基，羟基中的氢比较活泼，称为活泼氢。我们通过金属钠与醇、金属钠与水的反应，来比较醇与水酸性强弱以及伯仲叔醇活性的差异。

在 2 支干燥的试管中，分别加入 1mL 无水乙醇和 2 滴酚酞、1mL 水和 2 滴酚酞，再各加入 1 粒绿豆大小的金属钠，看到 2 支试管都有气泡产生且都变红，水与钠反应明显剧烈，乙醇的反应速率稍慢。

在 2 支干燥的试管中，分别加入 1mL 无水乙醇、1mL 正丁醇，再各加入 1 粒绿豆大小的金属钠，看到 2 支试管都有气泡产生，并且乙醇的反应速率最快，正丁醇次之。

通过以上反应，我们可以得出如下结论：①水的酸性强于醇；②醇与金属钠反应生成醇钠，同时放出氢气；③醇能与活泼金属反应，显示其活泼性（弱酸性）；④不同结构的醇与金属钠反应的活性顺序是：甲醇＞伯醇＞仲醇＞叔醇。

$$R-OH + Na \longrightarrow RONa + \frac{1}{2}H_2 \uparrow$$

醇与钠作用后期，反应变慢，用小火加热，直至钠粒完全消失。静置冷却，醇钠析出，溶液变黏稠（甚至凝固），然后加 5mL 水、2 滴酚酞指示剂，观察溶液颜色变化。

看到溶液颜色变为红色，这是因为生成的醇钠是比氢氧化钠的碱性还强的一种碱。

（2）醇与 Lucas（卢卡斯）试剂反应　由于醇—OH 中的氧电负性较大，—OH 为极性基团，使得与之相连的 C—O 键易断裂。醇与卢卡斯试剂反应，—OH（羟基）被—X（卤原子）取代生成卤代烃和水。

在3支编上号码的干燥试管中，分别加入0.5mL正丁醇、仲丁醇和叔丁醇，再各加入1mL卢卡斯试剂，管口塞上塞子，振摇片刻后静置。观察各试管中的变化，记录第一个出现浑浊的时间。然后将其余两支试管放入50～55℃水浴中，几分钟后观察试管中的变化，并记录。

看到叔丁醇迅速反应，生成氯代烷，溶液变浑浊；仲丁醇在5～15min内反应；正丁醇在室温时看不出反应现象。

$$(CH_3)_3C-OH + HCl \xrightarrow[20℃]{ZnCl_2} (CH_3)_3C-Cl + H_2O \quad \text{立即浑浊分层}$$

$$CH_3CHCH_2CH_3 + HCl \xrightarrow[20℃]{ZnCl_2} CH_3CHCH_2CH_3 + H_2O \quad \text{放置片刻浑浊分层}$$
$$\underset{OH}{|} \qquad\qquad\qquad\qquad \underset{Cl}{|}$$

$$CH_3CH_2CH_2CH_2-OH + HCl \xrightarrow[\triangle]{ZnCl_2} CH_3CH_2CH_2CH_2Cl + H_2O \quad \text{常温无变化，加热后反应}$$

不同结构的醇与卢卡斯试剂反应的活性顺序是什么？通过以上实验，我们得出的结论是：叔醇＞仲醇＞伯醇。

注意：此方法仅适用于C_3～C_6的小分子的醇（异丙醇除外）。若仲醇与叔醇不易区别时，可将试样直接滴入浓盐酸中，振摇静置，在室温下叔醇在10min内分层，而仲醇无明显反应。

（3）醇的氧化 在3支试管中分别加入0.5mL 5% $K_2Cr_2O_7$溶液和1mL 3mol/L H_2SO_4，混匀后再分别加入10滴正丁醇、仲丁醇和叔丁醇，观察到加入正丁醇和仲丁醇的试管由清澈的橙黄色变为绿色，并变得不透明。加入叔丁醇的试管没有任何变化。

为什么伯、仲醇能被$K_2Cr_2O_7/H_2SO_4$溶液氧化而叔醇无此性质呢？

由于受羟基的影响，使α-H原子比较活泼，易发生氧化反应。伯醇氧化为醛、酸；仲醇氧化为酮；叔醇分子中没有α-H原子，在通常情况下不被氧化。

$$\underset{R}{\overset{ROH}{|}}CHOH + K_2Cr_2O_7 + H_2SO_4 \longrightarrow \underset{R}{\overset{RCHO}{|}}C=O + Cr^{3+}$$
$$\text{（橙黄色）} \qquad\qquad\qquad\qquad \text{（绿色）}$$

（4）碘仿反应 具有$CH_3-\underset{\underset{OH}{|}}{CH}-$结构的醇能生成黄色的碘仿（$CHCl_3$）沉淀。

（5）酯化反应 羧酸、酰氯、酸酐与醇反应生成酯（有香味）的反应也可以作为分析鉴定的方法之一。

2. 酚的性质与鉴定

（1）弱酸性 在试管中放入少量苯酚晶体，并加入1mL水，振荡试管，溶液浑浊。

说明苯酚不易溶于水。

在此试管再加入1mL 10% NaOH溶液，则变为透明溶液；继续在此试管加入5% HCl溶液，溶液又变浑浊。

为什么溶液加NaOH变澄清，而加盐酸变浑浊呢？

苯酚显弱酸性，与氢氧化钠反应生成酚钠，溶于氢氧化钠水溶液中。

苯酚是比碳酸的酸性还弱的弱酸，根据强酸强碱制弱酸弱碱的原理，加入强碱盐酸，酚即从碱液中游离出来。

$$C_6H_5OH + NaOH \longrightarrow C_6H_5ONa + H_2O$$

$$C_6H_5ONa + HCl \longrightarrow C_6H_5OH + NaCl$$

（2）酚的显色 在试管中放入少量苯酚晶体，并加入 3mL 水，制成透明的苯酚稀溶液，再滴加 2～3 滴 1%$FeCl_3$ 溶液，观察到有紫色生成。

大多数酚类遇到氯化铁溶液均可形成有色配合物，因此通过显色反应可以鉴别酚类物质。

（3）与溴水反应 在试管中放入少量苯酚晶体，并加入 3mL 水，制成透明的苯酚稀溶液，再滴加饱和溴水，观察到有白色沉淀生成。

受酚羟基的影响，苯环变得活泼，取代反应容易进行。在室温下与溴水立即反应，生成 2,4,6-三溴苯酚白色沉淀。此反应能定量进行，可用于苯酚的定量分析。

$$C_6H_5OH + 3Br_2 \longrightarrow C_6H_2Br_3OH\downarrow + 3HBr$$

3. 醚的性质

在干燥的试管中放入 2mL 浓硫酸，用冰水冷却后再小心加入已冰冷的 1mL 乙醚，可以发现乙醚和浓硫酸相溶，并且闻不到醚味。

醚的化学性质比较稳定，主要通过它能溶于冷的浓硫酸中，形成𬭩盐的反应，与烃及卤代烃加以区别。

三、醛、酮的性质与官能团鉴定

醛的性质与鉴定

（1）与饱和 $NaHSO_3$ 溶液反应 在 4 支试管中，各加入 1mL 新配制的饱和 $NaHSO_3$ 溶液，然后分别加入 0.5mL 甲醛（37%）、丙酮、苯甲醛、苯乙酮，用力振摇后，在冰水（或冷水）浴中放置几分钟（用玻璃棒摩擦试管壁促使晶体析出）。观察现象。

观察到除苯乙酮外，其他 3 种物质都有结晶析出。

这是因为：醛、脂肪族甲基酮和低级环酮（C_8 以下）都能与亚硫酸氢钠饱和溶液发生加成反应，生成不溶于饱和的亚硫酸氢钠溶液的 α-羟基磺酸钠。

$$\underset{(CH_3)}{\overset{R}{>}}C=O + H+SO_3Na \xrightleftharpoons{OH^-} \underset{(CH_3)}{\overset{R}{>}}C\underset{SO_3Na}{\overset{OH}{<}}$$

α-羟基磺酸钠

（2）与 2,4-二硝基苯肼反应 在 5 支试管中各加入 1mL 新配制的 2,4-二硝基苯肼试剂，再依次分别滴加 3 滴甲醛（37%）、乙醛（40%）、丙酮、苯甲醛、苯乙酮，振摇后静置。

注意观察会有什么现象,沉淀颜色有无深浅之分?

观察到均有黄色沉淀析出,且沉淀的颜色由浅到深。

醛和酮与2,4-二硝基苯肼作用生成的不溶性的黄色至橙红色晶体,有固定熔点,反应明显,常被用来鉴定醛和酮。

$$\begin{matrix} R \\ CH_3 \end{matrix} C=O + H_2N-NH-\underset{NO_2}{\underset{|}{\bigcirc}}-NO_2 \longrightarrow R-\underset{CH_3(H)}{\underset{\|}{C}}=N-NH-\underset{NO_2}{\underset{|}{\bigcirc}}-NO_2 + H_2O$$

2,4-二硝基苯肼　　　　某醛(酮)-2,4-二硝基苯腙
　　　　　　　　　　　　黄色至橙红色晶体

（3）碘仿反应　在6支试管中分别加入5滴甲醛溶液、乙醛溶液、正丁醛、丙酮、乙醇、异丙醇,再各加入1mL碘-碘化钾溶液,边振摇边分别滴加10%氢氧化钠溶液至碘的颜色刚好消失,反应液呈微黄色为止。

观察有无沉淀析出,将没有沉淀析出的试管置于约60℃的水域中温热,几分钟后取出,冷却,观察现象记录并解释原因。

发现除甲醛外,其他5种物质都生成了黄色沉淀。

凡是含有 $CH_3-\overset{O}{\overset{\|}{C}}-$ 结构的醛、酮和含有 $CH_3-\overset{OH}{\overset{|}{CH}}-$ 结构的醇都能发生碘仿反应,生成黄色的碘仿沉淀。

$$CH_3-\overset{O}{\overset{\|}{C}}-H(R) + 3NaOI \longrightarrow H(R)COONa + CHI_3\downarrow + 2NaOH$$

（4）与托伦（Tollen）试剂反应——银镜反应　在洁净的试管中加入4mL 2%硝酸银溶液,再滴加1滴10%NaOH溶液。然后振摇下,滴加2滴2%氨水,直至析出的氧化银沉淀恰好溶解。把配好的银氨溶液分装到4支洁净试管中,再分别加入2滴甲醛（37%）、乙醛（40%）、苯甲醛、丙酮,振摇后,将试管放入60~70℃水浴中加热约5min。观察到有无银镜生成。

观察到加入甲醛、乙醛和苯甲醛的试管都有银镜生成。

醛能与托伦试剂作用生成银镜,酮则不能,这是区别醛和酮最常用的方法。

值得注意的是:甲酸、还原糖也有银镜反应。

$$\underset{无色}{RCHO} + 2[Ag(NH_3)_2]OH \xrightarrow[\text{(水浴)}]{\triangle} RCOONH_4 + \underset{银镜}{2Ag\downarrow} + 3NH_3\uparrow + H_2O$$

（5）与斐林（Fehling）试剂反应　在4支试管中,各加入0.5mL斐林（Fehling）试剂A（硫酸铜的水溶液）和斐林试剂B（酒石酸钾钠的碱溶液）,摇匀后分别加入4~5滴甲醛（37%）、乙醛（40%）、苯甲醛、丙酮,摇匀后,放在沸水浴中加热约5min。观察颜色变化及有无沉淀生成。

观察到甲醛生成了铜镜;乙醛生成了砖红色沉淀;苯甲醛和丙酮无现象。

利用斐林试剂可以区别脂肪醛和芳香醛,可以鉴定甲醛。

$$RCHO + 2Cu(OH)_2 + NaOH \xrightarrow{\triangle} RCOONa + \underset{红色}{Cu_2O\downarrow} + 3H_2O$$
$$\underset{蓝色}{}$$

（6）与希弗（Schiff）试剂作用——品红醛反应　在3支试管中，各加入1mL品红醛试剂，然后，分别加入2～3滴甲醛、乙醛、丙酮，振摇后静置几分钟，观察溶液颜色变化。

观察到加入甲醛和乙醛的试管呈现紫红色。

然后在加入甲醛、乙醛的试管中，各加入0.5mL浓硫酸，振摇后发现甲醛形成的紫红色不消失，而乙醛形成的紫红色消失了。

醛与品红醛试剂发生加成反应，使溶液呈现紫色，酮在同样条件下则无此现象，因此，这是鉴别醛和酮较为简便的方法。此外，甲醛与品红醛试剂的加成产物比较稳定，加入浓硫酸后，紫红色仍不消失；而其他醛在相同的条件下，紫红色则消失，凭借此性质可鉴别甲醛与其他醛类。

四、羧酸及其衍生物的性质与官能团鉴定

1. 羧酸的性质与鉴定

（1）酸性

① 遇刚果红试纸显色。在3支试管中，分别加入5滴甲酸、5滴乙酸、0.2g草酸，各加入1mL蒸馏水，振摇使其溶解。用洁净玻璃棒分别蘸取少许酸液，在同一条刚果红试纸上划线。比较试纸颜色的变化和颜色的深浅，并比较三种酸的酸性强弱。

刚果红是一种酸碱指示剂，刚果红试纸与弱酸作用呈棕黑色，与中强酸作用呈蓝黑色，与强酸作用呈稳定的蓝色。

得出的结论是：三种酸酸性强弱为草酸＞甲酸＞乙酸。

② 苯甲酸钠的生成与分解。取0.2g苯甲酸晶体，加入1mL水，振摇后观察溶解情况。然后滴加几滴20%NaOH溶液，振摇后观察有何变化。再滴加几滴6mol/L盐酸溶液，振摇后观察现象。

根据强酸制弱酸原理，苯甲酸钠遇盐酸生成苯甲酸游离出来。

③ 碳酸钠的分解。在3支试管中各加入2mL 10%的碳酸钠溶液，再分别加入5滴甲酸、5滴乙酸、0.2g草酸，振摇试管，观察有无气泡产生，是什么物质，记录实验现象，并解释原因。

根据强酸制弱酸原理，这三种酸的酸性均强于碳酸，碳酸钠遇到这三种酸，生成碳酸游离出来，继而转变为二氧化碳气体。

（2）酯化　在干燥试管中，加入1mL无水乙醇和1mL冰醋酸，并滴加3滴浓硫酸。摇匀后放入70～80℃水浴中加热约10min，放置冷却后，再滴加约3mL饱和Na_2CO_3溶液，中和反应液至出现明显分层，并可闻到特殊香味。

酸和醇生成酯和水，是典型的酯化反应。

（3）甲酸的还原性（银镜反应）　在1支洁净试管中加入1mL 20%NaOH溶液，并滴加5～6滴甲酸溶液，编为1号试管；另取一支试管加入1mL氨水（1∶1），并滴加5～6滴5%$AgNO_3$溶液，编为2号试管。将1号试管中的溶液倒入2号试管中，摇匀。将试管置于90～95℃水浴中加热约10min。观察银镜生成。

2. 羧酸衍生物的性质与鉴定

羧酸衍生物的分析，常用水解反应后生成不同的水解产物来鉴定。

（1）**酰氯水解** 在试管中加入 1mL 蒸馏水，沿管壁慢慢加入 3 滴乙酰氯，稍稍振荡试管，乙酰氯与水剧烈作用并放出热，待试管冷却后，再滴加 1～2 滴 2％硝酸银溶液，观察现象，解释原因。

发现有白色沉淀产生。

$$CH_3COCl + H_2O \longrightarrow CH_3COOH + HCl$$
$$AgNO_3 + HCl \longrightarrow AgCl\downarrow + HNO_3$$

酰卤可以与硝酸银水溶液生成卤化银沉淀。

（2）**酸酐水解** 在试管中加入 1mL 水，并滴加 3 滴乙酸酐，由于它不溶于水，呈珠粒状沉于管底。再微微加热试管，观察现象，解释原因。

乙酸酐的珠粒消失，并嗅到酸味。说明乙酸酐受热发生水解，生成了乙酸。

$$CH_3CO-O-COCH_3 + H_2O \xrightarrow{\Delta} 2CH_3COOH$$

（3）**酯的水解** 在 3 支试管中分别加入 1mL 乙酸乙酯和 1mL 水，然后在第 1 支试管中再加入 0.5mL 3mol/L H_2SO_4 溶液，在第 2 支试管中再加入 0.5mL 20％ NaOH 溶液，将 3 支试管同时放入 70～80℃的水浴中，边摇边观察酯层消失的快慢。

发现第 2 支试管酯层消失最快，第 3 支试管酯层消失最慢。

酯容易水解成羧酸和醇，用酸或碱催化能加速酯的水解反应。

$$CH_3COOCH_2CH_3 + H_2O \xrightarrow[\Delta]{H^+ \text{或} OH^-} CH_3COOH + CH_3CH_2OH$$

（4）**酰胺的水解** 在试管中加入 0.2g 乙酰胺和 2mL 20％氢氧化钠溶液，小火加热至沸腾，嗅到氨的气味，并在试管口用湿润的试纸检验，发现变蓝。

$$CH_3CONH_2 + H_2O \xrightarrow[\text{回流}]{OH^-} CH_3COOH + NH_3\uparrow$$

酰胺与氢氧化钠溶液加热，有氨气放出。

第三节 有机化合物物理常数的测定

物理常数是物质的固有特征。在有机化学实验中，可通过测定物质的物理常数，鉴定物质的纯度及种类，并帮助人们解释实验现象，预测实验结果，选择正确的合成、分离及提纯的方法。这里主要介绍有机化合物的两个主要物理常数——熔点及沸点的测定。

实验项目一 熔点的测定

一、实验目的

1. 学习熔点测定的原理及意义。
2. 掌握毛细管法提勒管式装置和显微熔点仪测定固体熔点的操作方法。

二、实验原理

熔点是固液两相在大气压力下，平衡共存时的温度。物质自初熔至全熔的温度范围称为熔点范围（又称熔程或熔距），如图 11-3 所示。

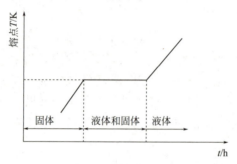

图 11-3 化合物的相随时间和温度的变化

纯有机物有固定的熔点，熔距很小，仅 0.5～1℃，若含有杂质，会使熔点降低，熔距增大。由于熔点是鉴定固体有机物的重要常数，也是判断化合物纯度的指标，因此，测定固体有机物的熔点就具有重要意义。

如果在鉴定某未知物时，测得其熔点和某已知物的熔点相同或相近时，不能认为是同一种物质，还需要把他们混合，测混合物熔点。若熔点不变，才能认为它们是同一物质；否则，混合物熔点降低，熔距增大，则说明它们不是同一物质而是混合物。故这种混合物熔点试验，是检验两种熔点相同（或相近）的有机物是否为同一种物质的最简便的物理方法。

三、仪器、试剂与药品

仪器：提勒管、温度计（200℃）、熔点管、玻璃管（40cm）、表面皿、玻璃钉、酒精灯、显微熔点仪 WRX-4、海能全自动熔点仪 MP120。

试剂与药品：甘油、阿司匹林（A.R.）、苯甲酸（A.R.）、尿素（A.R.）。

四、实验步骤

1. 提勒管法测熔点

（1）填装样品 样品按要求烘干后，取 0.1g 放在洁净的表面皿上，用玻璃钉研成粉末，聚成小堆。将熔点管的开口一端插入粉末堆中，装样。再取长约 40cm 玻璃管，直立在倒放的表面皿上，将熔点管开口朝上，自玻璃管上端自由下落，这样重复数次，直至样品高 2~3mm 为止，要求均匀、紧密、结实。

注意：样品的研磨越细越好，否则装入熔点管时，有空隙，会使熔程增大，影响测定结果，且不易传热。

（2）**安装仪器**　如图 11-4 所示，将提勒管固定在铁架台上，装入浴液至略高于上支管上沿；熔点测定管口配一缺口单孔胶塞，用于固定温度计，并使温度计水银球的中点在熔点管竖管的中间；熔点管利用甘油的黏性附着在温度计旁，或用皮圈套在温度计上并使毛细管中样品位于温度计水银球的中间。

甘油为什么不能多装点？

甘油黏度较大，挂在壁上的流下后就可使液面超过侧管。另外，受热膨胀后也会使液面增高。

（3）**加热测熔点**　用酒精灯在提勒管弯管测底部加热。开始升温速度可快些（约 5℃/min），距样品熔点温度 10~15℃时，以 1~2℃/min 的速度缓慢升温，并注意观察温度及样品，记录样品开始出现液体时和固体完全消失时的温度读数，即熔程。熔点测定应重复 2~3 次，每次要用新熔点管装样品，并将浴液冷却到样品熔点 15℃以下。

2. 熔点仪法

A. 以海能全自动熔点仪 MP120 为例进行简介，如图 11-5 所示。

仪器采用药典规定的毛细管作为样品管，填装样品与提勒管法相同。

操作步骤及使用方法如下。

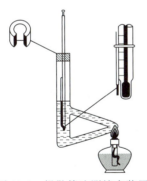

图 11-4　提勒管法测熔点装置

图 11-5　全自动熔点仪

1）**打开电源**　连接好电源线，打开电源开关。

2）**参数设定**　点击显示屏右下角"全自动熔点仪"字样，进入功能界面，选择"测试"键，进入参数界面。

3）**预热**　选择"预热温度"键，设定预热温度（如 76℃），设定后点"确定"；选择"升温速率"，通过方向键选择"1℃/min"，点击"确定"键，进入加热界面。点击"预热"键，仪器开始升温预热，约 6min 后，实际温度值会稳定在预热温度值。

4）**测试**　将装有样品的熔点管（毛细管）插入加热炉心内，点击"升温"键，仪器开始升温测试样品熔点，约 5min 后仪器判断出（自动显示出）样品的初熔温度和终熔温度，初熔温度与终熔温度出现后，拔出毛细管，实际温度值会自动稳定在预热温度值。

等温度稳定后，插入一根新的插有样品的毛细管，点击"升温"键，仪器开始升温测试样品熔点，约5min后仪器再次判断出（自动显示出）样品熔点，并求出平均值。拔出毛细管，实际温度值会再次自动稳定在预热温度值。

同样方法，可以重复测试。测试完成，点击"返回"键，即可完成测试。

注意：

① 预热温度的设置一般低于样品熔点5℃以下即可，调节升温速率可以每分钟上升1.0~1.5℃为宜。

② 被测样品重复测定三次，取其平均值即得。

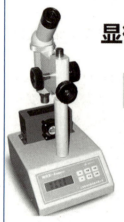

图11-6　显微熔点仪

B. 以上海易测仪器设备公司生产的显微熔点仪WRX-4为例（图11-6）进行简介。

仪器采用药典规定的毛细管作为样品管，填装样品与提勒管法相同。

操作步骤及使用方法如下。

（1）将样品管插入槽孔，调节左右及中间旋钮，使视野中样品清晰明亮。

（2）打开仪器背后的开关键，开机后，屏幕显示毛细管、盖玻片两种选择菜单。

（3）按［+］键可选择测量方式，按［-］键确认，进入待机画面，等待进一步指令。

（4）预置起始温度：按［预置］键，屏幕进入起始温度显示画面。此时按［初熔］键（光标右移）或按［终熔］键（光标右移）选择数字位数，按［+］、［-］键选择数字大小，可选择起始温度，确认后再按［预置］键，此时屏幕显示的数字为加热炉实际的温度，稳定后进行下一步。

（5）按［升温］键进入升温速率选择画面，按［+］、［-］键选择升温速率（1、2、2.5、2.8、3），默认值为1℃/min。再按［升温］键，加热炉会按选定的温度速率升温。

（6）记录初、终熔温度。通过显微镜细心观察被测样品的熔化情况，当样品刚熔化时，按［初熔］键，该温度就被自动记忆；完全熔化后，按［终熔］键，此温度也被自动记忆。

（7）先按［终熔］键，显示终熔温度，再按［初熔］键，显示初熔温度。

（8）按［预置］键返回设定画面，可重设重测。

（9）测量完毕，应切断电源，待加热部位冷却至室温，方可将用干净的盖布盖住仪器。

注意：

① 毛细管测量法预置温度应较被测物熔点低5℃；盖玻片测量法预置温度应较被测物熔点低10℃。

② 选用盖玻片测量法，应先将盖玻片放在加热炉的凹槽内，待起始温度稳定后，有声音提示，再放入样品盖上另一个盖玻片，待升温测定。

③ 长期使用透镜，其表面可能会有油污，可用脱脂棉蘸酒精轻轻擦拭。仪器应注意防潮防酸。

五、数据记录与处理

填写熔点测定数据记录（表 11-2）。

表 11-2　熔点测定数据记录

样品种类	提勒管法		熔点仪法	
	第一次/℃	第二次/℃	第三次/℃	第四次/℃
阿司匹林				
苯甲酸				
尿素				
混合样				

六、思考题

1. 如何通过测定熔点判断是否为纯物质？
2. 测过熔点的毛细管为什么不能重复使用？
3. 在测定熔点时发生下列情况，对熔点的测定会有什么影响？
（1）加热太快；（2）样品研得不细或装得不紧；（3）毛细管底密封不好。

实验项目二　沸点的测定

一、实验目的

1. 学习沸点测定的原理及意义。
2. 掌握微量法液体沸点测定装置的安装和操作方法。

二、实验原理

液体在一定的温度下具有一定的蒸气压，当液体受热时，分子运动加剧，分子从液体表面逸出的倾向增大，液体蒸气压随之升高，当达到与外界大气压相等时，液体开始沸腾，这时的温度就是该液体的沸点。

显然液体的沸点与外界压力有关，外界压力大，液体沸腾时的蒸气压越大，沸点也越高；反之，外界压力小，液体沸腾时的蒸气压越小，沸点也越低。通常所说的沸点是指外界压力为 101.325kPa 时，液体沸腾时的温度。

在一定的压力下，纯液体物质的沸点是恒定的，而当液体不纯时，沸点会有所偏差。运用这一特点可定性鉴定液体物质的纯度。但具有恒定沸点的物质不一定是纯物质，有时，不同比例的几种物质混合在一起，可以形成恒沸混合物。如 95.6% 的乙醇和 4.4% 的水混合，在 78.2℃ 时沸腾，形成恒沸混合物。

三、仪器与试剂

仪器：三颈圆底烧瓶（500mL）、试管（带侧孔，长 200mm）、胶塞（带出气槽）、测量温度计（100℃，分度值为 0.1℃）、辅助温度计（100℃，分度值为 1℃）、普通温度计（200℃）、电炉。

试剂：甘油、丙酮、环己烷、乙醇。

四、实验步骤

1. 安装仪器

按图 11-7 安装沸点测定装置。在三颈烧瓶中加入 250mL 甘油，在试管中加入 2～3mL 待测液，使液面略低于烧瓶中甘油的液面。装上测量温度计，使其底部离液面 20mm。用橡胶圈将辅助温度计固定在测量温度计上，使其水银球位于测量温度计露出胶塞以上的水银柱的中部。

2. 加热测沸点

加热三颈烧瓶，将升温速度控制在 4～5℃/min，观察试管中液体沸腾并在 2 分钟内温度保持不变，则可记下温度计读数、辅助温度计读数、气压计读数、室温及露茎高度。

3. 沸点校正

由沸点校正公式计算出样品的沸点。

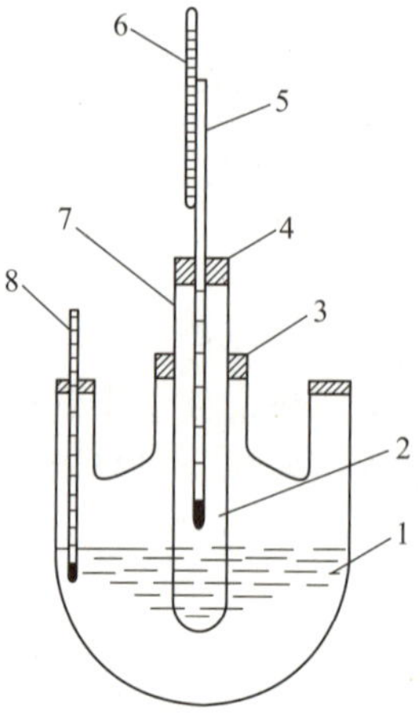

图 11-7 微量法沸点测定装置
1—三颈圆底烧瓶；2—试管；
3,4—胶塞；5—测量温度计；
6—辅助温度计；7—侧孔；8—普通温度计

五、数据记录与处理

填写沸点测定数据记录（表 11-3）。

表 11-3 微量法沸点测定记录表

样品	测量温度计读数 t_1/℃	辅助温度计读数 t_4/℃	气压计读数 p_1/hPa	室温/℃	校正值 t/℃	文献值/℃
环己烷						
丙酮						
乙醇						

六、思考题

1. 如何判断样品的沸点温度？
2. 纯物质的沸点恒定吗？沸点恒定的液体一定是纯物质吗？为什么？
3. 三颈瓶的胶塞上为什么要有出气槽？

第四节　有机化合物的分离提纯

无论是通过化学方法制备，还是从天然产物中提取的物质往往都是混合物，需要选用适当的方法加以分离和纯化。实验室中常用的分离混合物的方法有蒸馏、分馏、萃取、升华、重结晶等。

一、蒸馏和分馏

1. 蒸馏

（1）**蒸馏原理及意义**　在常压下将液体物质加热至沸腾使之汽化，然后将蒸气冷凝为液体并收集到另一容器中，这两个过程的联合操作叫作常压蒸馏，通常简称为蒸馏。

52. 动画：蒸馏原理

当液体混合物沸腾时，液体上面的蒸气组成与液体混合物的组成是不一样的，由于低沸点物质比高沸点物质容易汽化，在开始沸腾时，蒸气中主要含有低沸点组分，可以先蒸馏出来。随着低沸点组分的蒸出，混合液中高沸点组分的比例增大，致使混合物的温度也随之升高，当温度升至相对稳定时，再收集馏出液，即得高沸点组分。这样沸点低的物质先蒸出，沸点高的随后蒸出，不挥发的留在容器中，从而达到分离和提纯的目的。

显然，通过蒸馏可以将易挥发和难挥发的物质分离开，也可将沸点不同的物质进行分离。但各物质的沸点必须相差较大（一般在30℃以上）才可得到较好的分离效果。

常压蒸馏是实验室测定纯液体沸点的重要手段。同时，也是分离、提纯液体有机化合物最常用的方法之一。

（2）**蒸馏装置**　蒸馏装置见图11-8。

① 汽化装置。由圆底烧瓶和蒸馏头、温度计组成。液体在烧瓶中受热汽化，蒸气从蒸馏头侧口进入冷凝管中。

② 冷凝装置。蒸馏时使用直形冷凝管充当冷凝管。蒸气进入冷凝管的内管时，被外层套管中的冷水冷凝为液体。

③ 接收装置。由尾接管和接收器（常用圆底烧瓶或锥形瓶）组成。冷凝的液体经尾接管收集到接收器中。若沸点较低，还要将接收器放在冷水浴或冰水浴中冷却。

（3）**蒸馏操作**

① 搭建仪器：搭建蒸馏装置，并检查装置气密性。

安装顺序：从下往上，根据水源方向从左向右或从右向左。

温度计水银球的正确位置：水银球的上端和蒸馏头侧支的下端在同一水平线上。这样，蒸馏时水银球能被蒸气完全包围，才可测得准确的温度。如图11-9所示。

在组装蒸馏头与冷凝管时，要调节角度，使冷凝管和蒸馏头侧管的中心线呈一条直线；

冷凝水应从下口进入，上口流出，并使上端的出水口朝上，以使冷凝管套管中充满水，保证冷凝效果。

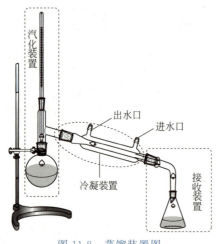

图 11-8　蒸馏装置图

图 11-9　温度计的位置

若尾接管不带支管，切不可与接收器密封，应与外界大气相通，以防系统内部压力过大而引起爆炸。

整套装置要求准确、端正、稳固。装置中各仪器的轴线应在同一平面内，铁架、铁夹及胶管应尽可能安装在仪器背面，以方便操作。

② 加入物料：在蒸馏头上口放一长颈玻璃漏斗，通过漏斗将待蒸馏液体倒入烧瓶中，加入 1~2 粒沸石防止暴沸，再装好温度计。

③ 通冷凝水：检查装置与大气相通处是否畅通后，打开水龙头，缓缓通入冷凝水。

④ 加热蒸馏：开始先用小火加热，逐渐增大加热强度，使液体沸腾。然后调节热源，控制蒸馏速度，以每秒馏出 1~2 滴为宜。此间应使温度计水银球下部始终挂有液珠，以保持汽液平衡，确保温度计读数的准确。

⑤ 观察温度，收集馏分：记下第一滴馏出液滴入接收器时的温度。如果所蒸馏的液体中含有低沸点的前馏分，待前馏分蒸完，温度趋于稳定后，应更换接收器，收集所需要的馏分，并记录所需要的馏分开始馏出和最后一滴馏出时的温度，即该馏分的沸程。

⑥ 停止蒸馏：如果维持原来的加热温度，不再有馏出液蒸出时，温度会突然下降，这时应停止蒸馏，即使杂质含量很少，也不能蒸干，以免烧瓶炸裂。

⑦ 拆卸仪器：拆卸仪器时，按与安装仪器的顺序相反的方向逐个拆除。

（4）操作注意事项

① 安装蒸馏装置时，各磨口仪器之间磨合要紧密，旋转磨合连接。但接收部分一定要与大气相通，绝不能造成密闭体系。

② 一定要在加热前加入沸石。若发现忘记放入，而液体已经沸腾则必须冷却后再补加。若因故中断蒸馏，则原有的沸石即行失效，重新蒸馏前，也应补加沸石。

③ 蒸馏过程中，加热温度不能太高，否则会使蒸气过热，水银球上的液珠消失，导致所测沸点偏高；温度也不能太低，以免水银球不能充分被蒸气包围，致使所测沸点偏低。

④ 结束蒸馏时，应先停止加热，稍冷后再关冷凝水。拆卸蒸馏装置的顺序与安装顺序相反。

实验项目三　乙醇沸点的测定及蒸馏法分离乙醇-水混合物

一、企业案例

某药企在生产药物——奥拉西坦过程中,使用无水乙醇作溶剂,反应过程中会产生约5%的水,为了除去水,采用精馏方法分离乙醇和水。请选择蒸馏的方案和在实验室分离乙醇和水(50%)混合液的方法并实施。

二、信息收集

1.查阅乙醇的理化性质及应用并填写下表。

名称	分子量	性状	相对密度	沸点	熔点	溶解性		
						水	醇	醚
乙醇								

2.查阅常压蒸馏的原理及操作。

三、实验目的

1.掌握常量法测定液体沸点的原理。
2.掌握蒸馏装置的搭建技术。
3.掌握蒸馏法分离混合物的操作。

四、实验原理

乙醇沸点为78.3℃,与水互溶,是常用的有机溶剂。本实验分别采用普通蒸馏操作技术,测定无水乙醇的沸点并用蒸馏法对乙醇和水的混合物进行分离。

五、仪器与试剂

仪器:圆底烧瓶(100mL)、蒸馏头、量筒(10mL、25mL)、直形冷凝管、尾接管、温度计(100℃)、长颈玻璃漏斗、锥形瓶、电热套。

试剂:无水乙醇、蒸馏水。

六、实验步骤

1.沸点测定

(1)**搭建装置**　按图11-8所示搭建普通蒸馏装置,检查装置气密性。
(2)**加入物料**　量取30mL乙醇,经长颈玻璃漏斗由蒸馏头上口倾入圆底烧瓶中,加

1~2粒沸石，装好温度计。

（3）加热 认真检查装置的气密性后，接通冷凝水。打开电热套开关，缓慢加热使液体平稳沸腾，记录第一滴馏出液滴入锥形瓶时的温度（T_0）。调节加热速度，保证水银球底部始终挂有液珠，并控制蒸馏速度为每秒1~2滴。

（4）停止加热 收集到约10mL乙醇后，停止加热，撤去电热套，待液体不沸腾后再关掉冷凝水。

（5）数据记录 加热过程仔细观察温度计变化趋势，收集到约10mL乙醇后，记录此时的温度计示数（T_e）。将数据记录到表11-4中。

表11-4 乙醇沸点测定数据记录

化合物	T_0/℃	T_e/℃
乙醇		

沸程 $\Delta T = T_e - T_0 =$ ＿＿＿＿；乙醇沸点：＿＿＿＿

2. 蒸馏法分离乙醇和水的混合物

（1）装置同1，操作方法同1（沸点测定），第一步装置无需拆除；经长颈玻璃漏斗加入物料25mL乙醇和25mL水，一起转移入蒸馏烧瓶，形成混合物体系，补加1粒沸石。

（2）仔细调节加热强度，观察温度计水银球有无挂有水珠，并控制蒸馏速度为每秒1~2滴。

（3）待有馏出液出现后，重新记录第一滴馏出液滴入接收器时的温度（T_0）。与测沸点实验现象不同的是，此时，温度计读数不断变化，总体趋势是上升的，分别准备三个接收器，接收表11-4中温度范围的各馏分。

（4）当温度升至95℃时，停止加热。用量筒测量各个温度段馏分的实际体积，以及烧瓶中剩余液体的实际体积，记入表11-5中。

表11-5 蒸馏法分离乙醇和水的混合物数据记录　　$T_0 =$ ＿＿＿＿℃

温度范围/℃	馏出液体积/mL
$T_0 \sim T_0 + 2$	
$T_0 + 2 \sim 85$	
$85 \sim 95$	
烧瓶剩余液	

注意：本实验中收集的各温度段馏出液及用过的沸石都不得直接倒入水池中，按老师要求分别回收。

七、思考题

1. 蒸馏装置中若没有与大气相通，会有什么后果？
2. 在蒸馏（或分馏）时加沸石的目的是什么？加沸石应注意哪些问题？
3. 为什么要控制蒸馏（或分馏）速度？快了会造成什么后果？

2. 分馏

(1) 分馏原理及意义 蒸馏法适于分离沸点差＞30℃的液体混合物。而对于沸点差＜30℃的液体混合物的分离，需采用分馏的方法。这种方法在实验室和工业上广泛应用。工业上将分馏称为精馏，目前最精密的精馏设备可将沸点相差仅1~2℃的液体混合物较好地分离开。实验室中通常采用分馏柱进行分馏，称为简单分馏。

简单分馏是利用分馏柱经多次汽化、冷凝，实现多次蒸馏的过程，因此又叫作多级蒸馏。当液体混合物受热汽化后，其混合蒸气进入分馏柱，在上升过程中，由于受到柱外空气的冷却作用，高沸点组分被冷凝成液体流回烧瓶中，使柱内上升的蒸气中低沸点组分含量相对增大；冷凝液在流回烧瓶的途中与上升的蒸气相遇，二者进行热交换，上升蒸气中的高沸点组分又被冷凝，低沸点组分蒸气则继续上升，经过在柱内反复多次的汽化、冷凝，最终使上升到分馏柱顶部的蒸气接近于纯的低沸点组分，而冷凝流回的液体则接近于纯的高沸点组分，从而达到分离的目的。

(2) 简单分馏装置 简单分馏装置见图11-10。与普通蒸馏装置基本相同，只是在圆底烧瓶与蒸馏头之间安装一支分馏柱。

分馏柱的种类很多，实验室中常用的有填充式分馏柱和刺形分馏柱（又称韦氏分馏柱）（图11-11）。填充式分馏柱内装有玻璃球、钢丝棉或陶瓷环等，可增加气液接触面积，分馏效果较好；刺形分馏柱是一根分馏管，中间一段每隔一定距离向内伸入三根向下倾斜的刺状物，在柱中相交以增加气液接触面积。刺形分馏柱结构简单，黏附液体少，但分馏效果较填充式低。

分馏柱效率与柱的高度、绝热性和填料类型有关。柱身越高，绝热性越好，填料越紧密均匀，分馏效果就越好，但柱身越高操作时间也相应延长，因此选择的高度要适当。

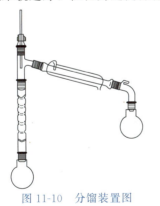

图11-10　分馏装置图　　图11-11　刺形分馏柱

(3) 简单分馏操作 简单分馏操作的程序与蒸馏大致相同。将待分馏液倾入圆底烧瓶中，加1~2粒沸石。安装并仔细检查整套装置后，先开通冷凝水，再开始加热，缓缓升温，使蒸气10~15min后到达柱顶。调节热源，控制分馏速度，以馏出液每2~3s一滴为宜。待低沸点组分蒸完后，温度会骤然下降，此时应更换接收器，继续升温，按要求接收不同温度范围的馏分。

(4) 操作注意事项

① 待分馏的液体混合物不得从蒸馏头或分馏柱上口倾入。

② 为尽量减少柱内的热量损失，提高分馏效果，可在分馏柱外包裹石棉绳或玻璃棉等保温材料。

③ 要随时注意调节热源，控制好分馏速度，保持适宜的温度梯度和合适的回流比。回流比是指单位时间内由柱顶冷凝回柱中液体的数量与馏出液的数量之比。回流比越大，分馏效果越好。但回流比过大，分离速度缓慢，分馏时间延长，因此应控制回流比适当为好。

④ 开始加热时，升温不能太快，否则蒸气上升过多，会出现"液泛"现象（即柱中冷凝的液体被上升的蒸气堵在柱内，而使分馏难以继续进行）。此时应暂时降温，待柱内液体流回烧瓶后，再继续缓慢升温进行分馏。

实验项目四　分馏法分离乙醇和水的混合物

一、企业案例

某药企在生产药物——奥拉西坦过程中，使用无水乙醇作溶剂，反应过程中会产生约5%的水，为了除去水，采用精馏方法分离乙醇和水。请选择分馏的方案和在实验室分离乙醇和水（50%）混合液的方法并实施。

二、实验目的

1. 掌握分馏装置的搭建技术。
2. 掌握分馏法分离混合物的操作。

三、实验原理

乙醇沸点为78.3℃，与水互溶，是常用的有机溶剂。本实验分别采用简单分馏操作技术，测定无水乙醇的沸点并用分馏法对乙醇和水的混合物进行分离。

四、仪器与试剂

仪器：圆底烧瓶（100mL）、蒸馏头、量筒（10mL、25mL）、直形冷凝管、尾接管、温度计（100℃）、长颈玻璃漏斗、锥形瓶、电热套。

试剂：无水乙醇、蒸馏水。

五、实验步骤

1. 搭建装置　按图11-10所示搭建简单分馏装置，检查装置气密性。
2. 加入物料　取25mL乙醇和25mL蒸馏水倾入圆底烧瓶中，加1~2粒沸石，装好温度计。
3. 加热　认真检查装置的气密性后，接通冷凝水。打开电热套开关，缓慢加热使液体平稳沸腾，记录第一滴馏出液滴入锥形瓶时的温度（T_0）。调节加热速度，保证水银球底部始终挂有液珠，并控制分馏速度为2~3s 1滴。

待有馏出液出现后，记录第一滴馏出液滴入接收器时的温度（T_0）。温度计度数会有变化，总体趋势是上升的，分别准备三个接收器，接收表 11-4 中温度范围的各馏分。

4. 停止加热　当温度升至 95℃时，撤去电热套，停止加热。待液体不沸腾后再关掉冷凝水。

5. 数据记录　用量筒测量各个温度段馏分的实际体积，以及烧瓶中剩余液体的实际体积，记入表 11-6 中。

表 11-6　分馏法分离乙醇和水的混合物数据记录　　　$T_0/=$ _____ ℃

温度范围/℃	馏出液体积/mL
$T_0 \sim T_0 + 2$	
$T_0 + 2 \sim 85$	
$85 \sim 95$	
烧瓶剩余液	

注意：本实验中收集的各温度段馏出液及用过的沸石都不得直接倒入水池中，按老师要求分别回收。

六、思考题

1. 为什么分馏速度要比蒸馏速度慢？
2. 什么是回流比？为什么要保持合适的回流比？

七、完成实验报告单

实验报告单

实验班级			实验人员		
项目名称	液体混合物乙醇和水的分离			实验日期	
乙醇规格及用量			水规格及用量		

乙醇的沸点：$T_0=$　　　$T_e=$　　　ΔT（沸程）$=$

蒸馏操作数据记录		分馏操作数据记录	
$T_0=$		$T_0=$	
温度范围/℃	馏出液体积/mL	温度范围/℃	馏出液体积/mL
$T_0 \sim T_0 + 2$		$T_0 \sim T_0 + 2$	
$T_0 + 2 \sim 85$		$T_0 + 2 \sim 85$	
$85 \sim 95$		$85 \sim 95$	
剩余物		剩余物	

分离效果比较：
依据以上各温度段馏出液体积进行分析，比较蒸馏与分馏的分离效果。

二、水蒸气蒸馏

1. 水蒸气蒸馏原理和条件

(1) 基本原理及应用范围 水蒸气蒸馏是分离和提纯具有一定挥发性的有机化合物的重要方法之一。将水蒸气通入有机物中,或将水与有机物一起加热,使有机物与水共沸而蒸馏出来的操作叫作水蒸气蒸馏。

根据道尔顿分压定律,两种互不相溶的液体混合物的蒸气压,等于两种液体单独存在时的蒸气压之和。当混合物的蒸气压等于大气压力时,就开始沸腾。显然,这一沸腾温度要比两种液体单独存在时的沸腾温度低。因此,在不溶于水的有机物中,通入水蒸气,进行水蒸气蒸馏,可在低于100℃的温度下,将物质蒸馏出来。

(2) 水蒸气蒸馏适用情况
① 在常压下蒸馏,有机物会发生氧化或分解。
② 混合物中含有焦油状物质,用通常的蒸馏或萃取等方法难以分离。
③ 液体产物被混合物中较大量的固体所吸附或要求除去挥发性杂质。

(3) 水蒸气蒸馏条件 利用水蒸气蒸馏进行分离提纯的有机化合物必须是不溶于水、也不与水发生化学反应,在100℃左右具有一定蒸气压的物质。

2. 水蒸气蒸馏装置

水蒸气蒸馏装置如图11-12所示。主要包括水蒸气发生器、蒸馏、冷凝及接收四部分。

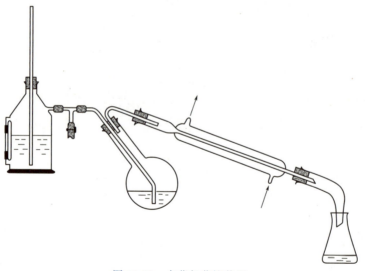

图11-12 水蒸气蒸馏装置

(1) 水蒸气发生器 一般为金属制品,也可用1000mL圆底烧瓶代替。通常加水量以不超过其容积的2/3为宜。在发生器上口插入一支长约1m,直径约为5mm的玻璃管并使其接近底部,作安全管用。当容器内压力增大时,水就沿安全管上升,从而调节内压。

水蒸气发生器的蒸气导出管经T形管与伸入烧瓶内的蒸气导入管连接,T形管的支管套有一短橡胶管并配有螺旋夹。它的作用是可随时排出在此冷凝下来的积水,并可在系统内压力骤增或蒸馏结束时,释放蒸气,调节内压,防止倒吸。

（2）**蒸馏部分** 蒸馏瓶一般采用三颈烧瓶。三颈烧瓶内盛放待蒸馏的物料，中口连接蒸气导入管，一侧口通过蒸馏头连接冷凝管，另一侧口用塞子塞上。蒸馏瓶也可用带有双孔塞的长颈圆底烧瓶，其中一孔插入蒸气导入管，末端接近瓶底；另一端插入蒸气导出管（管口露出塞面5~10mm）与冷凝管相连，烧瓶向水蒸气发生器倾斜45°，以防飞溅的液体泡沫冲入冷凝管中。

（3）**冷凝和接收部分** 与普通蒸馏装置相同。

3. 水蒸气蒸馏操作

水蒸气蒸馏的操作程序如下。

（1）**加入物料** 将待蒸馏的物料加入三颈瓶（或长颈圆底烧瓶）中，物料量不能超过其容积的1/3。

（2）**安装仪器** 安装水蒸气蒸馏装置。

（3）**加热产生水蒸气** 检查整套装置气密性后，先开通冷凝水并打开T形管的螺旋夹，再开始加热水蒸气发生器，直至沸腾。

（4）**蒸馏** 当T形管处有较大量气体冲出时，立即旋紧螺旋夹，蒸气便进入烧瓶中。这时可看到瓶中的混合物不断翻腾，表明水蒸气蒸馏开始进行。适当调节蒸气量，控制馏出速度每秒1~2滴。

（5）**停止蒸馏** 当馏出液无油珠并澄清透明时，便可停止蒸馏。这时应先打开螺旋夹，解除系统压力，然后停止加热，稍冷却后，再关闭冷凝水。

4. 操作注意事项

① 用烧瓶作水蒸气发生器时，不要忘记加沸石。

② 蒸馏过程中，若发现有过多的蒸气在烧瓶内冷凝，可在烧瓶下面用酒精灯隔石棉网适当加热，以防液体量过多冲出烧瓶进入冷凝管中。还应随时观察安全管内水位是否正常，烧瓶内液体有无倒吸现象。一旦有类似情况发生，立即打开螺旋夹，停止加热，查找原因。排除故障后，才能继续蒸馏。

③ 加热烧瓶时要密切注视瓶内混合物的溅跳现象，如果溅跳剧烈，则应暂停加热，以免发生意外。

实验项目五　八角茴香的水蒸气蒸馏

一、生活案例

八角茴香，北方称大料，南方称麦角；作为中药称大茴香或八角。八角茴香的果实和从中提取的茴油（主要成分为茴香脑，又称1-甲氧基-4-丙烯基苯，约占90%）是优良的调味、化妆香料和医药原料。由于其具有持久的香气，因而广泛用于配制多种香型的香精，用于食品、糖类及饮料用香精的配制。茴香脑作为药物又称升白宁，对白细胞减少症有一定的治疗作用；它也是制备药物卟啉类光敏剂、羟氨苄基青霉素等的中间体。请选择合适方案进行以八角茴香为原料提取茴油的实验。

二、实验目的

1. 了解水蒸气蒸馏的原理和意义。
2. 初步掌握水蒸气蒸馏装置的安装与操作。
3. 学会从八角茴香中分离茴油的方法。

三、收集信息

1. 查阅八角茴香中茴油的理化性质并填写下表。

名称	分子量	性状	相对密度	沸点	熔点	溶解性		
						水	醇	醚
茴油								

2. 查阅常压水蒸气蒸馏的原理及操作。

四、实验原理

八角茴香，俗称大料，常用作调味剂，也是一种中药材。八角茴香中含有一种精油，叫作茴油，其主要成分为茴香脑，是无色或淡黄色液体，不溶于水，易溶于乙醇和乙醚。工业上用作食品、饮料、烟草等的增香剂，也用于医药方面。由于其具有挥发性，可通过水蒸气蒸馏从八角茴香中分离出来。

五、仪器与药品

仪器：水蒸气发生器、三颈瓶或长颈圆底烧瓶（500mL）、锥形瓶（250mL）、直型冷凝管、尾接管、长玻璃管（80cm）、T形管、螺旋夹、电炉。

药品：八角茴香。

六、实验步骤

1. 安装仪器

按图 11-12 所示，安装水蒸气蒸馏装置，用锥形瓶作接收器。水蒸气发生器中装入约占其容积 2/3 的水。

2. 加料

称取 10g 八角茴香，捣碎后放入 500mL 烧瓶中，加入 80mL 热水[①]。搭建仪器。

3. 加热

检查装置气密性后，接通冷凝水，打开 T 形管上的螺旋夹，开始加热。

4. 蒸馏

当 T 形管处有大量蒸气逸出时，立即旋紧螺旋夹，使蒸气进入烧瓶，开始蒸馏，调节蒸气量，控制馏出速度为每秒 1~2 滴。

5. 停止蒸馏

当馏出液体积达 200mL 时[②],打开螺旋夹,停止加热,稍冷后,关闭冷凝水,拆除装置。将馏出液回收到指定容器中[③]。

七、思考题

1. 利用水蒸气蒸馏分离、提纯的化合物必须具备什么条件?
2. 水蒸气蒸馏装置主要有哪些仪器部件组成?安全管和T形管在水蒸气蒸馏中各起什么作用?停止蒸馏时,应如何操作?

【注释】

① 可事先将捣碎的八角茴香浸泡在热水中,以提高分离效果。

② 八角茴香的水蒸气蒸馏若达到馏出液澄清透明需要时间较长,所以本实验只要求接受 200mL 馏出液。

③ 可以用 20mL 乙醚分两次萃取馏出液,将萃取液蒸馏除去乙醚,即可得到精油产品。

八、完成实验报告单

实验报告单

实验班级		实验人员	
项目名称	从八角茴香中提取茴油	实验日期	
八角茴香用量		提取时间	
产品外观		产品量	
思 考 题	1. 阐述水蒸气蒸馏的原理和意义。 2. 阐述水蒸气蒸馏操作要点。		

三、萃取和洗涤

利用不同物质在选定溶剂中溶解度的不同进行分离和提纯混合物的操作,叫作萃取。通过萃取可以从混合物中提取出所需要的物质,也可以去除混合物中的少量杂质。通常将后一种情况称为洗涤。

1. 溶剂的选择

用于萃取的溶剂又称萃取剂。常用的萃取剂为有机溶剂、水、稀酸溶液、稀碱溶液和浓硫酸等。实验中可根据具体需求加以选择。

（1）有机溶剂 苯、乙醇、乙醚和石油醚等有机溶剂可将混合物中的有机产物提取出来，也可除去某些产物中的有机杂质。

（2）水 水可用来提取混合物中的水溶性产物，又可用于洗去有机产物中的水溶性杂质。

（3）稀酸（或稀碱）溶液 稀酸或稀碱溶液常用于洗涤产物中的碱性或酸性杂质。

（4）浓硫酸 浓硫酸可用于除去产物中的醇、醚等少量有机杂质。

2. 液体物质的萃取（或洗涤）

液体物质的萃取（或洗涤）常在分液漏斗中进行。分液漏斗的使用和萃取操作方法如图 11-13 所示。

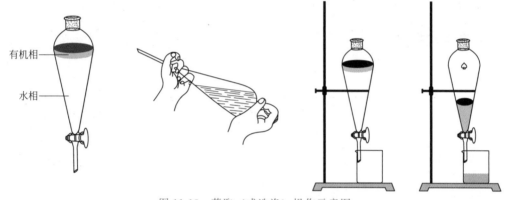

图 11-13 萃取（或洗涤）操作示意图

（1）分液漏斗的准备 将分液漏斗洗净后，取下旋塞，用滤纸吸干旋塞及旋塞孔道中的水分，在旋塞微孔的两侧涂上薄薄一层凡士林，小心将其插入孔道并旋转几周，至凡士林分布均匀呈透明为止。在旋塞细端伸出部分的圆槽内，套上一个橡胶圈，以防操作时旋塞脱落。然后关好旋塞，在分液漏斗中装上水，观察旋塞两端有无渗漏现象，再开启旋塞，看液体是否能通畅流下，最后盖上顶塞，用手指抵住，倒置漏斗，检查其严密性。在确保分液漏斗顶塞严密，旋塞关闭时严密、开启后畅通的情况下方可使用。

（2）萃取（或洗涤）操作 由分液漏斗上口倒入混合溶液与萃取剂，盖好顶塞。为使分液漏斗中的两种液体充分接触，用右手握住顶塞部位，左手持旋塞部位（旋柄朝上），将漏斗颈端向上倾斜，并沿一个方向振摇。振摇几下后，打开旋塞，排出因振摇而产生的气体。若漏斗中盛有挥发性的溶剂或用碳酸钠中和酸液时，更应特别注意排放气体。反复振摇几次后，将分液漏斗放在铁圈中，打开顶塞，使漏斗与大气相通，静置分层。

（3）分离操作 当两层液体界面清晰后，便可进行分离操作。先把分液漏斗下端靠在接收器的内壁上，再缓慢旋开旋塞，放出下层液体。当液面间的界线接近旋塞处时，暂时关闭旋塞，将分液漏斗轻轻振摇一下，再静置片刻，使下层液聚集得多一些，然后打开旋塞，仔细放出下层液体。当液面间的界线移至旋塞孔的中心时，关闭旋塞。最后把漏斗中的上层液体从上口倒入另一个容器中。

（4）操作注意事项

① 分液漏斗中装入的液体量不得超过其容积的 1/2。若液体量过多，进行萃取操作时，不便振摇漏斗，两相液体难以充分接触，影响萃取效果。

② 在萃取碱性液体或振摇漏斗过于剧烈时，往往会使溶液发生乳化现象，有时两相液体的相对密度相差较小，或因一些轻质絮状沉淀夹杂在混合液中，致使两相界线不明显，造成分离困难。解决以上问题的办法是：a. 较长时间静置；b. 加入少量电解质，以增加水的相对密度，利用盐析作用，破坏乳化现象；c. 若因碱性物质而乳化，可加入少量稀酸来破坏；d. 也可以滴加数滴乙醇，改变其表面张力，促使两相分层；e. 当含有絮状沉淀时，可将两相液体进行过滤。

③ 分液漏斗使用完毕，应用水洗净，擦去旋塞和孔道中的凡士林，在顶塞和旋塞处垫上纸条，以防久置粘结。

3. 固体物质的萃取

固体物质的萃取可以采用浸取法，即将固体物质浸泡在选好的溶剂中，其中的易溶成分被慢慢浸取出来。这种方法可在常温或低温条件下进行，适用于受热极易发生分解或变质物质的分离（如一些中草药有效成分的提取，即采用浸取法）。但这种方法消耗溶剂量大，时间较长，效率较低。在实验室中常采用索氏提取器萃取固体物质。

索氏（Soxhlet）提取器又称脂肪提取器，是利用溶剂回流和虹吸原理，使固体物质连续不断地为纯溶剂所萃取的仪器。索氏提取装置如图 11-14 所示。主要由圆底烧瓶、提取器和冷凝管三部分组成。

使用时，先在圆底烧瓶中装入溶剂。将固体样品研细放入滤纸套筒内，封好上下口，置于提取器中，按图 11-14 安装好装置后，对溶剂进行加热。溶剂受热沸腾时，蒸气通过蒸气上升管进入冷凝管内，被冷凝为液体，滴入提取器中，浸泡固体并萃取出部分物质，当溶剂液面超过虹吸管的最高点时，即虹吸流回烧瓶。这样循环往复，利用溶剂回流和虹吸作用，使固体中可溶物质富集到烧瓶中，然后用适当方法除去溶剂，得到要提取的物质。

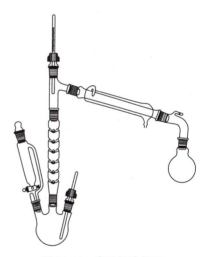

图 11-14　索氏提取装置

四、重结晶

依据晶体物质的溶解度一般随着温度的升高而增大的原理，将晶体物质溶解在热的溶剂中，制成饱和溶液，再将溶液冷却、重新析出结晶的过程叫作重结晶。重结晶法是利用被提纯物质与杂质在某种溶剂中的溶解度不同而将它们分离开。这是提纯固体物质的重要方法，适用于提纯杂质含量在 5% 以下的固体物质。

1. 溶剂的选择

正确地选择溶剂是重结晶的关键。可根据"相似相溶"原理，极性物质选择极性溶剂，非极性物质选择非极性溶剂。同时，选择的溶剂还必须具备下列条件：

① 不能与被提纯物质发生化学反应；
② 溶剂对被提纯物质的溶解度随温度变化差异显著（温度较高时，被提纯物质在溶剂中的溶解度很大，而低温时，溶解度很小）；
③ 杂质在溶剂中的溶解度很小或很大（前者当被提纯物溶解时，可将其过滤除去；后者当被提纯物析出结晶时，杂质仍留在母液中）；
④ 溶剂的沸点较低，容易挥发，以便与被提纯物质分离；
⑤ 能析出晶形较好的结晶。

选择的溶剂除符合上述条件外，还应该具有价格便宜、毒性较小、回收容易和操作安全等优点。

当使用单一溶剂效果不理想时，还可以使用混合溶剂。混合溶剂一般由两种能互溶的溶剂组成。其中一种易溶解被提纯物，而另一种则较难溶解被提纯物。常用的混合溶剂有：乙醇-水、乙酸-水、丙酮-水、乙醚-丙酮、乙醚-苯、石油醚-苯、石油醚-丙酮等。使用方法：先将少量被提纯物溶于沸腾的易溶解溶剂中，趁热滴入难溶的溶剂至溶液变混浊，再加热使之变澄清，或再逐滴加入易溶解剂至溶液澄清，静置冷却，使结晶析出，观察结晶形态。如结晶晶形不好，或呈油状物，则重新调整两种溶剂的比例或更换另一种溶剂。

2. 重结晶操作

（1）重结晶的操作程序 重结晶的操作程序一般可表示如下：

热溶解 → 脱色 → 热过滤 → 静置结晶 → 抽滤 → 干燥

① 热溶解。在适当的容器中，用选好的溶剂将被提纯的物质溶解，制成接近饱和的热溶液。如果选用的是易挥发或易燃的有机溶剂，则热溶解应在回流装置中进行；若以水为溶剂，采用烧杯或锥形瓶等作为容器即可。

② 脱色。若溶液中含有色杂质，可待溶液稍冷后，加入适量活性炭，在搅拌下煮沸 5~10min，利用活性炭的吸附作用将有色杂质除去。活性炭的用量一般为样品量的 1%~5%，不宜过多，否则会吸附样品造成损失。

③ 热过滤。将经过脱色的溶液趁热在保温漏斗中过滤，除去活性炭及其他不溶性杂质。若样品溶解后，溶液澄清透明，无任何不溶性杂质和有色杂质，则可省去脱色和热过滤这两步操作。

④ 静置结晶。将热过滤后所得滤液静置到室温或接近室温，然后在冰-水或冰-盐水浴中充分冷却，使结晶析出完全。如果溶液冷却后，不出现结晶，可投入少量纯净的同种物质作为"晶种"，促使溶液结晶，或用玻璃棒摩擦器壁引发结晶形成；如果溶液冷却后析出油状物，可剧烈搅拌，使油状物分散并呈结晶析出。

⑤ 抽滤。用减压过滤装置将结晶与母液分离开。结晶用冷的同一溶剂洗涤两次，最后用洁净的玻璃钉或玻璃瓶盖将其压紧并抽干。

⑥ 干燥。挤压抽干的结晶习惯上称为滤饼。将滤饼小心转移到洁净的表面皿上，经自然晾干或在 100℃ 以下烘干即得纯品，称量后保存。

（2）操作注意事项

① 溶解样品时，若溶剂为低沸点易燃物质，应选择适当热浴并装配回流装置，严禁明火加热；若溶剂有毒性应在通风橱内进行。

② 脱色时，切不可向正在加热的溶液中投入活性炭，以免引起暴沸。

③ 热过滤后所得滤液要自然冷却，不能骤冷和振摇，否则所得结晶过于细小，容易吸附较多杂质。但结晶也不宜过大（超过 2mm 以上），这样往往在结晶中包藏溶液或杂质，既不容易干燥，也保证不了产品纯度。当发现有生成大结晶的趋势时，可稍微振摇一下，使晶体均匀规则、大小适度。

④ 使用有机溶剂进行重结晶后，应采用适当方法回收溶剂，以利节约。

五、干燥

1. 干燥的原理及意义

干燥方法是选用适当的干燥剂通过吸附或与水反应而将水除去。蒸馏前一般要对液体有机物进行干燥，以防微量的水与有机物形成共沸物而掺杂在馏出液中。各类有机物常用干燥剂见表 11-7。

表 11-7　各类有机物常用干燥剂

干燥剂	酸碱性	有机物类型	干燥效能
浓 H_2SO_4	强酸性	饱和烃、卤代烷烃	吸水性强，效率高
P_2O_5	酸性	烃、卤代烃、醚	吸水性很强，效率很高
Na	强碱性	烃、醚	干燥效果好，但作用慢
BaO、CaO	碱性	醇、醚、胺	效率高，作用慢
KOH、NaOH	强碱性	胺类	吸水性强，快速有效
K_2CO_3	碱性	酮、酯、胺、腈	吸水性一般，速度较慢
$CaCl_2$	中性	烃、卤代烃、醚、酮、硝基化合物	吸水量大，作用快，效率不高
$CaSO_4$	中性	烷、醇、醚、酮、芳烃	吸水量小，作用快，效率高
Na_2SO_4	中性	烃、卤代烃、醇、醚、酚、醛、酮、酯、羧酸、胺	吸水量大，作用慢，效率低，但价格便宜
$MgSO_4$	中性	烃、卤代烃、醇、醚、酚、醛、酮、酯、羧酸、胺	较 Na_2SO_4 作用快，效率高

在有机化学实验中常用的干燥剂有氯化钙、硫酸钠和硫酸镁，它们的干燥原理是与水形成水合物，从而将水吸附除去。但生成的水合物加热时容易脱水，因此蒸馏前务必将干燥剂过滤或倾注除尽。

2. 干燥方法

液体有机物的干燥通常在锥形瓶中进行。将含微量水分的液体倒入锥形瓶中，加入颗粒大小合适（颗粒太大会吸水慢、效果差，太细则吸附产品多、收率低）的适量（一般每 10mL 液体加 0.5～1g 干燥剂）的干燥剂，用包有一层纸的橡胶塞塞紧瓶口，轻轻振摇后静置观察。若发现液体混浊或干燥剂粘在瓶壁上，应适当补加干燥剂并振摇，直至静置后液体澄清。然后放置半小时或放置过夜。

对于固体粗产物可用沉淀分离、重结晶或升华等方法进行纯化。沉淀分离是一种化学方法，即用合适的化学试剂将产物中的可溶性杂质转变为难溶性物质，再经过滤除去。所用试剂应能与杂质生成溶解度很小的沉淀，且自身过量时容易除去。重结晶法利用产物与杂质在某种溶剂中的溶解度不同而将它们分离开，一般适于杂质含量在5%以下的固体混合物。升华法则用于提纯具有较高蒸气压，且与杂质蒸气压差别显著的固体物质。尤其适于纯化易潮解及易与溶剂发生离解作用的固体有机物。

固体有机物可选用自然晾干、加热烘干或放入干燥器内等方法进行干燥。

第五节　有机化合物的制备与提取

制备与提取有机化合物的过程一般有两步：首先通过制备或提取的方法得到粗品，然后经过提纯得到精品。

一、确定合理的制备路线

制备一种有机化合物可能有多种制备路线，从中选择一条合理的制备路线，需要综合考虑各方面的因素。比较理想的制备路线应满足下列条件：

① 原料资源丰富，便宜易得，生产成本低；
② 副反应少，产物易纯化，总收率高；
③ 反应步骤少，时间短，反应条件温和，实验设备简单，操作安全方便；
④ 不产生公害，不污染环境，副产品可综合利用。

此外，要减少制备过程中辅助试剂的用量并确保回收利用，提高实验产率。

二、选择适宜的反应装置

1. 回流装置

有机化学反应速度一般较慢，需要加热。为防止反应物料或溶剂在加热过程中挥发损失，避免易燃、易爆、有毒的物质逸散，常采用回流操作。

（1）回流装置的选择　回流装置主要由反应容器和冷凝管组成。反应容器可选用适当规格的圆底烧瓶、三颈烧瓶或锥形瓶；冷凝管多采用球形冷凝管。若被加热物质的沸点高于140℃时，应改用空气冷凝管；若被加热的物质沸点很低或其中有毒性较大的物质时，则应选用蛇形冷凝管。

根据反应的需要，有以下几种常用的回流装置，如图 11-15 所示。

在通常情况下一般采用普通回流装置［图 11-15（a）］。

若反应中有水溶性气体尤其是有毒气体产生，例如1-溴丁烷的制备实验，则采用带有气体吸收的回流装置［图 11-15（b）］。使用这种装置切记：吸收部分的导气管不能完全浸入吸收液中，停止加热前要先脱离吸收液，以防倒吸。

若利用格氏试剂制备有机化合物时，由于水汽的存在会影响反应的正常进行，因此要防止空气中的水汽进入反应体系，应采用带有干燥管的回流装置［图 11-15（c）］。注意干燥管内不要填装粉末状干燥剂以防体系被封闭。可以在管底塞上一些脱脂棉或玻璃丝，再填装颗粒状或块状干燥剂，但不能装得太实。

对于有水生成的可逆反应体系，例如利用酯化反应制备酯的实验，为了不断除去生成的水，以使平衡向生成物方向移动，从而提高实验产率，应采用带有分水器的回流装置［图11-15（d）］。

对于非均相反应，例如利用磺化反应制备烷基苯磺酸的实验，应使用搅拌回流装置［图11-15（e）］。搅拌能使反应物之间充分接触，使反应物各部分受热均匀，并使反应放出的热量及时散开，从而保证反应顺利进行。

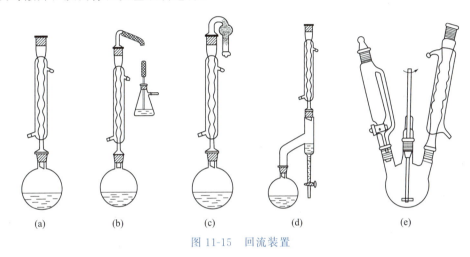

图 11-15　回流装置

（2）回流操作要点

① 组装仪器。首先根据反应物料量选择适当规格的反应容器，以物料量占反应器容积的 1/3～2/3 为宜，若反应中有大量气体或泡沫产生，则应选择稍大些的反应容器；再根据反应的需要选择适当的加热方式，实验中常用的加热方式有水浴、油浴、电热套和电炉直接加热等；然后以选好的热源高度为基准固定反应容器，再由下到上依次安装冷凝管等其他仪器。各仪器的连接部位要紧密，冷凝管上口必须与大气相通。整套装置安装要规范、准确、美观。

② 加入物料。一般将反应物料事先加到反应容器中，再按顺序组装仪器。若用三颈瓶作反应器，物料可从一侧口加入。不要忘记加沸石，如有搅拌，则不需加沸石。

③ 加热回流。检查装置气密性后，先通冷凝水，再开始加热。加热时逐渐调节热源，使温度缓慢上升至反应液沸腾或达到要求的反应温度，然后控制回流速度使液体蒸气浸润面不超过冷凝管有效冷却长度的 1/3。冷凝水的流量应保持蒸气得到充分冷凝。

④ 停止回流。回流结束时，先停止加热，待冷凝管中没有蒸气后再停冷凝水。稍冷后按由上到下的顺序拆卸装置。

2. 分馏-制备装置

当制备化学稳定性较差、受热容易分解或氧化的有机化合物时，常采用逐渐加入某一反应物，同时通过分馏柱将产物不断地从反应体系中分离出来的分馏装置。如正丁醛的制备实验。装置见图 11-14。

对于某些可逆反应，也常采用分馏装置。利用分馏的方法可将沸点较低的产物或沸点较低的某一生成物及时蒸出来，从而改变平衡。如制备溴乙烷时，因为溴乙烷沸点较低，常采用边反应边将生成的溴乙烷蒸馏出来的方法；制备乙酰苯胺时，通过分馏可将生成的水及时移走，从而提高实验产率。

53. 视频：阿司匹林的制备

实验项目六　阿司匹林的制备

一、思政案例

 思政案例

百年药物阿司匹林

阿司匹林从发明至今已有百年的历史，具有解热、镇痛、消炎的作用，应用十分广泛。

早在大约公元前 1550 年，人们就知道柳树的叶子可以止痛。古希腊名医希波克拉底曾用柳树枝来镇痛和退热。但是，植物体内的水杨酸盐含量并不高，从自然界的柳树皮中提取费时费力，对环境和生态的发展不利，所以人们开始希望能够人工合成水杨酸。

1857 年德国化学家科尔贝以苯酚为原料，经过若干中间体，最终合成了水杨酸。但是水杨酸作为药物却不成功，它有强烈的酸味和苦味，对胃肠道的刺激很大。

1898 年德国化学家霍夫曼与犹太科学家阿图尔·艾兴格林合作，用乙酸酐把水杨酸转化成了乙酰水杨酸。1899 年德国拜耳药厂正式生产这种药品，取商品名为 Aspirin（即阿司匹林），并应用于临床。这是第一种重要的人工合成药物，由此开创了一个化学合成制药的新时代。

但是长期服用阿司匹林会损伤胃肠道，干扰凝血机制，所以人们继续对阿司匹林的生产工艺进行改造。

1971 年，英国科学家约翰·文发现，阿司匹林能预防血小板的凝结，可以减轻血栓带来的危险。由于这项发现，他获得了 1982 年的诺贝尔生理学或医学奖。1982 年，德国拜耳公司研制出了长效缓释阿司匹林，减少了每天吃药的次数，因此，可将其作为抗血栓长效药。

一个多世纪以来，一批科学家对一种药物不断研究，一家家公司对其不断进行改造。这是阿司匹林 100 多年的辉煌历史，也是人类认识科学、不懈追求科学的辉煌历史。

请选择合适方案并结合实验室条件，进行阿司匹林的实验室制备。

二、实验目的

1. 熟悉酚羟基酰化反应的原理,掌握阿司匹林的制备方法。
2. 掌握抽滤装置的安装与操作。
3. 学会利用重结晶纯化固体有机物的操作技术。

三、信息收集

1. 查阅阿司匹林的制备方法;阅读重结晶的原理、意义及操作方法。
2. 通过查阅资料填写下表。

名称	摩尔质量 /(g/mol)	熔点 /℃	沸点 /℃	密度 /(g/cm³)	水溶性	投料量 质量(体积)/g(mL)	n/mol	理论产量
水杨酸			—	—				—
乙酸酐		—						—
硫酸	—	—						—
乙醇(35%)	—				—			—
阿司匹林								

四、实验原理

阿司匹林化学名称为乙酰水杨酸,是白色晶体,易溶于乙醇、氯仿和乙醚,微溶于水。因具有解热、镇痛和消炎作用,可用于治疗伤风、感冒、头痛、发烧、神经痛、关节痛及风湿病等,也用于预防心脑血管疾病。常用退热镇痛药 APC(对乙酰水杨酸)中"A"即为阿司匹林。实验室通常采用水杨酸和乙酸酐在浓硫酸的催化下发生酰基化反应来制取。反应式如下:

$$\underset{\text{水杨酸}}{\text{C}_6\text{H}_4(\text{OH})\text{COOH}} + \underset{\text{乙酸酐}}{(\text{CH}_3\text{CO})_2\text{O}} \xrightarrow[75\sim80℃]{\text{H}_2\text{SO}_4} \underset{\text{乙酰水杨酸}}{\text{C}_6\text{H}_4(\text{OCOCH}_3)\text{COOH}} + \underset{\text{乙酸}}{\text{CH}_3\text{COOH}}$$

反应温度应控制在 75~80℃,温度过高易发生下列副反应:

水杨酰水杨酸酯

乙酰水杨酰水杨酸酯

生成的阿司匹林粗品,用 35% 的乙醇溶液进行重结晶将其纯化。

五、实验流程

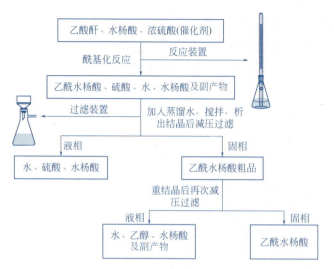

六、仪器与试剂

仪器：锥形瓶（100mL）、量筒（10mL，25mL）、温度计（100℃）、烧杯（200mL，100mL）、吸滤瓶、布氏漏斗、真空循环水泵、恒温水浴锅或电炉。

试剂：水杨酸、乙酸酐、硫酸（98％）、乙醇水溶液（35％）、冰。

七、实验步骤

1. 酰化

在干燥的锥形瓶中加入4.3g水杨酸和6mL乙酸酐，再滴入7滴浓硫酸，立即配上带有100℃温度计的塞子（温度计插入物料之中）。混匀后置于水浴中加热，在充分振摇下缓慢升温至75℃。保持此温度反应15min，期间仍不断振摇。最后提高反应温度至80℃，再反应5min，使反应进行完全。

2. 结晶抽滤

稍冷后拆下温度计。在充分搅拌下将反应液倒入盛有100mL水的200mL烧杯中，然后冰水冷却，待结晶完全析出后，进行抽滤。用少量冷水洗涤滤饼两次，压紧抽干后转移到100mL烧杯中。

3. 检验粗品

取黄豆粒大小的阿司匹林粗品，放入试管，加入5～10mL95％的乙醇使其溶解完全，再加入1滴0.1％的$FeCl_3$溶液和2mL蒸馏水，振荡试管，观察试管中溶液的颜色是否为紫色，并记录。

4. 重结晶

在盛有粗产品的烧杯中加入25mL35％乙醇，置于45～50℃水浴中加热，使其迅速溶解。若产品不能完全溶解，可酌情补加35％的乙醇溶液。然后静置到室温，冰水冷却，待结晶完全析出后，进行抽滤。用少量冷水洗涤滤饼两次，压紧抽干。将结晶转移至表面皿中，自然晾干后称量。

5. 检验精品

操作同步骤 3，将取粗品改为取精品。

八、产率计算

产品外观	实际产量	理论产量	产率

九、思考题

1. 制备阿司匹林时，浓硫酸的作用是什么？不加浓硫酸对实验有何影响？
2. 制备阿司匹林时，为什么所用仪器必须是干燥的？
3. 制备阿司匹林时，可能发生哪些副反应？产生哪些副产物？
4. 对阿司匹林进行重结晶时，选择溶剂的依据是什么？为何滤液要自然冷却？

十、完成实验报告单

实验报告单

项目名称		阿司匹林的制备		实验日期	
药品名称		水杨酸	乙酸酐	浓硫酸	乙醇
药品规格或浓度					
药品用量					
产品外观					
理论产量				实际产量	
产率计算					
产品纯度检验		与三氯化铁显色程度		ΔT（熔程）	
	粗产品			$\Delta T = T_{全熔} - T_{初熔}$	
	精制产品				
思 考 题		1. 写出制备阿司匹林的实验原理。 2. 制备阿司匹林的副反应有哪些？			

实验项目七　乙酸异戊酯的制备

一、生活案例

 学习卡片

有趣的乙酸异戊酯

酯广泛地分布于自然界中，花果的芳香气味大多是由于酯的存在而引起的。例如，香蕉香味的主要成分是乙酸异戊酯。

有趣的是，许多昆虫信息素的主要成分也是低级酯类。乙酸异戊酯还存在于蜜蜂的体液内。蜜蜂在叮刺入侵者时，随毒液分泌出乙酸异戊酯作为响应信息素，使其同伴"闻信"而来，对入侵者群起而攻之。

乙酸异戊酯是一种重要的化工产品。主要用作食品添加剂，用在香蕉、苹果、菠萝等果香型食用香精配方中；还用在化妆品、皂用香料及合成洗涤剂中；它还是溶剂，用于制革、人造丝和纺织品等加工工业。

请选择适合在实验室制备乙酸异戊酯的方法并实施。

二、实验目的

1. 掌握制备乙酸异戊酯的原理与方法。
2. 掌握带分水器的回流装置的安装与操作技术。
3. 掌握利用分液漏斗萃取、洗涤、纯化液体化合物的基本操作技术。
4. 理解干燥剂的干燥原理，掌握使用干燥剂干燥液体化合物的基本操作技术。

三、信息收集

通过查阅资料填写下表。

名称	摩尔质量 /(g/mol)	沸点 /℃	密度 /(g/cm³)	水溶性	投料量		理论产量
					质量（体积）/g(mL)	n/mol	
冰醋酸							—
异戊醇							—
硫酸		—	—	—	—		—
碳酸钠溶液							—
饱和食盐水							—
水		—	—	—	—	—	—
乙酸异戊酯							

四、实验原理

乙酸异戊酯为无色透明液体，不溶于水，易溶于乙醇、乙醚等有机溶剂，其自身也是良好的溶剂，可溶解橡胶等有机物。它是一种香精，因具有香蕉气味，又称为香蕉油。实验室通常采用冰醋酸和异戊醇在浓硫酸的催化下发生酯化反应来制取。反应式如下：

$$\underset{\text{冰醋酸}}{CH_3C(=O)-OH} + \underset{\text{异戊醇}}{HOCH_2CH_2CH(CH_3)_2} \underset{\triangle}{\overset{H_2SO_4}{\rightleftharpoons}} \underset{\text{乙酸异戊酯}}{CH_3C(=O)-OCH_2CH_2CH(CH_3)_2} + H_2O$$

酯化反应是可逆的，本实验采取加入过量冰醋酸，并除去反应中生成的水，使反应不断向右进行，提高酯的产率。

生成的乙酸异戊酯中混有过量的冰醋酸、少量的异戊醇、起催化作用的硫酸及其他副产物醚类，经过洗涤、干燥和蒸馏予以除去。

五、实验流程

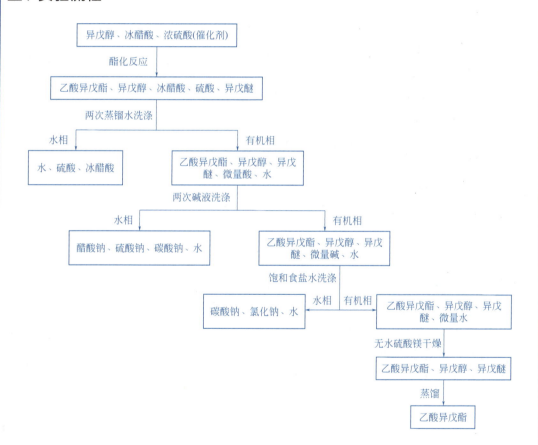

六、仪器与试剂

仪器：圆底烧瓶（100mL）、球形冷凝管、分水器、蒸馏烧瓶（50mL）、直形冷凝管、尾接管、分液漏斗（100mL）、量筒（25mL）、温度计（200℃）、锥形瓶（50mL）、电热套。

试剂：异戊醇、冰醋酸、硫酸（98％）、碳酸钠溶液（10％）、食盐水（饱和）、硫酸镁（无水）。

七、实验步骤

1. 酯化

在干燥的圆底烧瓶中加入 18mL 异戊醇和 15mL 冰醋酸，在振摇与冷却下加入 1.5mL 浓硫酸①，混匀后放入 1~2 粒沸石。搭建带分水器的回流装置，如图 11-16 所示。检查装置气密性后，用电热套（电压 80V）缓缓加热至烧瓶中的液体微沸并保持 30min②。继续加热，控制回流速度③，使蒸气浸润面不超过冷凝管下端的第一个球，当分出水量大约 3~3.5mL 且回流液滴到液面没有水珠下沉时，反应基本完成，停止加热，稍冷后拆除回流装置。大约需要 1.5h。

54. 视频：乙酸异戊酯制备第一步——酯化

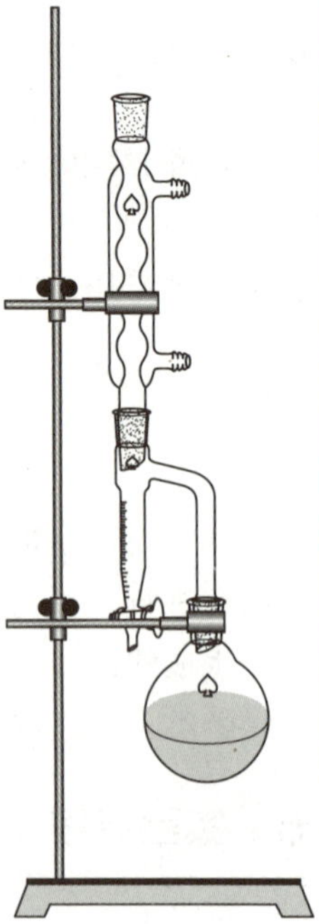

图 11-16 带分水器的回流装置

2. 洗涤 [参见图 11-13 萃取（或洗涤）操作]

（1）水洗（2次） 将冷却到室温的烧瓶中反应液倒入分液漏斗中④，用 15mL 冷水淋洗烧瓶内壁，洗涤液并入分液漏斗。充分振摇，静置，待分界面清晰后，分去水层。再用 15mL 冷水重复操作洗涤 1 次。

（2）碱洗（2次） 向分液漏斗的酯层中加入 10mL10％碳酸钠溶液⑤，充分振摇，静置，待分界面清晰后，分去水层。再用 10mL10％碳酸钠溶液重复操作洗涤 1 次。

（3）饱和食盐水洗 用 15mL 饱和食盐水⑥洗涤 1 次。

55. 视频：乙酸异戊酯制备第二步——洗涤

3. 干燥

在配有塞子的干燥锥形瓶中加入 2g 无水硫酸镁，再加洗涤后的酯层（由分液漏斗上口倒入），盖上塞子，充分振摇约 1 分钟，若液体仍浑浊可再加入适量无水硫酸镁，充分振摇后，放置 30min。

56. 视频：乙酸异戊酯制备第三步——干燥

4. 蒸馏

安装普通蒸馏装置。将干燥好的粗酯小心滤入干燥的蒸馏烧瓶中，放入 1~2 粒沸石，用电热套加热蒸馏。记录第一滴溜出液的温度，用干燥锥形瓶作接收器收集 138~142℃馏分（注意，前馏分也要用干燥仪器接收），记录体积。

57. 视频：乙酸异戊酯制备第四步——蒸馏

八、数据处理

查阅乙酸异戊酯的密度，将其体积转化为质量计算产率，完成下表。

产品外观	实际产量	理论产量	产率

九、思考题

1. 制备乙酸异戊酯时,使用的哪些仪器必须是干燥的,为什么?
2. 如何判断反应的终点?
3. 酯化反应时,实际出水量往往多于理论出水量,这是什么原因造成的?
4. 若碳化严重,第一次水洗时无法看清两相分界面,你将如何处理?
5. 酯可用哪些干燥剂干燥?为什么不能使用无水氯化钙进行干燥?

注释

① 加浓硫酸时,要分批加入,并在冷却下充分振摇,以防止异戊醇被氧化。
② 防止酯化反应达到平衡前未反应的异戊醇被蒸出。
③ 回流酯化时,要缓慢均匀加热,以防止碳化。
④ 不要将沸石倒入分液漏斗中。
⑤ 碱洗时放出大量热并有二氧化碳产生,因此洗涤时要不断放气,防止分液漏斗内的液体冲出来。
⑥ 用饱和食盐水洗涤,可降低酯在水中的溶解度,减少酯的损失。

十、完成报告

实验报告单

项目名称	乙酸异戊酯的制备		实验日期	
原料名称	异戊醇		冰醋酸	
原料规格				
原料用量				
产品外观				
理论产量			实际产量	
产率计算				
思 考 题	1. 酯化反应制得的粗酯中含有哪些杂质?该如何除去? 2. 洗涤时能否先碱洗后水洗?			

实验项目八　从茶叶中提取咖啡因

一、生活案例

咖啡因存在于许多日常食物中，如茶、咖啡、瓜拉纳、可可和可乐。它在医学上用作心脏、呼吸器官和神经系统的兴奋剂，也是一种重要的解热镇痛剂，还大量用作可乐型饮料的添加剂。近年来，"回归自然""绿色产品"的消费观已成时尚，合成的咖啡因含有原料残留，有的国家已禁止在饮料中使用合成咖啡因，因而天然咖啡因的市场需求与日俱增。请选择适当的提取方法在实验室实施。

思政案例

中国茶文化

中国是茶的故乡，中国人发现并利用茶据说始于神农时代，大约有4700年了。中华茶文化源远流长，博大精深。唐代茶圣陆羽的《茶经》是中国乃至世界现存最早、最完整、最全面介绍茶的第一部专著，被誉为茶叶百科全书。茶，深入我国的诗词、绘画、书法、宗教、医学等许多方面。

我国广东潮汕地区的潮州工夫茶，作为中国茶道的代表被列入《国家级非物质文化遗产名录》。

茶与人有了交集，就被赋予了意义，就有了文化的内涵。通过饮茶这件事感悟人生道理，这就是茶文化的体现。中国茶文化是各国茶文化的摇篮，英国、日本等国家的茶文化就是由我国茶文化演变来的。

二、实验目的

1. 掌握脂肪提取器的构造、原理及操作技术。
2. 掌握从茶叶中提取咖啡因的原理。
3. 巩固蒸馏仪器的搭建和基本操作技术。
4. 掌握利用升华法提纯固体物质的基本操作技术。

三、信息收集

1. 查阅咖啡因的理化性质及应用并填写下表。

名称	分子量	性状	相对密度	沸点	熔点	溶解性		
						水	醇	醚
咖啡因								

2. 查阅常见物质中咖啡因的含量差异。

四、实验原理

茶叶中含有多种生物碱,其中以咖啡因为主,占 2%～5%。此外还含有纤维素、蛋白质、单宁酸和叶绿素等。

咖啡因是杂环化合物嘌呤的衍生物,学名为 1,3,7-三甲基-2,6-二氧嘌呤,其结构式如下:

咖啡因为无色针状晶体,熔点 236℃,味苦,能溶于水和乙醇。含结晶水的咖啡因在 100℃时失去结晶水开始升华,120℃时升华明显,178℃时很快升华。

咖啡因具有刺激心脏、兴奋大脑神经和利尿等药理功能。在医学上用作心脏、呼吸器官和神经系统的兴奋剂,也是常用退热镇痛药物 APC 的主要成分之一("C"即为咖啡因)。

本实验用 95%乙醇作溶剂,从茶叶中提取咖啡因,使其与不溶于乙醇的纤维素和蛋白质等分离,萃取液中除咖啡因外,还含有叶绿素、丹宁酸等杂质。蒸去溶剂后,在粗咖啡因中拌入生石灰,使其与丹宁酸等酸性物质作用生成钙盐。游离的咖啡因通过升华得到纯化。

五、实验流程

六、仪器与试剂

仪器:圆底烧瓶(250mL)、索氏提取器、球形冷凝管、蒸馏头、锥形瓶(150mL)、蒸发皿、大玻璃漏斗、温度计(100℃)、滤纸、剪刀、刮刀、电热套、针锥。

试剂:茶叶、乙醇(95%)、生石灰。

七、实验步骤

1. 提取

称取 8g 茶叶(若为球状需研碎),装入折叠好的滤纸套筒中,折封上口后放入提取器内①,加入约 30mL95%乙醇②,再在圆底烧瓶中放入约 70mL95%乙醇,加 1～2 粒沸石。按图 11-17 安装索氏提取装置③。

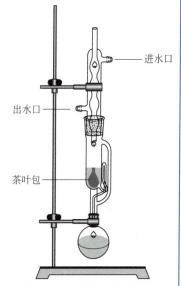

图 11-17 索氏提取器装置

检查装置各连接处的严密性后,接通冷凝水,用电热套加热(起初电压100V),回流提取,通过调节电压控制每次虹吸间隔时间大约8min,记录虹吸次数与时间,直到虹吸管内液体的颜色很淡为止,约用2.0h。当冷凝液刚刚虹吸下去时,立即停止加热。

2. 蒸馏回收乙醇

稍冷后,拆除索氏提取器,在圆底烧瓶上安装蒸馏头改成蒸馏装置,用电热套加热(起初电压100V)蒸馏,当第一滴液体流出后,调节电压并控制蒸馏速度为每秒1~2滴,回收提取液中大部分乙醇(约70mL)④。

59. 视频:从茶叶中提取咖啡因第二步——蒸馏回收乙醇

3. 中和

趁热将烧瓶中的残液倒入干燥的蒸发皿中,冷却后加入4g研细的生石灰粉,搅拌均匀成糊状⑤。

4. 蒸发除乙醇

将蒸发皿放到电热套上,电压调到75V微火加热,快速搅拌⑥下蒸发,直到变为干燥固体⑦。将蒸发皿移离热源冷却至室温,刮下粘在其壁上固体并研细。

60. 视频:从茶叶中提取咖啡因第三、四、五步——中和、蒸发、焙炒

5. 焙炒除水

再将蒸发皿放到电热套上,电压调到75V用微火加热搅拌下焙炒⑧,直到绿色固体颜色略微变深,同时有极少烟雾产生,将蒸发皿移离热源。

6. 升华

冷却后,擦净蒸发皿边缘上的粉末,盖上一张刺有细密小孔且孔刺向上的滤纸,再将干燥的玻璃漏斗(口径须与蒸发皿相当)罩在滤纸上,漏斗颈部塞上一团疏松的棉花(见图11-18),将其放到电热套上,电压调到40V微火加热20min,然后电压调到50~70V中火加热,当滤纸的小孔上出现较多白色针状晶体(玻璃漏斗壁上出现少量棕黄色液滴)时,暂停加热,让其自然冷却至不烫手时。取下漏斗,轻轻揭开滤纸,用刮刀仔细地将附在滤纸上的咖啡因晶体刮下⑨,称量后交给实验指导教师。

61. 视频:从茶叶中提取咖啡因最后一步——升华

图11-18 常压升华装置

八、数据记录

提取咖啡因的虹吸次数表

虹吸时间								
虹吸次数								

九、思考题

1. 脂肪提取器的萃取原理是什么?利用脂肪提取器萃取有什么优点?
2. 茶叶中的咖啡因是如何被提取出来的?粗咖啡因为什么呈绿色?

3.蒸馏回收溶剂时,为什么不能将溶剂全部蒸出?

4.蒸发、焙炒、升华操作时,需注意哪些问题?

【注释】

① 滤纸套筒大小要合适,既能紧贴套管内壁,又能方便取放,且其高度要低于(约10mm)虹吸管高度。套筒的底部要折封严密,以防茶叶漏出堵塞虹吸管。套筒的上部最好折成凹形,以利回流液充分浸润茶叶。

② 开始在索氏提取器中加入乙醇,是为更有效地浸润茶叶。乙醇液面(刚好浸没茶叶包为好)要低于(约10mm)虹吸管。

③ 索氏提取器为配套仪器,其任一部件损坏将会导致整套仪器的报废,特别是虹吸管极易折断,所以在安装仪器和实验过程中必须特别小心,注意保护。

④ 蒸馏时乙醇剩余量大约15mL,不要剩余太少,否则因难转移造成产品损失。

⑤ 加入生石灰要搅拌均匀,生石灰除中和部分酸性杂质外,还可除水(生成氢氧化钙)。

⑥ 蒸发时要快速搅拌,防止乙醇溅出而着火。

⑦ 此时固体为绿色,绝对不可出现变色或冒烟现象。

⑧ 焙炒时,切忌温度过高,以防咖啡因在此时升华。

⑨ 刮下咖啡因时要小心操作,防止混入杂质。

十、完成实验报告单

实验报告单

项目名称	从茶叶中提取咖啡因				实验日期			
茶叶用量					溶剂用量			
虹吸次数	1	2	3	4	5	6	7	8
虹吸时间								
产品外观及熔点								
溶剂回收量								
思考题	1.利用索氏提取器有何优越性? 2.蒸馏回收溶剂时,为何不能将溶剂全部蒸出?							

*第六节　世界技能大赛中的有机合成部分

世界技能大赛由世界技能组织举办，被誉为"世界技能奥林匹克"，是世界技能组织成员展示和交流职业技能的重要平台。

为全方位对标世界技能大赛建设标准、稳步夯实基地基础学科建设，积极践行"传承工匠精神，成就技能报国"理念，世界技能大赛——化学实验室技术项目，于 2018 年成为我国新增赛项。

化学实验室技术赛项，结合现代职业教育理念，除了体现"知识够用，理实一体，职业素养"的思想外，还将"健康、安全、环保"（即 HSE）的职业理论融入赛项当中，旨在引领化学实训教学，推动"以赛促教，以赛促学，学赛结合"的教学模式与课堂革命。

现结合我国教育部 2021 年举行的全国职业院校技能大赛"高职组化学实验技术赛项"做如下简介，重点介绍有机化学模块。

一、比赛模块及时间安排

竞赛项目各模块及时间分配表

模块编号	模块名称	项目名称	竞赛时间/min
A	化学分析法	样品中铝含量的测定	210
B	仪器分析法	样品中铁含量的测定	190
C	产品合成及质量评价	乙酸乙酯的合成及质量评价	210
总计			610

二、各模块考核内容

1. 模块 A：化学分析法测定样品中金属组分含量（铝含量）

考核目标：

（1）化学分析法的理论应用及操作技能；

（2）化学类实验室的组织与管理能力。

具备技能：

（1）HSE 及个人安全规范操作；

（2）根据实验需要配制相关溶液；

（3）完成对样品中混合金属组分含量测定；

（4）对测试数据进行正确处理；

（5）完成实验室组织与管理。

2. 模块 B：分光光度法同时测定金属组分含量（铁含量）

考核目标：

（1）掌握邻菲罗啉分光法测定金属离子的原理及分光仪的具体操作方法；

（2）能够利用标准曲线法完成对样品中金属组分含量的测定。

具备技能：

（1）HSE 及个人安全规范操作；

（2）对紫外-可见双光束分光光度计的正确使用；

（3）按照指定测定方法对金属组分进行定量分析；

（4）对测试数据进行正确处理；

（5）完成实验室组织与管理。

3. 模块 C：乙酸乙酯的合成及质量评价

考核目标：

（1）掌握酯化反应在合成中的应用和操作方法；

（2）具备合成玻璃设备的选择、搭建和调试能力；

（3）具备合成有机化合物的能力。

具备技能：

（1）HSE 及个人安全规范操作；

（2）完成有机物合成；

（3）对合成产品提纯；

（4）对产品进行收率计算；

（5）对实验数据进行正确处理；

（6）完成实验室组织与管理。

三、有机合成模块竞赛提示

项目 C：乙酸乙酯的合成及质量评价

1. 竞赛要求

选手根据试题要求及相关专业资料制订实验方案，完成实验并撰写工作报告。

2. 竞赛内容

（1）技术要求 制订实验方案、用磨口玻璃仪器进行乙酸乙酯的合成、产品提纯、产率计算、撰写并上交实验报告、实验室组织与管理。

（2）技术支撑

① 仪器、试剂及药品（见表 11-8、表 11-9）。

表 11-8 有机合成主要仪器设备清单

序号	名称	规格	数量	备注
1	电热套	(98-Ⅱ-B, 250mL)	1 台	
2	带十字夹铁架台		2 套	

续表

序号	名称	规格	数量	备注
3	铁圈	内径（650 mm）	1个	
4	通风设备			
5	升降台	150mm×150mm	2台	
6	电子天平	精度为0.01g	1台	
7	气流烘干器	（30孔，不锈钢）	若干	公用
8	单口烧瓶	100mL/24#，磨口	1个	
9	三口烧瓶	100mL/24#，磨口	1个	
10	分液漏斗	125mL	1个	
11	恒压长颈滴液漏斗	60mL，磨口	1个	
12	直形冷凝管	直型200mm/24#，磨口	2个	
13	蒸馏头	24#，磨口	2个	
14	温度计套管	24#，磨口	3个	
15	酒精温度计	100℃、200℃	各1只	
16	真空尾接管	24#，双磨口	2个	
17	玻璃塞	24#，磨口	5个	
18	玻璃漏斗	40mm	1个	
19	锥形瓶	50mL/24#，磨口	4个	
20	量筒	25 mL	2个	
21	烧杯	1000mL、250mL、100mL	若干	
22	橡胶管	2m	1根	
23	玻璃棒		2根	
24	脱脂棉		若干	
25	一次性滴管	10mL	5个	

表11-9 乙酸乙酯合成主要试剂清单

序号	名称	规格	备注
1	浓硫酸	98%（分析纯）	
2	乙醇	分析纯	
3	冰醋酸	分析纯	
4	饱和碳酸钠溶液	1份	小滴瓶
5	饱和氯化钠溶液	1份	小滴瓶
6	饱和氯化钙溶液	1份	小滴瓶
7	无水硫酸镁	分析纯	

② 乙酸乙酯的合成。按照试题要求进行乙酸乙酯的合成。

③ 产品处置。

a. 根据试题实验程序对产品进行处置。
b. 对产品的产率进行正确计算。
④ 合成数据记录及数据处理。
a. 记录有机物质合成前加入的反应物质量。
b. 记录反应过程中的工艺条件数据。
c. 根据反应原理计算理论产率。
d. 称量产品质量计算产率。

（3）提交报告　按照行业规范撰写实验报告，内容包括：HSE 内容、实验方案、产品合成及制备过程数据、产率计算、撰写并上交实验报告、实验室组织与管理。

报告以纸质方式呈现并提交。

四、有机合成模块样题

模块 C：乙酸乙酯的合成

1. 健康、环保和安全

请说明哪些是健康、环保和安全措施所必需的。

2. 基本原理

乙酸和乙醇在浓硫酸存在下，生成乙酸乙酯和水。

3. 目标

（1）根据流程进行乙酸乙酯的制备。
（2）计算乙酸乙酯的产率（%）。
（3）完成报告。

物料的物性常数表

药品名称	分子量	密度/(g/mL)	沸点/℃	折光率	水溶解度/(g/100mL)
冰醋酸	60.05	1.049	118	1.376	易溶于水
乙醇	46.07	0.789	78.4	1.361	易溶于水
乙酸乙酯	88.11	0.9005	77.1	1.372	微溶于水
浓硫酸	98.08	1.84	—	—	易溶于水
乙酸正丙酯	102.13	0.8878	101.6	1.383	微溶于水

4. 操作

（1）乙酸乙酯合成　在烧瓶中，加入适量乙醇、浓硫酸，混匀后加入几粒沸石。在滴液漏斗内加入适量乙醇和冰醋酸并混匀。开始加热，当温度升至约 120℃时，开始滴加乙醇和冰醋酸的混合液，并调节好滴加速度，使滴入与馏出乙酸乙酯的速度大致相等。反应结束后，停止加热，保留粗产品。装置如图 11-19 所示。

（2）乙酸乙酯提纯

① 洗涤：在粗乙酸乙酯中加入饱和碳酸钠溶液洗涤至中性，然后将此混合液移入分液漏斗中，充分振摇，静置分层后，分出水层。接着用饱和氯化钠溶液洗涤，分出水层。再用饱和氯化钙溶液洗涤酯层，分出水层。

② 干燥：将酯层倒入锥形瓶中，并放入一定质量的无水硫酸镁，配上塞子，充分振摇至液体澄清透明，再放置干燥。

③ 蒸馏：蒸馏装置如图 11-20 所示。将干燥后的乙酸乙酯用漏斗经脱脂棉过滤至干燥的蒸馏烧瓶中，加入几粒沸石，安装好蒸馏装置，加热进行蒸馏。收集乙酸乙酯馏分，记录精制乙酸乙酯的产量。计算产率。

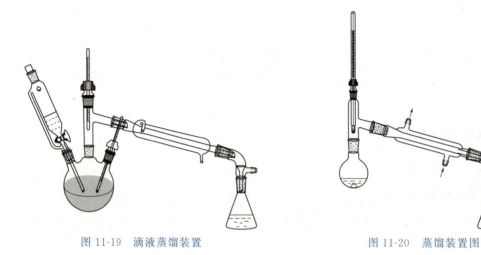

图 11-19　滴液蒸馏装置　　　　　　　图 11-20　蒸馏装置图

本章小结

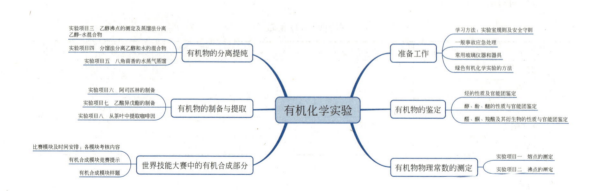

课后习题

1. 填空题

（1）蒸馏时，温度计水银球的正确位置是＿＿＿＿＿＿＿＿＿＿＿＿＿＿＿＿。

（2）分馏装置比蒸馏装置多一个＿＿＿＿＿＿玻璃仪器，在此实现多次汽化、冷凝，提高分离效果。

（3）水蒸气蒸馏结束时应先_____，再_____。

（4）测熔点实验中，在填装样品管时样品研得不细或填得不紧实，对测定结果的影响是_____。

（5）制备阿司匹林，乙酸酐的作用是_____；用_____检验产品中是否含有水杨酸。

（6）合成乙酸异戊酯实验，洗涤的顺序是_____。

（7）提取咖啡因实验中，提取步骤用到了_____仪器，是利用虹吸和溶剂回流原理，使固体物质不断被溶剂萃取。

2. 选择题

（1）下列化合物是固体的是（　　）。

A. 乙醇　　　　　B. 乙酸乙酯　　　　C. 乙酸酐　　　　D. 咖啡因

（2）以下混合物中用分馏的方法可以分离的是（　　）。

A. 水和沙子　　　B. 水和乙醇　　　　C. 水和香油　　　D. 茶叶和咖啡因

（3）阿司匹林实验中重结晶使用的溶剂是（　　）。

A. 35%乙醇　　　B. 水　　　　　　　C. 乙酸酐　　　　D. 硫酸

（4）干燥乙酸异戊酯粗品，使用的干燥剂是（　　）。

A. 氯化钙　　　　B. 钠　　　　　　　C. 浓硫酸　　　　D. 硫酸镁

（5）从茶叶中提取咖啡因实验中，焙烧步骤的目的是（　　）。

A. 除去乙醇　　　B. 除去微量的水分　C. 除去全部水分　D. 除去单宁酸

3. 绘图题

规范绘制蒸馏装置图，并注明仪器名称。

参考文献

[1] 刘军. 有机化学. 4版. 北京：化学工业出版社，2020.

[2] 申玉双. 有机化学及实验. 北京：化学工业出版社，2013.

[3] 邢其毅. 基础有机化学. 4版. 北京：北京大学出版社，2016.

[4] 初玉霞. 有机化学. 4版. 北京：化学工业出版社，2020.

[5] Phillips J S. 化学概念与应用. 王祖浩，译. 2版. 杭州：浙江教育出版社，2014.

[6] K. Peter C. Vollhardt. 有机化学结构与功能. 戴立信，译. 4版. 北京：化学工业出版社，2006.

[7] 初玉霞. 有机化学实验. 4版. 北京：化学工业出版社，2020.

[8] 方洲. 500个化学奥秘. 北京：华语教学出版社，2004.

[9] 姚虎卿. 化工辞典. 5版. 北京：化学工业出版社，2014.

[10] 王炳强. 世界技能大赛化学会实验室技术培训教材. 北京：化学工业出版社，2020.

元素周期表

IUPAC 2013

氧化态(单质的氧化态为0，未列入；常见的为红色)

以 ^{12}C=12为基准的原子量(注✦的是半衰期最长同位素的原子量)

示例：95 — 原子序数；Am — 元素符号(红色的为放射性元素)；镅▲ — 元素名称(注▲的为人造元素)；$5f^77s^2$ — 价层电子构型；243.06138(2)✦；+2 +3 +4 +5 +6 — 氧化态

s区元素　p区元素　d区元素　ds区元素　f区元素　稀有气体

族 / 周期	1 ⅠA	2 ⅡA	3 ⅢB	4 ⅣB	5 ⅤB	6 ⅥB	7 ⅦB	8 ⅧB(Ⅷ)	9 ⅧB(Ⅷ)	10 ⅧB(Ⅷ)	11 ⅠB	12 ⅡB	13 ⅢA	14 ⅣA	15 ⅤA	16 ⅥA	17 ⅦA	18 ⅧA(0)	电子层
1	-1 +1 1 **H** 氢 $1s^1$ 1.008																	2 **He** 氦 $1s^2$ 4.002602(2)	K
2	+1 3 **Li** 锂 $2s^1$ 6.94	+2 4 **Be** 铍 $2s^2$ 9.0121831(5)											+3 5 **B** 硼 $2s^22p^1$ 10.81	-4 +2 +4 6 **C** 碳 $2s^22p^2$ 12.011	-3 -2 -1 +1 +2 +3 +4 +5 7 **N** 氮 $2s^22p^3$ 14.007	-2 -1 8 **O** 氧 $2s^22p^4$ 15.999	-1 9 **F** 氟 $2s^22p^5$ 18.998403163(6)	10 **Ne** 氖 $2s^22p^6$ 20.1797(6)	L K
3	-1 +1 11 **Na** 钠 $3s^1$ 22.98976928(2)	+2 12 **Mg** 镁 $3s^2$ 24.305											+3 13 **Al** 铝 $3s^23p^1$ 26.9815385(7)	-4 +2 +4 14 **Si** 硅 $3s^23p^2$ 28.085	-3 +1 +3 +5 15 **P** 磷 $3s^23p^3$ 30.973761998(5)	-2 +4 +6 16 **S** 硫 $3s^23p^4$ 32.06	-1 +1 +3 +5 +7 17 **Cl** 氯 $3s^23p^5$ 35.45	18 **Ar** 氩 $3s^23p^6$ 39.948(1)	M L K
4	-1 +1 19 **K** 钾 $4s^1$ 39.0983(1)	+2 20 **Ca** 钙 $4s^2$ 40.078(4)	+3 21 **Sc** 钪 $3d^14s^2$ 44.955908(5)	-1 0 +2 +3 +4 22 **Ti** 钛 $3d^24s^2$ 47.867(1)	0 ±1 +2 +3 +4 +5 23 **V** 钒 $3d^34s^2$ 50.9415(1)	-3 0 ±1 ±2 +3 +4 +5 +6 24 **Cr** 铬 $3d^54s^1$ 51.9961(6)	-2 0 ±1 +2 ±3 +4 +5 +6 +7 25 **Mn** 锰 $3d^54s^2$ 54.938044(3)	-2 0 ±1 +2 +3 +4 +5 +6 26 **Fe** 铁 $3d^64s^2$ 55.845(2)	0 ±1 +2 +3 +4 +5 27 **Co** 钴 $3d^74s^2$ 58.933194(4)	0 ±1 +2 +3 +4 28 **Ni** 镍 $3d^84s^2$ 58.6934(4)	+1 +2 +3 +4 29 **Cu** 铜 $3d^{10}4s^1$ 63.546(3)	+1 +2 30 **Zn** 锌 $3d^{10}4s^2$ 65.38(2)	+1 +3 31 **Ga** 镓 $4s^24p^1$ 69.723(1)	+2 +4 32 **Ge** 锗 $4s^24p^2$ 72.630(8)	-3 +3 +5 33 **As** 砷 $4s^24p^3$ 74.921595(6)	-2 +2 +4 +6 34 **Se** 硒 $4s^24p^4$ 78.971(8)	-1 +1 +3 +5 +7 35 **Br** 溴 $4s^24p^5$ 79.904	+2 +4 36 **Kr** 氪 $4s^24p^6$ 83.798(2)	N M L K
5	-1 +1 37 **Rb** 铷 $5s^1$ 85.4678(3)	+2 38 **Sr** 锶 $5s^2$ 87.62(1)	+3 39 **Y** 钇 $4d^15s^2$ 88.90584(2)	+1 +2 +3 +4 40 **Zr** 锆 $4d^25s^2$ 91.224(2)	0 ±1 +2 +3 +4 +5 41 **Nb** 铌 $4d^45s^1$ 92.90637(2)	0 ±1 ±2 +3 +4 +5 +6 42 **Mo** 钼 $4d^55s^1$ 95.95(1)	0 ±1 +2 +3 +4 +5 +6 +7 43 **Tc** 锝▲ $4d^55s^2$ 97.90721(3)✦	0 +1 +2 +3 +4 +5 +6 +7 +8 44 **Ru** 钌 $4d^75s^1$ 101.07(2)	0 +1 +2 +3 +4 +5 +6 45 **Rh** 铑 $4d^85s^1$ 102.90550(2)	0 +1 +2 +3 +4 46 **Pd** 钯 $4d^{10}$ 106.42(1)	+1 +2 +3 47 **Ag** 银 $4d^{10}5s^1$ 107.8682(2)	+1 +2 48 **Cd** 镉 $4d^{10}5s^2$ 112.414(4)	+1 +3 49 **In** 铟 $5s^25p^1$ 114.818(1)	+2 +4 50 **Sn** 锡 $5s^25p^2$ 118.710(7)	-3 +3 +5 51 **Sb** 锑 $5s^25p^3$ 121.760(1)	-2 +2 +4 +6 52 **Te** 碲 $5s^25p^4$ 127.60(3)	-1 +1 +3 +5 +7 53 **I** 碘 $5s^25p^5$ 126.90447(3)	+2 +4 +6 +8 54 **Xe** 氙 $5s^25p^6$ 131.293(6)	O N M L K
6	-1 +1 55 **Cs** 铯 $6s^1$ 132.90545196(6)	+2 56 **Ba** 钡 $6s^2$ 137.327(7)	57~71 **La~Lu** 镧系	+1 +2 +3 +4 72 **Hf** 铪 $5d^26s^2$ 178.49(2)	0 ±1 +2 +3 +4 +5 73 **Ta** 钽 $5d^36s^2$ 180.94788(2)	0 ±1 ±2 +3 +4 +5 +6 74 **W** 钨 $5d^46s^2$ 183.84(1)	0 ±1 +2 +3 +4 +5 +6 +7 75 **Re** 铼 $5d^56s^2$ 186.207(1)	0 +1 +2 +3 +4 +5 +6 +7 +8 76 **Os** 锇 $5d^66s^2$ 190.23(3)	0 +1 +2 +3 +4 +5 +6 77 **Ir** 铱 $5d^76s^2$ 192.217(3)	0 +2 +4 +5 +6 78 **Pt** 铂 $5d^96s^1$ 195.084(9)	+1 +2 +3 +5 79 **Au** 金 $5d^{10}6s^1$ 196.966569(5)	+1 +2 +3 80 **Hg** 汞 $5d^{10}6s^2$ 200.592(3)	+1 +3 81 **Tl** 铊 $6s^26p^1$ 204.38	+2 +4 82 **Pb** 铅 $6s^26p^2$ 207.2(1)	-3 +3 +5 83 **Bi** 铋 $6s^26p^3$ 208.98040(1)	-2 +2 +4 +6 84 **Po** 钋 $6s^26p^4$ 208.98243(2)✦	±1 +3 +5 +7 85 **At** 砹 $6s^26p^5$ 209.98715(5)✦	+2 86 **Rn** 氡 $6s^26p^6$ 222.01758(2)✦	P O N M L K
7	+1 87 **Fr** 钫▲ $7s^1$ 223.01974(2)✦	+2 88 **Ra** 镭 $7s^2$ 226.02541(2)✦	89~103 **Ac~Lr** 锕系	104 **Rf** 𬬻▲ $6d^27s^2$ 267.122(4)✦	105 **Db** 𬭊▲ $6d^37s^2$ 270.131(4)✦	106 **Sg** 𬭳▲ $6d^47s^2$ 269.129(3)✦	107 **Bh** 𬭛▲ $6d^57s^2$ 270.133(2)✦	108 **Hs** 𬭶▲ $6d^67s^2$ 270.134(2)✦	109 **Mt** 鿏▲ $6d^77s^2$ 278.156(5)✦	110 **Ds** 𫟼▲ 281.165(4)✦	111 **Rg** 𬬭▲ 281.166(6)✦	112 **Cn** 鿔▲ 285.177(4)✦	113 **Nh** 鿭▲ 286.182(5)✦	114 **Fl** 𫓧▲ 289.190(4)✦	115 **Mc** 镆▲ 289.194(6)✦	116 **Lv** 𫟷▲ 293.204(4)✦	117 **Ts** 鿬▲ 293.208(6)✦	118 **Og** 鿫▲ 294.214(5)✦	Q P O N M L K

★ 镧系	+3 57 **La**★ 镧 $5d^16s^2$ 138.90547(7)	+2 +3 +4 58 **Ce** 铈 $4f^15d^16s^2$ 140.116(1)	+3 +4 59 **Pr** 镨 $4f^36s^2$ 140.90766(2)	+2 +3 +4 60 **Nd** 钕 $4f^46s^2$ 144.242(3)	+3 61 **Pm** 钷▲ $4f^56s^2$ 144.91276(2)✦	+2 +3 62 **Sm** 钐 $4f^66s^2$ 150.36(2)	+2 +3 63 **Eu** 铕 $4f^76s^2$ 151.964(1)	+3 64 **Gd** 钆 $4f^75d^16s^2$ 157.25(3)	+3 +4 65 **Tb** 铽 $4f^96s^2$ 158.92535(2)	+3 +4 66 **Dy** 镝 $4f^{10}6s^2$ 162.500(1)	+3 67 **Ho** 钬 $4f^{11}6s^2$ 164.93033(2)	+3 68 **Er** 铒 $4f^{12}6s^2$ 167.259(3)	+2 +3 69 **Tm** 铥 $4f^{13}6s^2$ 168.93422(2)	+2 +3 70 **Yb** 镱 $4f^{14}6s^2$ 173.045(10)	+3 71 **Lu** 镥 $4f^{14}5d^16s^2$ 174.9668(1)
★ 锕系	+3 89 **Ac**★ 锕 $6d^17s^2$ 227.02775(2)✦	+3 +4 90 **Th** 钍 $6d^27s^2$ 232.0377(4)	+3 +4 +5 91 **Pa** 镤 $5f^26d^17s^2$ 231.03588(2)	+2 +3 +4 +5 +6 92 **U** 铀 $5f^36d^17s^2$ 238.02891(3)	+3 +4 +5 +6 +7 93 **Np** 镎 $5f^46d^17s^2$ 237.04817(2)✦	+3 +4 +5 +6 +7 94 **Pu** 钚 $5f^67s^2$ 244.06421(4)✦	+2 +3 +4 +5 +6 95 **Am** 镅▲ $5f^77s^2$ 243.06138(2)✦	+3 +4 96 **Cm** 锔▲ $5f^76d^17s^2$ 247.07035(3)✦	+3 +4 97 **Bk** 锫▲ $5f^97s^2$ 247.07031(4)✦	+2 +3 +4 98 **Cf** 锎▲ $5f^{10}7s^2$ 251.07959(3)✦	+2 +3 99 **Es** 锿▲ $5f^{11}7s^2$ 252.0830(3)✦	+2 +3 100 **Fm** 镄▲ $5f^{12}7s^2$ 257.09511(5)✦	+2 +3 101 **Md** 钔▲ $5f^{13}7s^2$ 258.09843(3)✦	+2 +3 102 **No** 锘▲ $5f^{14}7s^2$ 259.1010(7)✦	+3 103 **Lr** 铹▲ $5f^{14}6d^17s^2$ 262.110(2)✦